全国农业职业技能培训教材

玉米收获机
操作工

农业部农业机械试验鉴定总站
农业部农机行业职业技能鉴定指导站 编

U0319976

中国农业科学技术出版社

图书在版编目（CIP）数据

玉米收获机操作工/农业部农业机械试验鉴定总站，农业部农机行业职业技能鉴定指导站编.—北京：中国农业科学技术出版社，2018.1

ISBN 978-7-5116-3158-9

Ⅰ.①玉… Ⅱ.①农…②农… Ⅲ.①玉米收获机-操作-技术培训-教材 Ⅳ.①S225.5

中国版本图书馆 CIP 数据核字（2017）第 150613 号

责任编辑	姚　欢
责任校对	马广洋

出 版 者	中国农业科学技术出版社
	北京市中关村南大街 12 号　邮编：100081
电　　话	（010）82106636（编辑室）　　（010）82109702（发行部）
	（010）82109709（读者服务部）
传　　真	（010）82106631
网　　址	http://www.castp.cn
经 销 者	各地新华书店
印 刷 者	北京富泰印刷有限责任公司
开　　本	787 mm×1 092 mm　1/16
印　　张	18
字　　数	450 千字
版　　次	2018 年 1 月第 1 版　2018 年 1 月第 1 次印刷
定　　价	48.00 元

前　言

　　玉米是我国主要农作物之一，种植面积大，分布广泛。近年来，国家制定实施了促进农业机械化发展的一系列法律法规和农机购置补贴等支农惠农强农政策，极大地调动了广大农民购买农业机械的积极性，推动了我国农业机械化的快速发展，玉米收获机械化水平也上升到了前所未有的高度。至2016年年底，全国玉米收获机的保有量已经达到47.39万台/2 876.13万千瓦，其中自走式36.56万台，玉米收获机械化作业面积为24 516.74千公顷。面对玉米收获机操作人员和维修人员日益增长的需求，为保障玉米收获机操作安全，降低使用成本，提高作业效率，农业部农机行业职业技能培训教材编审委员会组织有关专家，编写了《全国农业职业技能培训教材——玉米收获机操作工》。

　　本书编写的目的就是力争让普通农民弄懂、学会、悟透玉米收获机，能够根据自身需求正确选购适用机型，通过学习能够顺利考取驾驶操作证，在使用过程中懂得维修保养好机器，在农业生产中的充分发挥作用，促进粮食增产和农民增收。

　　本书以《农业行业标准——玉米收获机操作工》（以下简称《标准》）为依据，坚持实用、有用为原则。在内容编排上，把机械基础知识、相关农业常识、操作技巧、维修技能、有机结合在一起，全面系统地介绍了玉米收获机的结构原理、作业准备、作业实施、故障诊断与排除、维护保养技术、行业前沿技术发展等内容。

　　本书特点是充分考虑了操作人员的文化水平和本职业的技能特征。在知识上由浅入深、循序渐进；在文字阐述上力求言简意赅、通俗易懂，配置了较多幅的图片和表格；在内容设置上，既保证了知识的连贯性，又着重于掌握实际技能指导所直接需要的相关知识，突出实用性、典型性、针对性，力求精练浓缩。全书结构清晰、图文并茂、易于阅读，除适合于玉米收获机的使用人员和维修人员阅读外，还可供农业机械技术人员、农业机械院校师生参考。

　　本书在编写过程中得到了中联重机股份有限公司、北京农业职业学院机电工程学院、河北省农机修造服务总站、黑龙江农业工程职业学院、射阳县农业干部学校和勇猛机械股份有限公司等单位的大力支持和协助，福田雷沃国际重工股份有限公司、藁城市农牧机械股份有限公司等玉米收获机生产企业也提供了相关技术资料，并参阅了大量参考文献，在此一并表示诚挚的感谢！

　　由于编者水平有限，书中存有不足之处在所难免，欢迎广大读者提出宝贵的意见和建议。

农业部农机行业职业技能培训教材编审委员会

二〇一七年六月

目　　录

第一章　玉米收获机操作工职业道德

第二章　玉米收获机操作工基础知识

第三章　玉米收获机的发展概况、类型和基本组成

第四章　玉米收获机构造与原理

第七章　玉米收获机故障诊断与排除

第八章　玉米收获机的试运转与维护保养

第一章　玉米收获机操作工职业道德

第一节　职业道德基本知识

一、道　德

道德是一种社会意识，它是人们在社会活动中行为规范和准则的总和；是一种社会主流价值观下的非强制性约束法则。评价道德的标准是道德规范和道德准则。道德往往代表着社会的正面价值取向，起判断行为正当与否的作用。它的特点是通过社会舆论、内心信念和传统习惯来评价人的行为，调整人与人之间以及个人与社会之间相互关系。道德具有调节、认识、教育、导向等功能。与政治、法律、艺术等意识形态有密切的关系。

社会主义道德建设是以为人民服务为核心，以集体主义为原则，以诚实守信为重点，以社会主义公民基本道德规范和社会主义荣辱观为主要内容，以爱祖国、爱人民、爱劳动、爱科学、爱社会主义为基本要求，以代表无产阶级和广大劳动人民根本利益和长远利益的先进道德体系。

二、职业道德

职业道德是指从事一定职业活动的人，在其职业活动整个过程中应遵守的行为规范和准则的总和。职业道德具有职业性、普遍性、鲜明的行业性和形式多样性、强烈的纪律性、较强的稳定性和历史继承性以及很强的实践性等特点。职业道德包括职业道德意识、职业道德守则、职业道德行为规范、职业道德培养及职业道德品质等内容。

社会主义职业道德是指社会主义社会，各行各业的劳动者，在职业活动中必须共同遵守的基本行为准则。大力提倡以爱岗敬业、诚实守信、办事公道、服务群众、奉献社会为主要内容的社会主义职业道德，有利于推动社会主义物质文明和精神文明建设；有利于提高本行业、企业的信誉和发展；有利于个人品质的提高和事业的发展。

社会主义职业道德的基本特征体现在3个方面：第一，从内容上看，社会主义职业道德秉承了社会主义集体主义道德原则，倡导以"爱祖国、爱人民、爱劳动、爱科学、爱社会主义"和"以人为本"为基本内容的社会主义道德规范。吸纳和借鉴了其他优良的社会公共生活规则，包括"责任""义务""良心""荣誉""幸福""正义""价值""善恶"等。从所涉及的范围或领域来看，社会主义职业道德就是在职业范围内，社会主义道德具体的、特殊的道德规范，也就是社会主义道德在职业生活中的具体体现。第二，社会主义职业道德的根本是为人民服务。各行各业把为人民服务作为职业工作的出发点，以满足公民需要作为自己职业行为的目的。第三，社会主义职业道德的核心是树立良好的劳动态度。劳动是每个有劳动能力的公民应尽的义务和光荣职责，劳动是社会生活中重要的道德标准。职业道德所倡导的"热爱本职工作"和"恪尽职守"，其关键点就是要有良好的、积极的劳动态度。

三、职业素质

职业素质是指从业者在一定生理和心理条件基础上，通过教育培训、职业实践、自我修炼等途径形成和发展起来的、在职业活动中起决定性作用的、内在的、相对稳定的基本品质。职业素质是劳动者对社会职业了解与适应能力的一种综合体现，其主要表现在职业兴趣、职业能力、职业个性及职业情况等方面。影响和制约职业素质的因素很多，主要包括：受教育程度、实践经验、社会环境、工作经历以及自身的一些基本情况（如身体状况等）。一般说来，劳动者能否顺利就业并取得成就，在很大程度上取决于本人的职业素质，职业素质越高的人，获得成功的机会就越多。

职业素质包括政治思想素质、科学文化素质、身心素质、专业知识与专业技能素质四个方面，其中政治思想素质是灵魂，专业知识与专业技能素质是核心内容。

四、职业道德修养途径

任何职业道德总是随着经济和社会的发展而变化的。因此，职业道德修养过程，也应该是每个从业人员心灵深处不断吐故纳新的过程。加强职业道德修养主要途径：

1. 加强学习

加强学习是职业道德修养的基础。要学习科学文化、专业技术知识和先进人物，不断激励自己，努力提高职业技能。

2. 参加实践

积极参加社会实践和职业活动实践，做到理论联系实际，在实践中刻苦磨炼自己，在改造客观世界的同时改造主观世界，做到知和行相统一，真正做到言行一致，身体力行，这是进行职业道德修养的根本途径和方法。

3. 开展评价

在职业生活中根据是否有利于社会主义事业这一标准，对自己和他人的职业行为所作的善恶判断，开展批评与自我批评，鼓励人们弃恶扬善，自觉纠正不良行为，养成良好的道德品质。严于解剖自己，勇于自省。

4. 努力"慎独"

"慎独"就是在个人独立工作，无人监督、可以自行其是的时候，仍然能自觉地遵守道德规范的一种能力。在职业实践中要努力做到"慎独"，才能不断提高自己的认识，使自己达到较高的精神境界。

第二节 玉米收获机操作工职业守则

一、玉米收获机操作工作业特点

玉米收获机操作工是玉米机械化收获作业的主要人员，玉米机械化收获作业具有快速、机动、分散的特点。

1. 流动分散性

玉米机械化收获作业的特点是点多、面广和流动分散作业。

2. 独立操作，联系广泛

由于玉米田块分散，玉米收获机操作工通常是一个人在进行操作，要独立处理收获过程中遇到的田块状况不同、机器故障、秸秆密度差异、结穗高度不同等问题。

3. 意外突发性因素

玉米收获时因地块、秸秆密度等复杂多变，时常有意外和故障发生，需要玉米收获机操作工及时解决。

二、玉米收获机操作工职业守则

玉米收获机操作工在职业活动的过程中，不仅要遵守社会道德的一般要求，还要遵守与玉米收获机操作工职业相关的道德行为守则，即职业守则，其基本内容包括遵章守法、安全生产、爱岗敬业、忠于职守、钻研技术、规范操作、诚实守信、优质服务。

1. 遵章守法、安全生产

遵章守法、安全生产是玉米收获机操作工职业道德的首要内容。遵章守法是指每个从业人员都要遵守纪律和法律规章，尤其要遵守职业纪律和与职业活动相关的法律法规。遵章守法是每个公民应尽的义务，是建设中国特色社会主义和谐社会的基石。玉米收获机操作工在进行收获作业和机器转场时都应当遵守《中华人民共和国道路交通安全法》和《农业机械安全管理条例》等安全法规；做到每天作业前检查机器状态，不让机器带故障作业，作业出现故障时应首先熄火、切断动力，然后再进行检查、排除故障，以防因操作失误引发人身伤害事故；做到不带病驾驶机器，不醉酒驾驶机器，不让未经培训合格人员操作机器。

2. 爱岗敬业，忠于职守

爱岗敬业是社会大力提倡的职业道德和行为准则，也是每个从业者应当遵守的职业道德。以认真严肃的态度对待自己的职业，工作做到尽心尽力，一丝不苟。玉米收获机操作工在作业前应对玉米秸秆的倒伏程度、种植密度和行距、果穗下垂度、最低结穗高度等情况进行田间调查，并提前制定作业计划；对田块中的沟渠、垄台予以平整，并对水井、电杆拉线等不明显障碍安装标志，以利于安全作业；作业前应进行试收获，调整机具，达到农艺要求后，方可投入正式投入作业。

3. 钻研技术，规范操作

玉米收获机操作工应当努力提高自己的文化知识和操作技能，掌握过硬的操作本领。不能得过且过，仅满足于能驾驶的现状。要熟悉玉米收获机的构造原理，掌握日常调整的步骤，了解常见故障的症状，学习机器常见故障的排除方法。

4. 诚实守信，优质服务

诚实守信是为人之本，从业之要，是衡量劳动者素质高低的基本尺度，也是树立作业信誉，建立稳定服务关系和长期合作的基础。玉米收获机操作工也应当做到诚实守信，当达不到作业标准时应当先向客户说明情况，在作业时间和作业质量上应当做到优质高效，以效率争先、服务最优来占领市场。

第二章 玉米收获机操作工基础知识

第一节 机械常识

一、常用法定计量单位及换算关系

1. 法定长度计量单位

基本长度单位是米（m），机械工程图上标注的法定单位是毫米（mm）。

$1m=1\ 000mm$；1 英寸$=25.4mm$。

2. 法定压力计量单位

法定压力计量单位是帕（斯卡），符号为 Pa。常用兆帕表示，符号为 MPa。压力以前曾用每平方厘米作用的公斤力来表示，符号为 $1kg\ f/cm^2$。其转换关系为：

$1MPa=10^6Pa$。

$1kg\ f/cm^2=9.8\times10^4Pa=98kPa=0.098MPa$。

3. 法定功率计量单位

法定功率计量单位是瓦，符号为 W。$1kW=1\ 000W$，1 马力$=0.735kW$。

4. 力、重力的法定计量单位

力、重力的法定计量单位是牛顿，符号为 N。$1kg\ f=9.8N$。

5. 面积的法定计量单位

面积的法定计量单位是平方米、公顷，符号分别为 m^2、hm^2。

$1hm^2=10\ 000m^2=15$ 亩　1 亩$=666.7m^2$。

二、常用金属材料的种类、性能、牌号和用途

自然界的材料分为金属和非金属两大类；通常人们又把金属材料分为钢铁金属材料（黑色金属）和非铁金属材料（即有色金属材料）两大类。黑色金属指铁、锰、铬等 3 种金属及其合金；有色金属是指黑色金属以外有所有金属及其合金。

钢铁材料主要有碳素钢（含碳量小于 2.11% 的铁碳合金）、合金钢（在碳钢的基础上加入一些合金元素）和铸铁（含碳量大于 2.11% 的铁碳合金）。非铁金属材料则包括除钢铁以外的所有金属及其合金，如铜及铜合金、铝及铝合金等。农业机械中常用金属材料的种类、特点、性能、牌号和用途见表 2-1。

表 2-1　常用金属材料的种类、性能、牌号和用途

名称			特点	主要性能	常用牌号	用途
黑色金属	碳素钢	普通碳素结构钢	含碳量小于 0.38%	韧性、塑性好，易成型、易焊接，但强度、硬度低	Q195、Q215、Q235、Q275	不需要热处理的焊接和低强度螺栓
		优质碳素结构钢 低碳钢	含碳量小于 0.25%		08、10、20	强度要求不高的工件，如油底壳
		优质碳素结构钢 中碳钢	0.25%<含碳量<0.60%	强度、硬度较高，塑性、韧性稍低	35、45	经调质处理后有较好的综合机械性能，如连杆螺栓
		优质碳素结构钢 高碳钢	0.60%<含碳量<0.85%	硬度高、脆性大	65	制造弹簧和耐磨件
		碳素工具钢	0.70%<含碳量<1.3%	硬度高、脆性大，耐磨性好	T10、T12	用于制造简单模具、低速切削工具
	合金钢	低合金碳素结构钢	在碳素结构钢或工具钢的基础上加入不同的合金元素，使其具有满足不同特殊需要的性能	良好的强度、塑性、韧性和焊接性	Q295、Q345、Q390、Q460	制造桥梁、机器构架
		合金碳素结构钢		较高强度、适当韧性	20CrMnTi	制造齿轮、齿轮轴等
		合金工具钢		淬透性好、耐磨性高	9SiCr	制造量具、刃具、模具
		特殊性能钢		有不锈、耐热等性能	不锈 2Cr13、耐热 ZGMn13	耐磨钢用于收割机刀片、弓齿，金属履带
	铸铁	灰铸铁	铸铁中碳以片状石墨状态存在，断口为灰色	易铸造、切削，脆性大，塑性、焊接性差	HT-200	气缸体、气缸盖、飞轮等
		白口铸铁	铸铁中碳以化合物的状态存在，断口为白色	硬度高、脆性大，无法切削加工		不需加工的高硬度铸件，如犁铧
		球墨铸铁	碳以球状石墨状态存在	强度高，韧性、耐磨性较好	QT600-3	可代替钢用于制造曲轴、凸轮轴等
		蠕墨铸铁	碳以蠕虫状石墨状态存在	性能介于灰铸铁和球墨铸铁之间	RuT340	大功率柴油机的气缸盖等
		可锻铸铁	碳以团絮状石墨状态存在	强度、韧度好于灰铸铁	KTH350-10	后桥壳、轮毂
		合金铸铁	加入合金元素的铸铁	耐磨、耐热性能好		活塞环、缸套、气门座圈等
有色金属	铜合金	黄铜	铜与锌的合金	强度比纯铜高，塑性、耐腐蚀性能好	H68	散热器、油管等
		青铜	铜与锡的合金	强度、韧性比黄铜差，但耐磨性、铸造性能好	ZCuSu10Pbl	轴瓦、轴套
	铝合金		铝中加入合金元素	铸造性、强度、耐磨性好	ZL108	活塞、气缸盖、气缸体等

三、常用非金属材料的种类、性能、牌号和用途

农业机械中常用的非金属材料主要是指有机非金属材料，常用的有塑料、橡胶、玻璃等。常用非金属材料的种类、性能及用途见表2-2。

表2-2　常用非金属材料的种类、性能及用途

名称	主要性能	用途
工程塑料	除具有塑料的通性之外，还有相当的强度和刚性，耐高温及低温性能比通用塑料好	仪表外壳、手柄、方向盘等
橡胶	弹性高、绝缘好和耐磨性好，但耐热性差，低温时变脆	轮胎、皮带、阀垫、软管等
玻璃	优点是导热系数小、耐腐蚀性强；缺点是强度低、热稳定性差	驾驶室挡风玻璃等
石棉	抗热和绝缘性能优良，耐腐蚀、不腐烂、不燃烧	密封、隔热、保温、绝缘和制动材料，如制动带等

1. 塑料

塑料是以单体为原料，通过加聚或缩聚反应聚合而成的高分子化合物，俗称塑料或树脂，可以自由改变成分及形体样式，由主要成分合成树脂加入填料、增塑剂、稳定剂、润滑剂、色料等添加剂组成。

塑料的主要特性：①大多数塑料质量轻，化学性质稳定，不会锈蚀；②耐冲击性好；③具有较好的透明性和耐磨耗性；④绝缘性能好，导热性低；⑤成型性、着色性好，加工成本低；⑥大部分塑料耐热性差，热膨胀明显，易燃烧；⑦容易变形；⑧耐低温发差，低温下会变脆；⑨容易老化；⑩有些塑料易溶于有机溶剂。

2. 橡胶

橡胶是一种高分子材料，分天然橡胶和合成橡胶两种；橡胶具有良好的耐磨性、良好的隔音性、良好的阻尼特性、高弹性、优良的伸缩性和可积储能量的能力，是常用的密封材料、弹性材料、减震材料和传动材料；缺点是耐热性、抗老化性差，易燃。

3. 玻璃

玻璃是由氧化硅和另一些氧化物熔炼制成的透明固体。玻璃的优点是耐腐蚀性强，磨光玻璃经加热与淬火后可制成不易对人体造成严重伤害的钢化玻璃；玻璃的主要缺点是强度低、热稳定性差。

四、常用标准件的种类、规格和用途

标准件是指结构、尺寸、画法、标记等各个方面已经完全标准化，按规格型号可以完全互换，并由专业厂生产的常用的零（部）件，如螺纹件、键、销、滚动轴承等。标准件的种类很多，由各专业厂家大批量生产，下面介绍几种常用标准件。

（一）滚动轴承

滚动轴承的主要作用是支承轴或绕轴旋转的零件；滚动轴承的基本结构是由内圈、外圈、滚动体和保持架等四部分组成。

1．滚动轴承的类型

滚动轴承的类型按分类方法有以下几种：

（1）按承受负荷的方向分　有3种：①向心轴承，主要承受径向负荷；②推力轴承，仅承受轴向负荷；③向心推力轴承，同时能承受径向和轴向负荷。

（2）按滚动体的形状分　有球轴承（滚动体为钢球）和滚子轴承（滚动体为滚子），滚子又有短圆柱、长圆柱、圆锥、滚针、球面滚子等多种。

（3）按滚动体的列数分　有单列、双列、多列轴承等种类。

（4）按轴承能否调整中心分　有自动调整轴承和非自动调整轴承两种。

（5）按轴承直径大小分　有微型（外径26mm或内径9mm以下）、小型（外径28~55mm）、中型（外径60~190mm）、大型（外径200~430mm）和特大型（外径440mm以上）。

2．滚动轴承规格代号的含义

GB/T 272—93《滚动轴承代号方法》规定，滚动轴承的规格代号打印在轴承端面上，由3组符号及数字组成，其排列如下：

前置代号　　基本代号　　后置代号

（1）基本代号　它表示轴承的基本类型、结构和尺寸，是轴承代号的基础。基本代号由3组代号组成，其排列如下：

轴承类型代号　　尺寸系列代号　　内径代号

轴承类型代号由数字或字母表示；尺寸系列代号由轴承宽（高）度系列代号和直径系列代号组成，用两位阿拉伯数字表示。上述两项代号内容和具体含义可查阅标准。内径代号表示轴承的公称内径，用两位阿拉伯数字表示，表示方法见表2-3。

表2-3　轴承内径的表示方法

前置代号	基本代号					后置代号
	轴承类型代号	尺寸系列代号			内径代号	
轴承内径（mm）	9以下	10	12	15	17	20~480（22、28、32除外）	500以上及22、28、32
表示方法	用内径实际尺寸表示	00	01	02	03	以内径尺寸除以5所得商表示	用内径实际尺寸表示，并在数字前加一个"/"符号

（2）前置代号　它表示成套轴承部件的代号，用字母表示。代号的含义可查阅新标准，例如：代号L为可分离轴承的可分离内圈或外圈，代号GS为推力圆柱滚子轴承座圈。

（3）后置代号　用字母和数字表示，它是轴承在结构形状、尺寸、公差、技术要求有改变时，在其基本代号后面添加的代号。如添加后置代号NR时，表示该轴承外圈有止动槽,并带止动环。

轴承基本代号举例:

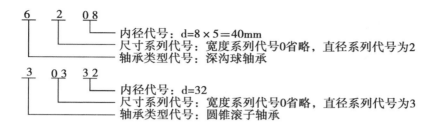

示例:205 滚动轴承的内径为 25mm。

3. 滚动轴承的用途

(1)球轴承 一般用于转速较高、载荷较小、要求旋转精度较高的地方。

(2)滚子轴承 一般用于转速较低、载荷较大或有冲击、振动的工作部位。

(二)橡胶油封

在农业机械中使用橡胶油封的地方很多,它的作用是旋转轴密封,防止油或水的渗漏。静密封与往复运动密封的密封材料不称为油封,叫密封件。橡胶油封按不同的分类方法,有多种形式;具体见表 2-4。在实际应用中,因为含有金属材质的骨架油封最为常用,所以俗语常称的油封也就是指骨架油封。我国常用的油封标准见表 2-5。

表 2-4 橡胶油封的形式分类

分类方法	橡胶油封名称	分类方法	橡胶油封名称	分类方法	橡胶油封名称
按组件材质	骨架油封	按结构和密封原理	标准型	按适用密封压力	常压型
	无骨架油封		动力回流型		耐压型
按适用转速范围	低速油封	按有无弹簧	有弹簧型		
	高速油封		无弹簧型		

表 2-5 中国油封国家标准

名称	图示	代号	用途	适用场合
普通单唇形		B	一般用于高低速旋转轴及往复运动密封矿物油及水等介质	普通油封,在灰尘和杂质比较多的情况下使用,耐介质压力<0.05MPa 的场合,最高线速度 15m/s,往复运动速度<0.1m/s
普通双唇形		FB	除上述 S 型油封的使用特征外,还可防尘	普通油封,带防尘唇可以防尘,耐介质压力<0.05MPa 的场合,线速度≤15m/s

（续表）

名称	图示	代号	用途	适用场合
无弹簧形		BV	无弹簧的单唇型内包骨架式橡胶油封	一般用于低速工况下，密封介质为润滑脂。线速度≤6m/s
外骨架单唇形		W	带弹簧的单唇型外露骨架式橡胶油封，腰部细，追随性好，刚度高	普通油封，在灰尘和杂质比较少的情况下使用，耐介质压力<0.05MPa的场合，旋转轴线速度≤15m/s的情况
外骨架双唇形		FW	带副唇的双唇外露骨架式橡胶油封，腰部细，追随性好，刚度高，同轴度好	普通油封，带防尘唇可以防尘，耐介质压力<0.05MPa的场合。转速≤15m/s
装配式单唇形		Z	由内外骨架装配滚边而成的外骨架油封，且有安装精度高、散热快、重负荷特性	适用于高温、高速条件下的重负工况。介质压力≤0.05MPa，最高线速度≤15m/s
装配式双唇形		FZ	带副唇的装配式外骨架油封，具有防尘性、安装精度高、散热快、重负荷特性	适用于高温、高速、灰尘条件下的重负荷工况。介质压力≤0.05MPa，最高线速度≤15m/s
单向回流形		右旋SR、左旋DL	在唇部空气侧制有带角度的斜筋，利用流体力学原理，产生单向泵吸作用，具有回流效应	与轴的旋转方向有关，由于具有回流效应，径向力比普通油封小，减少了磨耗和生热，提高了使用寿命，适用于介质压力<0.05MPa的场合，转速≤20m/s

橡胶油封的规格代号由首段、中段和末段共3段组成；首段为油封类型，由上表的字母代号表示；中段以 d×D×H 表示油封规格，d、D、H 分别代表油封的内径、外径和高度，单位为 mm；末段为橡胶种类代号。

（三）键

键在农业机械中使用广泛，键的主要作用是连接、定位和传递动力。键的种类有平键、半圆键、楔键和花键。前3种都有标准件供应，花键也有国家标准。

1. 平键

平键按工作状况分普通平键和导向平键，形状有圆头、方头和单圆头3种，其中以两头圆的 A 型使用最广。平键的特点是靠侧面传递扭矩，制造简单，工作可靠，拆装方便，有较好的对中性，广泛应用于高精度、高速或承受变载、冲击的场合。

2. 半圆键

半圆键的特点是靠侧面传递扭矩，键在轴槽中能绕槽底圆弧中心略作摆动，装配方便，但键槽较深，对轴的强度削弱较大，一般用于轻载，适用于轴的锥形端部。

3. 楔键

楔键的特点是靠上、下面传递扭矩，安装时需打入，能轴向固定零件和传递单向轴向力，但对中性差，一般用于对中性要求不高且承受单向轴向力的连接，或用于结构简单、紧凑、有冲击载荷的连接处。

4. 花键

花键有矩形花键和渐开线花键两种。通常被加工成花键轴，广泛应用于一般机械的传动装置上。

（四）螺纹连接件

1. 螺纹导程与螺纹的直径

导程 S 是指螺纹上任意一点沿同一条螺旋线转一周所移动的轴向距离。单线螺纹的导程等于螺距（$S=P$）（螺距 P：螺纹相邻两个牙型上对应点间的轴向距离），多线螺纹的导程等于线数乘以螺距（$S=nP$）（线数 n：螺纹的螺旋线数目）。

螺纹的直径，在标准中定义为公称直径，是指螺纹的最大直径（大径 d），即与螺纹牙顶相重合的假想圆柱面的直径。

2. 螺纹连接件的基本类型及适用场合

螺纹连接件的主要作用是连接、防松、定位和传递动力。常用螺纹连接基本类型有4 种。

（1）螺栓　其特点是需用螺母、垫片配合，结构简单，拆装方便，应用最广。

（2）双头螺柱　一般用于被连接件之一厚度很大，不方便设计成通孔，且有一端需经常拆装的场合，如缸头螺栓。

（3）螺钉　这种连接件不必使用螺母，用途与双头螺柱相同，但不宜经常拆装。

（4）紧固螺钉　用于传递力或力矩的连接。

3. 螺纹连接件的防松方法

螺纹连接件常用防松方法有 6 种：

（1）弹簧垫片　由于它使用简单、方便，采用最广。

（2）齿形紧固垫圈　用于需要特别牢固的连接。

（3）开口销及六角槽形螺母

（4）止动垫圈及锁片

（5）防松钢丝　适用于彼此位置靠近的成组螺纹连接。

（6）双螺母

第二节　农业机械常用油料的选用和柴油净化技术

农业机械常用的油料是：燃料油（主要是普通轻质柴油、汽油）、液压油、润滑油（润滑脂）三大类。

一、燃料油牌号和选用

1. 柴油牌号和选用（表2-6）

柴油分为轻柴油和重柴油。轻柴油按其质量分为优级品、一级品和合格品3个等级，每个等级按凝点（是指油料开始失去流动性能的温度）又分为10号、0号、-10号、-20号、-35号、-50号6个牌号。重柴油分为10号、20号、30号3个牌号，农机用重柴油是20号。柴油发动机应根据气温变化选用不同牌号的柴油，气温高时选用凝点高的柴油，气温低时选用凝点低的柴油。高速柴油机（≥1 000r/min）选用轻柴油，中低速柴油机（<1 000r/min）应选用重柴油。轻柴油选用的方法是当地气温应比柴油凝点高3~5℃。

2. 汽油牌号和选用（表2-6）

汽油的牌号是按汽油的辛烷值，也就是汽油的抗爆性分类的；目前我国生产的汽油牌号有89号、92号、95号和98号4种，其他的老牌号已不再生产；汽油选用的方法是压缩比高的用高牌号的汽油，反之选用低牌号的汽油。

二、液压油的牌号和选用

液压油是液压传动的介质。液压油分为普通液压油、抗磨液压油和低温液压油3种；具体牌号和选用方法见表2-6。

三、润滑油的牌号和选用

润滑油是广泛应用于机械设备的液体润滑剂。润滑油在金属表面上不仅能够减少摩擦、降低磨损，而且还能够不断地从摩擦表面上吸取热量，降低摩擦表面的温度，起到冷却作用，从而保持机械设备正常运转，减少故障和损坏，延长其使用寿命。

润滑油的种类很多，农业机械正常使用的是以下几种规格的润滑油，即内燃机润滑油（俗称机油）、齿轮油、润滑脂（俗称黄油），它们在机械中都主要起润滑作用。具体牌号规格及选用方法见表2-6。

表 2-6　农业机械常用油料的牌号、规格与适用范围

名　称		牌号和规格	适用范围	使用注意事项
柴油	重柴油	10 号、20 号、30 号	转速 1 000r/min 以下的中低速柴油机	1. 不同牌号的轻柴油可以掺兑使用 2. 柴油中不能掺入汽油
	轻柴油	10 号、0 号、-10 号、-20 号、-35 号和-50 号（凝点牌号）	选用凝点应低于当地气温 3~5℃	
汽油		89、92、95 和 98 号（辛烷值牌号）	压缩比高选用牌号高的汽油，反之选用牌号低的汽油	1. 当汽油供应不足时，可用牌号相近的汽油暂时代用 2. 不要使用长期存放已变质的汽油，否则结胶、积炭严重
内燃机机油	柴油机机油	CC、CD、CD-Ⅱ、CE、CF-4 等（品质牌号）	品质选用应遵照产品使用说明书中的要求选用，还可结合使用条件来选择。黏度等级的选择主要考虑环境温度	1. 在选择机油的使用级别时，高级机油可以在要求较低的发动机上使用 2. 汽油机油和柴油机油应区别使用
	汽油机机油	SC、SD、SE、SF、SG 和 SH 等（品质牌号）	0W、5W、10W、15W、20W、25W（冬用黏度牌号）；"W" 表示冬用；20、30、40 和 50 级（夏用黏度牌号）；多级油如 10W/20（冬夏通用）	
齿轮油	普通车辆齿轮油（CLC）	70W、75W、80W、85W（黏度牌号）	按产品使用说明书的规定进行选用，也可以按工作条件选用品种和气温选择牌号	不能将使用级（品种）较低的齿轮油用在要求较高的车辆上，否则将使齿轮很快磨损和损坏
	中负荷车辆齿轮油（CLD）	90、140 和 250（黏度牌号）		
	重负荷车辆齿轮油（CLE）	多级油如 80W/90、85W/90		
润滑脂（俗称黄油）	钙基、复合钙基	000、00、0、1、2、3、4、5、6（锥入度）	抗水，不耐热和低温，多用于农机具	1. 加入量要适宜 2. 禁止不同品牌的润滑脂混用 3. 注意换脂周期以及使用过程管理
	钠基		耐温可达 120℃，不耐水，适用于工作温度较高而不与水接触的润滑部位	
	钙钠基		性能介于上述两者之间	
	锂基		锂基抗水性好，耐热和耐寒性都较好，它可以取代其他基脂，用于设施农业等农机装备	
液压油	普通液压油（HL）	HL32、HL46、HL68（黏度牌号）	中低压液压系统（压力为 2.5~8MPa）	控制液压油的使用温度：对矿油型液压油，可在 50~65℃下连续工作，最高使用温度在 120~140℃
	抗磨液压油（HM）	HM32、HM46、HM100、HM150（黏度牌号）	压力较高（>10MPa）使用条件要求较严格的液压系统，如工程机械	
	低温液压油（HV 和 HS）		适用于严寒地区	

四、柴油净化技术

柴油净化技术是指在使用前，通过沉淀和过滤等措施，除去油料中的杂质和水分，提高油料的清洁度。其作用是减少柱塞副等精密偶件的磨损，提高其使用寿命和柴油机的动力性及经济性。

1. 柴油预先沉淀

试验表明：将柴油沉淀48h，0.01mm的杂质可沉降800mm；沉淀96h后，0.01mm的杂质可沉降到底。沉淀时间越长，对滤清器不能清除的微小杂质的清除效果越明显。所以规定柴油装入油桶后至少沉淀48h后才能使用。

2. 采取浮子取油或中部取油

最好采取浮子取油，中部取油的油抽或胶管不能直接插到油桶的底部，离桶底的距离至少在100mm以上，取油时千万不要晃动储油桶，防止杂质被抽出。

3. 加油过滤

加油时一定要过滤，最好采用绸布等过滤净化措施；加注柴油的工具应保证清洁；并定期清洗油箱、滤网、滤清器和更换滤芯。

第三节 玉米高产种植收获的基本知识

一、玉米高产种植的途径

1. 玉米品种选择

根据市场需求、产量水平和气候条件等，选择适合本区域的生育期适宜、增产潜力大、品质优良、抗逆性强的高产优质玉米品种，并应经国家农作物品种审定委员会审定、省级农作物品种审定委员会审定的玉米品种。

2. 玉米种子处理

玉米种子应进行精选，要求种子的纯度不低于98%，净度不低于99%，发芽率不低于85%，含水量不高于13%。种子应采用玉米专用种衣剂进行包衣，并根据各地实际进行晒种、浸种、拌种、催芽等处理，促使苗全苗齐苗壮、预防病虫害和促使某些作物早熟。

3. 适期精量播种

根据当地农艺要求、土壤墒情、积温等，做到适时抢墒播种，缩短播期，实现一播全苗。播种深度根据土壤墒情而定，一般宜为30~50mm，土壤干旱而又无浇水条件时，可以采用深播浅盖加镇压的方法，使种子处在湿润的土层，确保种子萌发出苗。种子与肥料的空间距离不小于50mm，避免"烧种"。采用勺轮式、指夹式、气吸式、气吹式等形式的精量播种机具开展精量播种作业，种子质量应符合精量播种要求。播种后要做到镇压适中，覆土均匀，深浅一致。

4. 合理密植

目前，玉米种植方式分为等行距种植、大垄双行、双株密植、玉米间套种等方式。等行距种植是玉米大田种植中最基本最重要的种植方式，一般行距为600mm左右，株距随种植密度而定，等行距种植应与玉米机械化收获行距相对应，便于机械化收获与管理。大垄双行垄距一般在900~1 100mm，垄上种植2行玉米，可以采用玉米大垄双行覆膜栽培技术，选地整地要因地制宜，适宜地区可以作为一项有效增产措施使用。双株密植一般行距为500~700mm，穴距400~700mm，每穴留两株，能够较好解决密植与通风透光的矛盾，极大地提高玉米的光能利用率，充分发挥密植的增产作用。玉米间套种实现增产增收的前提是单位面积内两种作物的混合产量或总经济效益，应大于或等于相同条件下单独种植玉米的产量，条件要求为肥水条件好，耕种水平高，土壤贫瘠易旱地区不宜使用。

同时，玉米单产的提高，除了品种更新、化肥使用量增加和水利条件改善等原因外，重要的原因就是在玉米栽培中相应提高种植密度。亩穗数、穗粒数和粒重是构成玉米产量的三大要素。在单位面积上，亩穗数、穗粒数和粒重之间存在着矛盾。当种植较稀时，穗粒数和粒重提高但亩穗数减少，当穗粒数和粒重的增加不能弥补收获穗数减少而引起的减产时，公顷产量就要降低。但是种植密度过高，个体就会生长不良，不但穗少粒少粒小，而且空秆增多，由于穗数的增加所引起的增产作用小于由于粒少粒小造成的减产作用时，公顷产量就会降低。因此，实际生产中，要根据玉米品种特性、土壤肥力、气候条件、土地状况以及管理水平等因素进行综合考虑，确定适宜合理播种密度。适宜合理密度就是公顷穗数、穗粒数与粒重相互协调、实现最高产量时的密度。一般株型紧凑和抗倒品种宜密，高肥地力宜密，水资源充足宜密，日照时间长、昼夜温差大的地区宜密，精细管理地块宜密；反之则宜稀。

5. 科学施肥

玉米高产施肥的原则是：施足底肥、活用种肥、大喇叭口期追肥。化肥要根据测土数据、产量指标确定具体配方施肥用量。一般来说，每生产100kg玉米籽粒需要从土壤中吸收氮素（N）2.5~4.0kg，磷（P_2O_5）1.1~1.4kg，钾（K_2O）3.2~5.5kg，其比例为1:0.4:1.3。玉米一生中吸收的氮最多，钾次之，磷最少。在玉米不同生育阶段，玉米对氮、磷、钾的吸收是不同的。春玉米籽粒形成阶段对氮的吸收量最大，夏玉米则在拔节孕穗期对氮的吸收量最大；春玉米在抽穗受精和籽粒形成阶段对磷的吸收最大，夏玉米则在拔节孕穗期对磷的吸收量最大；春玉米和夏玉米对钾的吸收基本相似，在抽穗前70%以上的被吸收，抽穗受精时吸收30%。玉米干物质积累与营养水平密切相关，对氮、磷、钾三要素的吸收量都表现出苗齐少，拔节期显著增加，孕穗到抽穗期达到最高峰的特点。玉米施肥应根据之一特点，尽可能在需肥高峰期之前施肥。

6. 合理灌溉

有条件灌溉的地区应根据当时旱情状况和玉米生长发育需水规律进行灌水。总体原则是：保证出苗水、巧灌拔节水、灌好抽雄水、饱灌升浆水。底墒水充足是保证苗齐苗全的关键，而苗齐苗全是玉米高产的基础。如果未出现较为严重的旱象，苗期一般不用灌水，对幼苗进行干旱锻炼，不仅对根系发育，根的数量、体积、干重的增加有利，还可以促进根系下扎发育，吸收深层土壤水分和养分，培养壮苗，增强玉米生育中后期的吸水吸肥能力和抗倒伏能力。拔节水主要是改善孕穗期间的营养条件，防止小花退化和提高结实率，主要增加穗粒数，同时对增加穗数和千粒重也有一定作用。玉米大喇叭口期进入需水临界始期，此期干旱会导致小花大量退化，容易造成雌雄花期不育，遭遇"卡脖旱"。玉米抽雄开花期前后，叶面积大，温度高，蒸腾蒸发旺盛，是玉米一生中需水量最多、对水分最敏感的时期，此期为需水高峰，应保证充足水分。灌浆水主要是防止后期叶片早衰和提高叶片光合效率，显著增加千粒重，同时对增加穗数和穗粒数也有一定作用。

7. 主要病虫草害防治

夏玉米的病害主要有大小斑病、花叶病毒病、粗缩病、黑粉病、青枯病等，主要虫害有黏虫、玉米螟、蚜虫、红蜘蛛等，对于玉米病虫害要及早采取综合措施进行防治。玉米播种后出苗前，选择适宜除草剂进行封闭式喷雾除草，有效防治杂草生长。苗期发现点片杂草结合中耕进行除草。中后期如果杂草不严重，没有必要进行除草。

8. 适时收获

青贮玉米在蜡熟初期生物产量最高，也是青贮玉米品质最好的收获时期。夏玉米当苞叶变白，上口松开，籽粒基部黑层出现，乳线消失时，玉米达到生理成熟即可进行收获。其他玉米一般应在完熟期及时收获，其特征是植物叶片变黄，苞叶呈白色而松软，籽粒变硬，并呈现品种所固有的粒型和颜色。

二、玉米收获的最佳时间

1. 果穗收获最佳时间

每一个玉米品种都有一个相对固定的生育期，只有满足其生育期要求，在玉米正常成熟时收获才能实现高产优质。若乳熟期过早收获，收获的玉米晾晒会费工费时，晒干后千粒重大大降低，因为此时植株中的大量营养物质正向籽粒中输送积累，籽粒中尚含有45%~70%的水分。完熟期后若不收获，玉米茎秆的支撑力降低，植株易倒折，倒伏后果穗接触地面容易引起霉变，对产量和质量造成不应有的损失。判断玉米是否正常成熟不能仅看外表，而是要着重考察籽粒灌浆是否停止，以生理成熟作为收获标准。玉米生长过程中，当气温低于16℃时，玉米就停止灌浆，外部表现为果穗变黄，苞叶松散，植株上叶片变黄、变白、玉米籽粒灌浆饱满、含水率降到30%左右，此时籽粒重量达到最大，即使外界条件仍适于玉米生长，但其光合作用产物也不再向籽粒中运转，此时便可以收获。

2. 籽粒直接收获最佳时间

玉米果穗或者籽粒收获的时间一定程度上关系到玉米产量高低，玉米收获过早不仅会导致减产和增加故障率，也会造成玉米籽粒破碎，增加损失，而且增加了烘干成本；过晚则耽误下一季种植。准确判断玉米最佳收获期显得非常重要，不能仅仅通过观察玉米苞叶变化。判断果穗成熟，果穗苞叶发黄只是成熟的开始，不等于成熟。玉米籽粒成熟生理的标志：籽粒脱水变硬乳线消失和籽粒基部（胚下端）出现黑色层，见图2-1。最佳收获期的判定：一般在玉米籽粒生理成熟后2~4周收获，此时，全田90%以上的植株茎叶变黄，果穗苞叶枯白，籽粒变硬。玉米籽粒通过田间脱水含水率可降至15%～18%（图2-2），直接收获玉米籽粒，减少烘干成本。

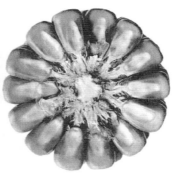

图2-1　乳线消失前后玉米果穗的对比

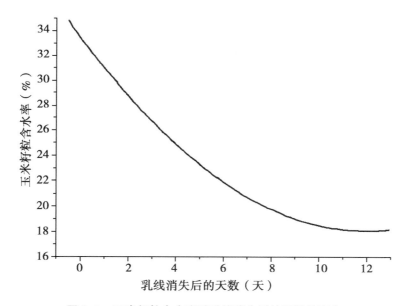

图2-2　玉米籽粒含水率随乳线消失后的天数的变化

三、玉米收获的方法

玉米收获的方法有人工和机械收获两种。

（一）人工收获

是用人工掰玉米果穗和收割秸秆。

（二） 机械收获

是用机械进行玉米摘穗、剥皮和脱粒等。按玉米收获的工艺也可分为分段收获法和联合收获法。

1. 分段收获法

玉米成熟时，根据其种植方式、农艺要求，用不同功能相对独立的多种机械分别完成对玉米的摘穗、运输、剥皮、脱粒、清选、茎秆切碎处理等作业方法为分段收获法。如用摘穗机进行摘穗，然后将果穗运至场上，用剥皮机进行剥皮而后脱粒，或将果穗直接脱粒；茎秆用机器切碎或用圆盘耙耙碎还田。该方法所用机械结构简单、价格低廉、易于操作，但生产率低，收获损失大。

2. 联合收获法

联合收获法主要是指玉米果穗收获法和玉米籽粒直接收获法。

（1）玉米果穗收获法　用玉米收获机，在田间一次完成摘穗、剥皮、茎秆铺放或切碎抛撒等项作业，然后将不带苞叶的果穗运至场上，经晾晒（籽粒含水率一般在25%~35%）或不经晾晒（籽粒含水率小于23%）后进行脱粒。

（2）玉米籽粒直接收获法　用玉米收获机在田间一次完成摘穗、剥皮、脱粒、清选、秸秆处理等作业，直接获得清洁籽粒。该法提高了机器利用率，但要求籽粒含水率应小于23%。由于我国玉米收获时籽粒含水量较大，一般在25%~35%，现仅实现了玉米摘穗和剥皮过程的机械化，籽粒直收还处在起步推广阶段。

四、玉米机械收获的农艺要求

1. 收获损失率小

落粒损失率≤2%，落地果穗损失率≤3%。果穗收获方式，总损失率≤4%，直接脱粒收获方式，总损失率≤5%。

2. 籽粒破碎率低

果穗收获方式，籽粒破损率≤1%，直接脱粒收获方式，籽粒破损率≤5%。

3. 玉米果穗收获要干净

果穗收获方式，果穗含杂率≤1.5%，直接脱粒收获方式，籽粒含杂率≤5%，苞叶未剥净率<15%。

4. 适应性强，工作可靠

能够收获不同行距、高度、产量，甚至植株倒伏和不同种植农艺的玉米。

5. 秸秆处理效果好，切得要碎、抛撒均匀

（1）秸秆粉碎还田时，留茬高度≤85mm，粉（切）碎长度为≤100mm，切碎合格率≥85%。

（2）玉米青贮收获，秸秆含水量≥65%~70%，秸秆切碎长度牛3~5cm，羊2~3cm，切碎合格率≥95%，割茬高度≤15cm，收割损失率≤5%。

6. 收获效率高，经济性好

7. 作业安全，使用方便

第四节 法律法规常识和安全生产

玉米收获机操作工要遵章守法，安全生产。要学法、知法、守法用法，自觉遵守《中华人民共和国农业机械化促进法》《中华人民共和国农业机械推广法》《中华人民共和国合同法》《农业机械安全监督管理条例》《农业机械产品修理、更换、退货责任规定》《农业机械运行安全技术条件》，以及农机安全操作规程等有关法律、法规，确保安全生产和合法权益。

一、中华人民共和国农业机械化促进法

为了鼓励、扶持农民和农业生产经营组织使用先进适用的农业机械，促进农业机械化，建设现代农业，颁布了《中华人民共和国农业机械化促进法》共计 8 章 35 条，自 2004 年 11 月 1 日施行。

二、农业机械安全监督管理条例

为了加强农业机械安全监督管理，预防和减少农业机械事故，保障人民生命和财产安全，颁布了《农业机械安全监督管理条例》（以下简称条例），自 2009 年 11 月 1 日起施行。

规定国内从事农业机械的生产、销售、维修、使用操作以及安全监督管理等活动，应当遵守本条例。条例对使用操作人的规定：

（1）农业机械操作人员可以参加农业机械操作人员的技能培训，可以向有关农业机械化主管部门、人力资源和社会保障部门申请职业技能鉴定，获取相应等级的国家职业资格证书。

（2）拖拉机、联合收割机投入使用前，其所有人应当按照国务院农业机械化主管部门的规定，持本人身份证明和机具来源证明，向所在地县级人民政府农业机械化主管部门申请登记，办理相关证件。

（3）拖拉机、联合收割机操作人员经过培训后，应当按照国务院农业机械化主管部门的规定，参加县级人民政府农业机械化主管部门组织的考试；考核合格后，办理的相关操作证件，有效期为 6 年。

（4）拖拉机、联合收割机应当悬挂牌照。拖拉机上道路行驶，联合收割机因转场作业、维修、安全检验等需要转移的，其操作人员应当携带操作证件。禁止使用拖拉机、联合收割机违反规定载人。

（5）农业机械操作人员作业前，应当对农业机械进行安全查验；作业时，应当遵守农业机械安全操作规程。

三、农业机械产品修理、更换、退货责任规定

为维护农业机械产品用户的合法权益，提高农业机械产品质量和售后服务质量，明确农业机械产品生产者、销售者、修理者的修理、更换、退货（以下简称为三包）责任，《农业机械产品修理、更换、退货责任规定》自 2010 年 6 月 1 日起施行。规定相关内容：

1. "三包"责任

农机产品实行谁销售谁负责三包的原则。

2. "三包"有效期

农机产品的三包有效期自销售者开具购机发票之日起计算，三包有效期包括整机三包有效期，主要部件质量保证期，易损件和其他零部件的质量保证期。联合收割机整机及主要部件的三包期如下：

（1）整机三包有效期：1 年。

（2）主要部件质量保证期：2 年（主要部件应当包括：内燃机机体、气缸盖、飞轮、机架、变速箱箱体、离合器壳体、转向机、最终传动齿轮箱体等）。

农机用户丢失三包凭证，但能证明其所购农机产品在三包有效期内的，可以向销售者申请补办三包凭证，并依照本规定继续享受有关权利。销售者应当在接到农机用户申请后 10 个工作日内予以补办。销售者、生产者、修理者不得拒绝承担三包责任。

3. "三包"的方式

"三包"的主要方式是修理、更换和退货。

（1）修理　三包有效期内，产品出现故障，由三包凭证上指定的修理者免费修理（包括材料费和工时费）。就近未设指定修理单位的，修理及运输等问题由销售者负责解决，费用由销售者承担。具体事宜由农民与销售者双方商定。产品使用说明书中明确的正常维护、保养、调整、检修等，不属三包修理的范围。三包有效期内，农机产品存在本规定范围的质量问题的，修理者一般应当自送修之日起 30 个工作日内完成修理工作，并保证正常使用。

整机三包有效期内，在农忙作业季节出现质量问题的，在服务网点范围内，属于整机或主要部件的，修理者应当在接到报修后 3 日内予以排除；属于易损件或是其他零件的质量问题的，应当在接到报修后 1 日内予以排除。在服务网点范围外的，农忙季节出现的故障修理由销售者与农机用户协商。

（2）更换　三包有效期内，送修的农机产品自送修之日起超过 30 个工作日未修好，农机用户可以选择继续修理或换货。要求换货的，销售者应当凭三包凭证、维护和修理记录、购机发票免费更换同型号同规格的产品。

包有效期内，农机产品因出现同一严重质量问题，累计修理 2 次后仍出现同一质量问题无法正常使用的；或农机产品购机的第一个作业季开始 30 日内，除因易损件外，农机产品因同一质量问题累计修理 2 次后，又出现同一质量问题的，农机用户可以凭三包凭证、维护和修理记录、购机发票，选择更换相关的主要部件或系统，由销售者负责免费更换。更换后的主要部件的质量保证期或更换后的整机产品的三包有效期自更换之

日起重新计算。

（3）退货　三包有效期内或农机产品购机的第一个作业季开始30日内，农机产品因本规定第二十九条的规定更换主要部件或系统后，又出现相同质量问题，农机用户可以选择换货，由销售者负责免费更换；换货后仍然出现相同质量问题的，农机用户可以选择退货，由销售者负责免费退货。

符合退货条件或因销售者无同型号同规格产品予以换货，农机用户要求退货的，销售者应当按照购机发票金额全价一次退清货款。

因生产者、销售者未明确告知农机产品的适用范围而导致农机产品不能正常作业的，农机用户在农机产品购机的第一个作业季开始30日内可以凭三包凭证和购机发票选择退货，由销售者负责按照购机发票金额全价退款。

4．"三包"责任的免除

销售者、生产者、修理者能够证明发生下列情况之一的，不承担三包责任：

（1）农机用户无法证明该农机产品在三包有效期内的；

（2）产品超出三包有效期的；

（3）因未按照使用说明书要求正确使用、维护，造成损坏的；

（4）使用说明书中明示不得改装、拆卸，而自行改装、拆卸改变机器性能或者造成损坏的；

（5）发生故障后，农机用户自行处置不当造成对故障原因无法做出技术鉴定的；

（6）因非产品质量原因发生其他人为损坏的；

（7）因不可抗力造成损坏的。

四、玉米收获机安全生产要求

（一）对驾驶人员要求

（1）机手作业前都应熟读产品说明书和参加农机培训机构组织的玉米收获机挂接安装、调试、驾驶操作、维护等专业技术培训，熟悉该机械的结构、工作过程。

（2）玉米收获机驾驶员必须到农业机械安全监理安全机构办理驾驶证等。

（3）熟练掌握机具操作手柄、按键或开关的功用、操作要领和安全操作技术规程。

（4）为保证作业安全，收获机驾驶员必须遵守以下规定：

①不准饮酒后驾驶联合收获机。

②不准驾驶安全设施不全或机件失灵的联合收获机。

③驾驶联合收获机时，不准穿拖鞋、吸烟、饮食、闲谈或有其他妨碍安全作业的行为，不准在不操纵离合器时，脚放在离合器踏板上。

④驾驶员过度疲劳时，不准驾驶联合收获机。

⑤联合收获机运转时，驾驶员不得离开工作岗位。

⑥不准在作业区内躺卧或携带儿童进行作业。

⑦告知他人，在机器运转时，要远离收获机。

⑧联合收获机不准在林区、草原等防火区域作业。

（二） 对收获机组的要求

（1） 玉米收获机应到农机监理部门申报检审，领取号牌和行驶证。

（2） 承受交变载荷的紧固件强度等级，关键部位（如发动机、滚筒、割台、轮毂）的螺栓应不低于 8.8 级，螺母应不低于 8 级。

（3） 操纵件操作应灵活有效，旋转部件转动应无卡滞。自动回位的手柄、踏板应能及时回位。

（4） 各类离合器应分离彻底，接合平稳可靠；踏板操纵力应不大于 350N。

（5） 转向盘的最大自由转动量应不大于 30°。

（6） 转向盘操纵力：机械式转向器应不大于 250N，全液压式转向器应不大于 15N（当熄灭发动机，齿轮泵停转，手动转向起作用时，应不大于 600N）。全液压转向轮从一侧极限位置转到另一侧极限位置时，转向盘转数应不超过 5 圈。

（7） 制动器工作应平稳、灵敏、可靠，两侧制动器的制动能力应基本一致。制动踏板的操纵力应不大于 600N，制动手柄的操纵力应不大于 400N。制动器冷态时：制动距离 $S_冷$<6m；制动器热态时：$S_热$<9m。

（8） 仪表灵敏准确。

（9） 轮胎气压应符合规定，左右一致。充气时，严禁拆卸连接驱动轮辋的 M16 螺栓。

（10） 割台提升到最高位置静置 30min，静沉降应不大于 15mm。

（11） 收割机上应配备可靠、有效的灭火器。

（12） 做好试运转。新的或大修后收获机在投入使用前要进行试运转，空载试运转时间要不少于 1h，行驶空载试运转时间不少于 0.5h，检查整台机器及各机构调整的技术状态良好后方能使用。

（13） 进行试机作业。在最初试作业的 1h 内，收获机的行走作业速度要控制在 2.5km/h 以内，不能过快。检查实际作业效果是否达到设计要求。如损失、摘穗、清选、茎秆粉碎等。通过实际查看落到地上的籽粒数量来检查摘穗装置的工作情况，不合适时应及时进行调整。

作业前，适当调整摘穗辊（或摘穗板）间隙和脱粒间隙，以减少籽粒破碎。作业中，注意果穗升运过程中的流畅性，以免卡住、堵塞。随时观察果穗箱的充满程度，及时倾卸果穗，以免果满后溢出或卸粮时卡堵。正确调整秸秆还田机的作业高度，以保证留茬高度小于 100mm，以免还田刀具打土、损坏；如安装除茬机时，应确保除茬刀具的入土深度，保持除茬深浅一致。

（14） 根据地块的远近和收获、运输状况，合理匹配运输车辆，提高收获和运输效率。

（15） 使用注意事项

①检查、维修时必须在平坦的地方，等机器停机熄火后进行。

②机组在较长时间空运行或运输状态时，应脱开动力挡。

③启动前应当将变速杆及动力输出挂挡置于空挡位置。

④收获机组的起步、结合动力挡、运转、倒车时都要鸣喇叭，观察前后是否有人，

切实做到安全操作。

⑤工作中一定要注意听各部件的运转情况，一有异常响动和故障，应立即断开动力输出挡，排除故障，以免损坏机具。

⑥在割台下面维修时，不要在仅被一个千斤顶支撑主机的情况下工作；割台必须用安全卡可靠支撑并用木块等支垫牢固，防止下降。

⑦焊修时，必须停机且断开电源总开关。

⑧更换割台等利刃时，请戴上手套，不要碰触利刃。

温馨提示

驾驶玉米收获机前，操作者应到当地农业机械主管部门批准的"农业机械培训机构或拖拉机培训学校"进行培训，并考取驾驶证后，方可操作。

申请驾驶证的条件和向农机安全监理所应提供的资料

1. 年满 18 周岁以上、70 周岁以下的公民和本人身份证复印件
2. 乡镇医院以上的体检合格证明
3. 一寸证件照（白底彩照）4 张
4. 通过驾驶培训合格的记录

申请农业机械报户，领取号牌和行驶证应提供的资料

1. 农业机械来历证明（购机正式发票等）及复印件
2. 产品出厂合格证原件
3. 发动机号码和机架拓印膜
4. 车主身份证复印件

第三章 玉米收获机的发展概况、类型和基本组成

第一节 玉米收获机的发展历程和趋势

一、玉米收获机的发展历程

(一) 玉米收获机世界发展史

玉米摘穗机于 1850 年由美国的昆西首先发明，随后美国芝加哥的威廉沃森也发明了一种玉米摘穗机，直到 1874 年这种摘穗辊式玉米机才由制造厂商生产出来。早期制造的玉米摘穗机是通过一个大齿轮由地轮驱动的；拖拉机牵引、动力输出轴驱动的玉米摘穗机和拖拉机悬挂的玉米摘穗机大约在 1930 年才开始采用。

世界上第一台玉米收获机是由澳大利亚昆士兰的艾伦于 1921 年设计出来，经过多次完善和改进后，在一些经济发达国家便逐步开始生产和使用。图 3-1 为早期的 JOHNDEERE 背负式两行玉米机，图 3-2 是 1963 年法国布光公司开发的自走式两行玉米机。

图 3-1 早期的 JOHNDEERE 背负式两行玉米机

图 3-2 1963 年法国布光公司开发的自走式两行玉米机

20 世纪 50—60 年代欧美发达国家已完成玉米收获机械化，他们走的道路基本相同，即先推广玉米收割机、剥皮机和脱粒机；随后开发出两行、四行玉米摘穗机和玉米收获机 (图 3-3)。80 年代后，欧美发达国家的玉米收获机的研究与生产技术已经成熟，随着谷物烘干设备的大量采用，玉米割台的迅速推广，现在美国、德国、法国、俄罗斯等国家大多采用谷物联合收获机直接收获玉米籽粒，实现了全部

机械化作业（图3-4）。

图3-3　玉米收获机（摘穗剥皮）　　　图3-4　多功能联合收割机（籽粒直收）

（二）玉米收获机中国发展史

我国玉米收获机械研究起步较晚，经历了引进、试用、仿制改进、自主设计等几个阶段。我国从20世纪60年代开始研制专用玉米收获机及其主要工作部件，首先对引进苏联样机进行试验研究，1976年中国农机院与黑龙江赵光机械厂共同研制出国内第一台4YW-2牵引式玉米收获机（图3-5）。80年代研究处于停滞阶段，到90年代国家开始进口乌克兰产的KCKY-6自走式玉米收获机（图3-6），并进行研究学习。

图3-5　4YW-2牵引式玉米收获机—摘穗辊式

图3-6　乌克兰KCKY-6自走式玉米收获机

90年代中期以后，很多厂家开始研制开发玉米收获机新产品。21世纪初，河北省与乌克兰合作完成了自走式三行玉米机的开发。

从 2001—2005 年，多厂家都对背负式两行和三行玉米收获机进行了开发和改进，不同区域的机型种类较多，目前该机收获功能已基本成熟。

2004 年开始，各厂家又开始对小麦玉米两用机进行攻关，随着国家补贴政策的出台，到 2007 年两用机已趋成熟，并大批量投放市场；国内自主开发自走式玉米收获机又掀起了高潮并逐步走向成熟，开始大批量投放市场，见图 3-7、图 3-8。

图 3-7　ZOOMLION 谷王 CA 系列

图 3-8　ZOOMLION 谷王 F 系列

二、国内玉米收获机发展前景及趋势

近几年玉米收获机保持高速增长（图 3-9），2015 年全国玉米收获机保有量达到 42.07 万台／2 417.93 万 kW，同比增长 16.74%，玉米耕种收综合机械化率达 81.21%，

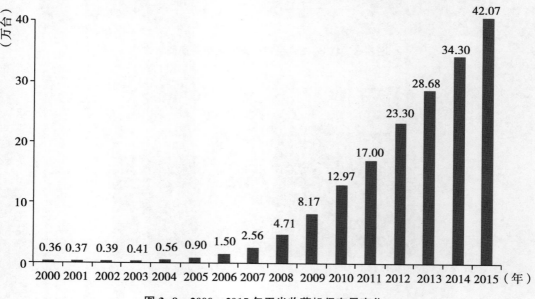

图 3-9　2000—2015 年玉米收获机保有量变化

其中自走式 31.32 万台，玉米收获机械化作业面积为 24 135.42 千 hm²，占 64.18%。（图 3-10）。

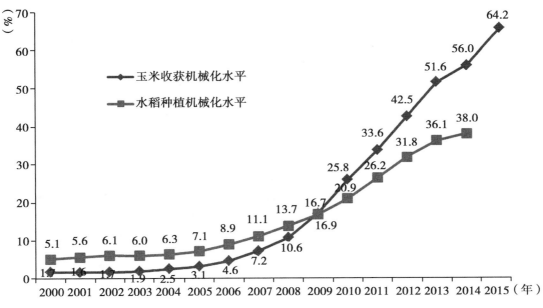

图 3-10　2000—2015 年水稻种植机械化水平及玉米收获机械化水平变化

随着技术升级，土地流转速度加快，家庭农场兴起，农机社会化服务组织规模扩大，围绕提高土地产出率、资源利用率和农业劳动生产率，保护性耕作、农机深松整地，将会推动玉米收获机未来向以下方向发展：

1. 向大型化、大功率、大割幅、大喂入量方向发展

如美国的 John Deere 公司、AGCO 公司、CNH 公司，德国的 CLAAS 公司等生产的玉米收获机，绝大部分是在小麦联合收获机上换装玉米割台，通过调节脱粒滚筒的转速和脱粒间隙实现玉米的联合收获。一次可完成 18 行玉米的收获，生产效率高，适合大农场、大地块作业。

2. 向通用性和高适应性方向发展

同一台收获机可同时配备多种专用割台（如大豆、小麦、向日葵等）外，同一台机器还可配不同割幅的割台以适应不同作物和不同单产的需要；改进机体结构，使其更好地适应不同作物和倾斜地面。行走装置配置多种宽度的轮胎、履带等，以提高在不同田间条件下工作的适应能力。

3. 向专业玉米收获机方向发展

德国、法国等欧洲国家，有专门生产甜玉米收获机、种子玉米收获机等公司。玉米的用途不同，收获的技术要求也不同，例如种子玉米籽粒要求破损率极低，否则会影响玉米的发芽率，所以需要采用摘穗剥皮型玉米机收获。

4. 向智能化方向发展

集全球卫星定位系统、地理信息系统和遥感系统于一身的"精准农业"技术在智

能化玉米收获机上的应用，是当今收获机械最新、最重要的技术发展。作业过程中可监测含水率、故障信息，输出打印小区产量数据等（图3-11、图3-12）。

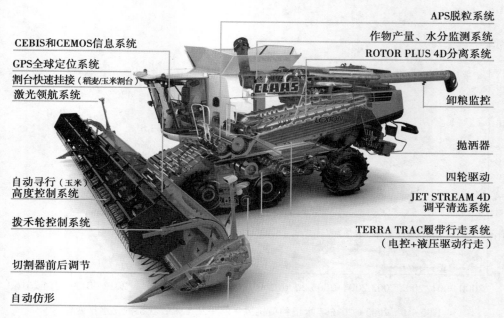

图3-11 德国 CLAAS 公司生产的智能多功能谷物联合收获机

图3-12 John Deere 公司生产的带 GPS 和谷物产量、谷物湿度检测器的玉米联合收割机

5. 向舒适性、使用安全性、操作方便性方向发展

现代玉米收获机的设计，在考虑提高技术性能的同时更注重驾驶的操控性、舒适性和安全性，部分机型还配有自控装置，包括自动对行、割茬高度自动调节、自动控制车速、自动停车等功能。

6. 配置的发动机性能逐步提高

发动机性能指标由国Ⅱ向国Ⅲ、国Ⅳ以上逐步过渡，机械高压油泵逐步被单体泵（电磁泵）和高压共轨技术所代替，使发动机性能更优越。

第二节 玉米收获机的类型特点和型号及含义

一、玉米收获机的类型和特点

玉米收获机是指一次可完成玉米摘穗、输送、集穗或同时完成果穗剥皮、脱粒清选及茎秆切碎等作业项目的机器。该机按动力配置可分为自走式玉米收获机、背负式玉米收获机、牵引式玉米收获机和互换玉米割台四种。按照收获方式可分为摘穗型玉米收获机、摘穗剥皮型玉米收获机、直接脱粒型玉米收获机和穗茎兼收型玉米收获机四种。按摘穗装置的配置方式可分为：卧辊式玉米收获机和立辊式玉米收获机两类。

（一）按动力配置分类

1. 自走式玉米收获机

该类机型是专门用来从事玉米收获作业的，由自身配带柴油机驱动，其割台配置在机器的正前方，具备行走、动力、操纵控制等系统，驾驶员直接操控作业装置（图3-7、图3-8）。具有视野开阔，操作灵便，自行开道，机动性好，结构紧凑，配置合理、性能优良，适应性强，作业效率高等优点，虽然造价较高，功能单一，但目前应用较多，是玉米收获作业的主流机型。

2. 背负式玉米收获机

该类机型与大中型轮式拖拉机配套使用，需将割台、输送装置、集穗箱和和秸秆粉碎还田机等工作部件悬挂安装在拖拉机上，使其与拖拉机形成一体，驾驶员通过操控拖拉机及作业装置进行玉米收获作业（图3-13）。按悬挂方式有前悬挂、侧悬挂和倒悬挂三种，常用的是前悬挂。该机型具有拖拉机利用率高、价格低廉、投资回收期短，整机结构紧凑，转弯半径小，适应性强等优点；缺点是驾驶员操作视野和舒适性较差，安装后整机重心偏移，转移地块或长距离运输时，行驶速度受到限制。

图3-13 背负式玉米收获机

3. 牵引式玉米收获机

该类机型以拖拉机为动力，工作装置自成体系，装有支重轮、操纵系统等（图3-14）。作业时拖拉机牵引工作装置，机手操控作业装置。该类机型具有拖拉机利用率高、价格低、挂接方便等优点，但机组较长、转弯半径大、作业前需人工开道，主要适用于农场等大地块作业，一般为2~3行侧牵引，行数增加，偏牵引力增大，影响其作业。

图 3-14　牵引式玉米收获机

4. 互换玉米机割台

该机型是利用自走式小麦联合收割机的动力、行走和操控系统，将小麦收割机的割台换装成玉米割台进行玉米收获作业，见图3-15。该机型提高了小麦收割机的利用率，缩短了投资回收期。其收获有2种方式：一种是利用大型小麦联合收割机的工作装置直接收获玉米籽粒，但要求玉米籽粒含水率较低、成熟期一致的情况下进行；另一种是通过换装果穗箱完成果穗收集。

图 3-15　玉米收获机割台换装到联合收割机上

（二）按收获方式分类

1. 摘穗型玉米收获机

该类机型一次可完成摘穗、输送、果穗收集、秸秆粉碎直接还田等作业项目。特点是：功率中等，适应收获玉米果穗成熟度较差、成熟期不一致，籽粒含水率可较高，剥去苞叶容易造成籽粒严重损失的情况。通过秸秆机械粉碎后直接还田，可有效改良土壤、培肥地力及减少焚烧秸秆带来的环境污染。该机型是目前国内使用较多的中型玉米收获机。

2. 摘穗剥皮型玉米收获机

该类机型一次可完成摘穗、输送、果穗剥皮、收集和秸秆粉碎直接还田等作业项目。特点是：功率较大，适应收获玉米果穗成熟度较好、成熟期较一致，籽粒含水率可较高，果穗剥去苞叶后需晾晒，不适宜直接脱粒的情况。该机型是目前国内使用最广泛的机型。

3. 直接脱粒型玉米收获机

该类机型一次可完成摘穗、果穗输送、剥皮、脱粒、清选、籽粒入粮箱和秸秆粉碎直接还田等作业项目。一般在大中型自走式小麦联合收割机上换装玉米割台或大中型自走式玉米收获机直接收获玉米籽粒。适应于玉米成熟期一致，籽粒含水率较低，并应具备相应的干燥设备，及时使籽粒湿度降到13%，达到安全贮存要求。特点：

（1）功率大，直接收获玉米籽粒，效率高，可提高小麦联合收割机的利用率。

（2）摘穗装置采用摘穗板与拉茎辊组合式，茎秆不进入脱粒装置，摘下的玉米穗不经剥苞叶直接进入脱粒装置。

（3）无切割装置，茎秆不能回收利用。

4. 穗茎兼收型玉米收获机

该机型一次可完成果穗采摘、果穗输送、果穗剥皮、集箱，茎秆切割、输送、切碎、抛送、收集等作业工序。适用于充分利用秸秆资源进行牲畜养殖的畜牧业较发达地区。特点：可将秸秆中的有效养分转化为肉和奶；有机物（牲畜粪便）通过生物、化学反应产生沼气，为农村生活方面提供新能源；沼渣、沼液直接还田，可改良土壤、培肥地力及减少焚烧秸秆带来的环境污染，有效促进农作物秸秆综合利用和循环农业建设。

（三）按摘穗装置的配置方式分类

按摘穗装置的配置方式可分为：卧辊式玉米收获机和立辊式玉米收获机两大类。

1. 卧辊式玉米收获机

卧辊式玉米收获机见图3-16，采用站秆摘穗方式收获。割台没有夹持输送机构，茎秆被强制喂入摘穗辊内，因此整机结构简单，使用可靠性高，堵塞情况比立辊式玉米收获机明显减少。摘穗辊与水平夹角一般小于30°，摘穗时对茎秆的压缩程度较小，因而功率消耗较小，对茎秆不同状态的适应性较强；摘落的果穗在摘辊上面移动距离长，和摘辊接触时间也长，果穗大端受到摘辊的反复冲击和挤压易造成籽粒破碎和掉粒现象而造成收获损失加大；摘下的果穗带有苞叶较多（相对立式摘穗辊而言）。另该机配置的粉碎装置为开放式结构，粉碎效果不如立辊式机型。

2. 立辊式玉米收获机

立辊式玉米收获机见图3-17，采用对行割秆摘穗，即将茎秆割断后进行摘穗作业方式。摘穗辊轴线沿着玉米收获机前进方向稍向前倾斜，且与茎秆夹持输送拨禾器所在平面成垂直配置。这样，被摘下的果穗能快速离开摘辊工作表面，有利于减少果穗损伤和落粒损失。摘辊后面空间开阔，有利于茎秆的回收与处理（粉碎还田、切碎回收和整株铺放）。摘穗时对茎秆的压缩程度较大，果穗的苞叶被剥掉较多。在一般条件下，工作性能较好，果穗损失率较低，工作可靠性较高，作业速度高，割茬整齐，茎秆粉碎效果好，有利于秸秆腐烂等优点。但在茎秆粗大、秆径大小不一致、含水率较高的情况下，茎秆易被拉断而造成摘穗辊堵塞；夹持输送部件可靠性差，链条磨损快，易断链。

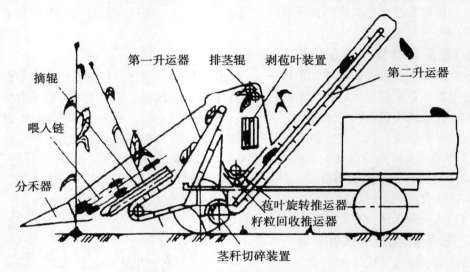

图 3-16 卧辊式玉米收获机

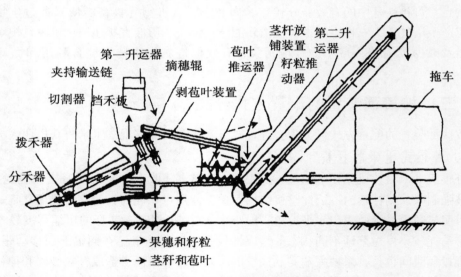

图 3-17 立辊式玉米收获机

二、玉米收获机的型号及含义

1. 玉米收获机型号编制规则

按 JB/T 8574—2013 农机具产品型号编制规则规定：玉米收获机型号编制依次为分类代号、特征代号和主参数三部分构成，其中分类代号由大类分类代号和小类分类代号组成，特征代号表示与动力机的配置方式，主参数表示收获玉米的行数，改进代号表示改进的顺序号。

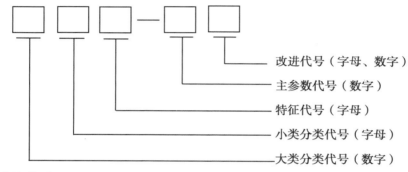

改进代号（字母、数字）
主参数代号（数字）
特征代号（字母）
小类分类代号（字母）
大类分类代号（数字）

2. 型号的含义

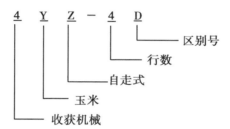

4　Y　Z　－　4　D

区别号
行数
自走式
玉米
收获机械

如 4YZ-5-A 型号的含义：4-代表收获机械，Y-代表玉米，Z-代表自走式，W-代表悬挂式，5-代表五行，A-代表第一次改进。

第三节　玉米收获机基本组成和工作过程

一、基本组成和功用

玉米收获机生产的厂家和型号较多，但其基本组成与工作过程基本相似，主要由发动机、底盘、工作部件（割台、倾斜输送器、升运器、剥皮系统、粮箱、秸秆粉碎还田机、部分机型带有脱粒清选系统）、电气系统和液压系统等组成（图3-18）。

1. 发动机

发动机是玉米收获机的动力源，该机所有机构的运行均由发动机提供动力。玉米收获机需要的功率较大，一般用4~16缸柴油发动机作为动力装置。发动机主要包括一只

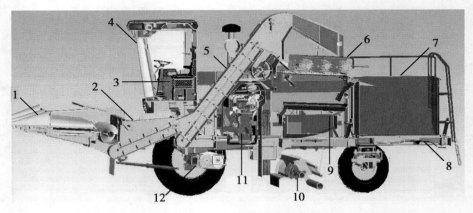

图 3-18　玉米收获机组成

1-割台　2-倾斜输送器　3-电气系统　4-驾驶室　5-二级升运器
6-剥皮系统　7-粮箱　8-液压系统　9-脱粒清系统　10-秸秆粉碎还田机
11-发动机　12-底盘

机架、二大机构（曲柄连杆机构、配气机构）、三大系统（燃料供给系统、润滑系统、冷却系统）和启动装置。目前，玉米收获机的发动机大部分为双向动力输出机构，即发动机主离合器端输出实现割台、升运器、秸秆粉碎装置的工作，发动机前端输出实现玉米收获机的行走。双向动力输出机构将作业与行走的动力分开传递，方便了机手操作，简化了机具传动结构，当主离合器出现故障停止工作时，机组仍能正常行走，便于维修。

2. 底盘

底盘位于玉米收获机的下部，主要包括行走传动系统、转向系统、制动系统和行走系统及驾驶台等。其功用是支撑整机全部负载和完成机器的行走等操作任务。

驾驶台安装在底盘机架上，主要包括仪表、操纵系统（方向机总成、液压操作手柄、变速操纵手柄、油门控制、制动等）和驾驶室及转梯等。其功用是机手在驾驶台可操纵机器转移和监视玉米收获机收获作业。

3. 工作部件

玉米收获机的工作部件根据不同的机型，配置有所差异，主要包括割台、升运器、剥皮装置、果穗箱、秸秆粉碎还田机和脱粒清选系统等。

（1）割台　割台包括摘穗装置、喂入搅龙、挂接件等。割台是玉米收获机最主要的工作部件，完成工作区与非工作区的行间分离、玉米摘穗、玉米果穗与割台的分离、玉米果穗向升运器的输送等工作。割台结构设计是否合理，割台工作部件工作状态调整是否得当，直接影响玉米收获机的收获质量及收获效率。机手应特别关注和重视割台工作部件的调整和保养。

（2）升运器　升运器是果穗的输送机构，它包括一级升运器或倾斜输送器和二级升运器，升运器由主动轴装配、从动轴装配、中间传动轴装配、升运器刮板链条、壳体、风机总成、排茎总成。由割台摘下的玉米果穗，通过搅龙叶片抛送过来，刮板链条将果穗均匀送至剥皮机构。割台摘穗时折断的秸秆及碎叶在升运器的作用下送至尾部，碎叶由风机吹至仓外，断秸秆在排茎辊抓取下抛出。

（3）剥皮装置　剥皮装置分为剥皮机和剥皮机下面的籽粒回收仓。剥皮机包括分段式剥皮辊、压送辊、安全离合器以及各个传动链轮、齿轮等。籽粒收集装置包括筛网和回收仓等。升运器将带有苞叶的果穗抛送到剥皮机构，依靠独特的分段式剥皮辊结构把苞叶撕开，在一对快速交错旋转的剥皮辊的挤压下被撕开的苞叶从果穗上剥离下来，顺着筛网滑落至机身一侧，被剥去苞叶的果穗由压送器送至果穗箱，在剥皮过程中掉落的籽粒被回收仓回收。

（4）粮箱　又称为果穗箱，是玉米果穗或粒的储藏地，装满后，机手操纵卸粮手柄，可实现粮箱侧翻转卸粮。

（5）秸秆粉碎还田机　秸秆粉碎还田机包括连接架、齿轮箱、刀轴总成、挡泥板。机手操控液压手柄，通过油缸的伸缩完成秸秆粉碎装置的升降和切碎，实现作业。

（6）脱粒清选系统　该系统主要由脱粒装置和清选装置组成，其功用是对输送来的果穗进行脱粒、分离、清选作业。

4. 电气系统

电气系统担负着发动机的启动、夜间照明、工作监视、故障报警和自动控制等。主要由电源设备、用电设备和配电设备三部分组成。

5. 液压系统

液压系统是操纵玉米收获机转向、割台和秸秆粉碎还田机的升降和无级变速等项操作的液压控制系统。包括液压油泵、油缸、分配阀和油箱、滤清器、油管等。

二、工作过程

工作时，玉米收获机顺着玉米植株行向前行走，在分禾器的作用下玉米植株分别进入各摘穗行间，在拨禾链的强制拨动下进入摘穗机构两拉茎辊之间，拉茎辊的快速转动将玉米秸秆快速拉向辊的下方，实现果穗与秸秆的分离，摘下的果穗在拨禾齿的拨动下进入搅龙壳体，由拨板拨至升运器内，升运器将带有苞叶的果穗抛送到剥皮机构，剥皮机构将苞叶从果穗上剥离下来，顺着筛网滑落至机身一侧，被剥去苞叶的果穗由压送器送至果穗箱，在剥皮过程中掉落的籽粒被回收仓回收。割台摘穗时折断的秸秆，在升运器尾部放置的排茎辊和风机的作用下吹离机体还田。割台摘穗后的秸秆被秸秆粉碎还田机粉碎后直接抛撒还田。果穗箱收集满后，机手操纵卸粮手柄，使果穗箱翻转卸粮。

第四章　玉米收获机构造与原理

第一节　玉米收获机发动机

一、发动机型号表示方法

发动机是玉米收获机、拖拉机等的动力装置。按不同的分类方法可分为以下多种类型：①四行程和二行程；②单缸、双缸、多缸机；③柴油、汽油和煤气等；④水冷或风冷式；⑤增压式和非增压式；⑥立式和卧式。玉米收获机均采用多缸柴油发动机俗称柴油机。由于发动机工作时，活塞作往复运动，燃料在气缸内燃烧，所以称为活塞往复式内燃机。

根据 GB 725—91《内燃机产品名称和型号编制规则》规定如下：

（1）内燃机产品名称按所采用的燃料命名，例如柴油机、汽油机、煤气机、沼气机等。

（2）内燃机型号由数字、汉语拼音字母和 GB 1883—89 中关于气缸布置所规定的象形字符号组成。

（3）内燃机型号依次包括首部、中部、后部和尾部四部分：

①首部　为产品特征代号，由制造厂根据需要自选相应字母表示，但需经过行业标准化归口单位核准、备案。产品特征代号包括产品的系列代号、换代符号和地方、企业代号三部分。产品的系列代号为系列产品的代号。产品的换代符号是指产品的缸径不变，但其技术及结构与原产品有很大差异的产品标志符号。地方、企业代号标志产品具有本地方或本企业特点的代号，每种符号用一个或两个字母表示。

②中部　由缸数符号、气缸排列形式符号、冲程符号和缸径符号组成。气缸数和缸径用数字表示，气缸布置用形式符号表示。

③后部　为结构特征符号和用途特征符号。必要时，其他结构及用途符号允许制造厂自选，但不得与国标规定的字母重复。

④尾部　为区分符号。用于区分同系列的不同产品。

型号含义举例：a. S195 表示单缸、四冲程、缸径为 95mm、水冷、通用型，S 表示采用双轴平衡系统的柴油机。b. YC6105Q 表示广西玉林柴油机厂生产、六缸、四冲程、缸径 105mm、水冷、车用柴油机。c. 1E40F 表示单缸、二冲程、缸径 40mm、风冷、通用型汽油机。

二、发动机的总体构造

发动机由一只机体、二大机构（曲柄连杆机构、配气机构）、四大系统（燃料供给系统、润滑系统、冷却系统［汽油机有点火系统］和启动装置）等组成（表4-1）。其基本零件主要有机体、气缸、气缸盖、活塞、连杆、曲轴、飞轮等，如图4-1所示。

表4-1　发动机的组成及功用

组成部分名称	功　用	主要构成
机体组件	组成发动机的框架	气缸体、曲轴箱
曲柄连杆机构	实现能量和运动转换，将燃料燃烧时发出热能转换为曲轴旋转的机械能，把活塞的往复直线运动转变为曲轴的旋转运动，对外输出功率，反之将曲轴的旋转运动转变为活塞的往复直线运动	活塞连杆组、曲轴飞轮组、缸盖机体组
配气机构	按发动机的工作顺序和各缸工作循环的需要，定时开启和关闭进、排气门，充入足量的新鲜空气，排尽废气	气门组、气门传动组、气门驱动组
燃料供给系统	按发动机不同工况的要求，供给干净、足量的新鲜空气，定时、定量、定压地把燃油喷入气缸，混合燃烧后，排尽废气	燃料供给装置、空气供给装置、混合气形成装置及废气排出装置
润滑系统	向各相对运动零件的摩擦表面不间断供给润滑油，并有冷却、密封、防锈、清洗功能	机油供给装置、滤清装置
冷却系统	强制冷却受热机件，保证发动机在最适宜温度下（80~90℃）工作	散热片或散热器（水箱）、水泵、风扇、水温调节器等
启动装置	驱动曲轴旋转，实现发动机启动	启动电动机、蓄电池、传动机构
汽油机点火系统	按汽油机的工况要求，接通或切断线圈高压电，使火花塞产生足够的跳火能量，引燃汽油混合气体，进行作功	火花塞、高压导线、飞轮磁电机等

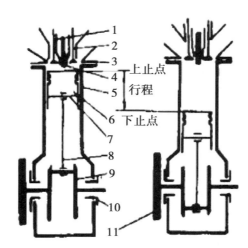

图4-1　发动机构造
1-排气门　2-进气门　3-汽缸盖　4-喷油器　5-汽缸　6-活塞　7-活塞销
8-连杆　9-曲轴　10-主轴承　11-飞轮

三、发动机常用术语

1. 上止点与下止点

活塞在气缸内其顶部距离曲轴中心线最远时的位置为上止点；活塞顶部距曲轴中心线最近时的位置为下止点。

2. 活塞行程

活塞上、下止点之间的距离称为活塞行程。活塞在气缸内移动一个行程时，曲轴转动180°。

3. 气缸工作容积、燃烧容积、总容积和发动机排量

上、下止点之间的气缸容积称为气缸工作容积。活塞在上止点时的气缸容积为燃烧容积或压缩室容积。活塞在下止点时的气缸容积称为气缸总容积。多缸发动机所有气缸的工作容积的总和，称为发动机排量。

4. 压缩比

气缸总容积与燃烧室容积的比值为压缩比。

5. 工作循环

发动机工作时，所进行的进气、压缩、燃烧作功和排气各个过程称为发动机的工作循环。

四、四冲程发动机的工作过程

曲轴旋转两周、活塞经过四个行程、完成一个工作循环的内燃机称为四冲程内燃机。

（一）单缸四冲程柴油机工作过程

发动机利用燃料在气缸内燃烧所放出的热量，使燃烧形成的气体膨胀推动活塞活动，再通过连杆使曲轴旋转，将燃料所产生的热能变为机械功。具体分为进气、压缩、作功和排气四个过程（图4-2）。

（1）进气过程（图4-2a）　曲轴旋转第一个半圈，经连杆带动活塞从上止点向下止点移动，活塞上方容积增大，压力降低，造成真空吸力。此时进气门打开（排气门关闭），新鲜空气被吸入气缸。注意事项：为了充分利用气流的惯性增加进气量，减少排气阻力使进气更充足、废气排除更干净，发动机的进排气门是早开迟闭。

（2）压缩过程（图4-2b）　曲轴旋转第二个半圈，带动活塞从下止点向上止点运动。此时进、排气门都关闭。活塞上方容积缩小，气缸内的气体受到压缩，温度和压力不断升高。压缩终了时气缸内压力达3~5MPa、温度高达600~700℃。

（3）作功行程（图4-2c）　在压缩行程临近终了时，喷油器将高压柴油以雾状喷入气缸，进入气缸的柴油与被压缩的高温空气混合成可燃混合气并着火燃烧，放出大量热能。此时进、排气门仍都关闭，使气缸中的气体温度和压力大大上升，气缸中温度高

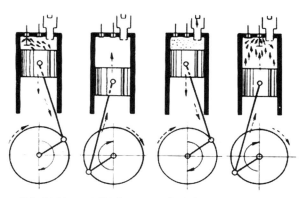

a.进气行程　　b.压缩行程　　c.作功行程　　d.排气行程

图4-2　单缸四冲程柴油机的工作过程

达1 500~2 000℃、压力高达6~10MPa。高温高压气体推动活塞向下移动，通过连杆带动曲轴旋转第三个半圈。此为热能转化为机械能的行程，因此称为作功行程。

（4）排气过程（图4-2d）　　曲轴旋转第四个半圈，带动活塞从下止点向上运动。此时排气门打开，进气门关闭，燃烧后的废气随活塞上移被排出气缸，以便重新吸入新鲜空气。

发动机曲轴依靠飞轮转动的惯性不断重复上述四个过程，输出机械功。在四个行程中曲轴转两圈，活塞往复运动各两次，供油一次，并且只有作功行程是做功的，其他三个行程是消耗动力为作功做准备的。所以在曲轴端配备了飞轮，储存足够大的转动惯量。

四冲程柴油机的工作过程也可通过以下叙述方式来加强记忆：活塞下行气门开，新鲜空气吸进来；活塞上行气门闭，压气升温做准备；喷油自燃气膨胀，推动活塞生动力；做功完了成排气，活塞上行排出去；活塞往复曲轴转，进压功排成循环。

（二）多缸四冲程柴油机工作过程

多缸柴油机每个气缸的工作情况都和单缸柴油机一样，按照进气、压缩、作功和排气四个行程完成工作循环。曲轴每转两圈，各缸都要完成一个工作循环。

为了使柴油机运转平稳，各缸的作功行程间隔角应相等。因此，各缸作功的间隔角应为720°除以气缸数。例如，四缸柴油机各缸作功的间隔角为720°/4＝180°。在农机上普遍采用的四缸四行程柴油机的工作顺序有1-3-4-2和1-2-4-3两种，其中以1-3-4-2最多。当工作顺序为1-3-4-2时，各缸的工作情况见表4-2。

表4-2　四缸四冲程柴油机的工作顺序（1-3-4-2）

曲轴转角	各缸工作情况			
	第一缸	第二缸	第三缸	第四缸
0°~180°	进气	压缩	排气	作功
180°~360°	压缩	作功	进气	排气
360°~540°	作功	排气	压缩	进气
540°~720°	排气	进气	作功	压缩

五、发动机主要性能指标

发动机的主要性能是指动力性能、经济性能和使用性能。

1. 动力性能

（1）有效扭矩　发动机通过飞轮对外输出的转矩称为有效扭矩。用 Me 表示，单位为 N·m（牛顿·米）。发动机稳定工作时输出的有效扭矩与外界施加于发动机曲轴上的阻力矩平衡。内燃机扭矩越大，它所驱动的机械作功能力就越大。

（2）有效功率　发动机通过飞轮对外输出的功率称为有效功率。用 Pe 表示，单位为 kW（千瓦）。发动机产品铭牌上标明的功率，称为额定功率和额定转速。

（3）转速　是指曲轴每分钟转多少圈，单位为 r/min（转/分）。在缸径、冲程等有关参数相同的条件下，转速愈高，作功次数愈多，发出功率就愈大。

2. 经济性能

（1）燃油消耗率　燃油消耗率是指内燃机每发出 1kW 有效功率，在 1h 内所消耗的燃料克数，单位是 g/（kW·h）［克/（千瓦·时）］。燃油消耗率越低，其经济性能就越好。

（2）机油消耗率　机油消耗率一般为燃油消耗率的 1%~3%。

3. 使用性能

（1）启动性　发动机启动性能好在一定温度下能可靠发动启动迅速，启动消耗功率小，磨损少。国家标准规定：柴油机在 -5℃ 以下启动发动机，15s 内发动能自行运转。

（2）排气品质　发动机排出的有害排放物和噪声要符合相关的国家标准。

六、柴油机主要部件结构和工作过程

（一）机体组件

机体组件由气缸体、气缸套、气缸盖、气缸垫和油底壳等组成，主要起支撑作用。

1. 气缸体

其作用是支撑发动机所有的运动件和各种附件。气缸体内设置有冷却水道（小型发动机内无冷却水道，外部设有散热片）和润滑油道，保证对高温状态下工作和高速运动零件进行可靠的冷却和润滑。气缸体上部的圆柱形空腔称为气缸，它的作用是引导活塞作往复运动，气缸体下部的空间为上曲轴箱，用来安装曲轴。

2. 气缸套

为了提高气缸内表面耐磨性，机体内往往镶入由耐磨性更好的优质合金材料单独制成的气缸套，也有一些发动机的气缸套和机体铸成一体。

3. 气缸盖

气缸盖用来封闭气缸，并与活塞顶面构成燃烧室。气缸盖用紧固螺栓紧固在气缸体上。拧紧（或拧松）螺栓时，必须按由中央对称地向四周扩展的顺序分 2~3 次拧紧（或拧松），最后一次用扭力扳手按工厂规定拧紧力矩拧紧，以免损坏气缸缸垫或发生漏水。

4. 气缸垫

气缸垫安装在气缸盖和气缸之间，用来密封气缸，防止漏气、漏水。安装气缸垫时，应注意金属翻边的朝向。

5. 油底壳

油底壳是曲轴箱的下半部分，用以贮存发动机润滑油。

（二）曲柄连杆机构

曲柄连杆机构的功用是将活塞的往复运动转变为曲轴的旋转运动，将作用在活塞顶上的燃气压力转变为扭矩，通过曲轴对外输出。曲柄连杆机构由活塞组、连杆组、曲轴飞轮组组成，是发动机的主要工作部件。

1. 活塞组

活塞组件的主要组成部件主要有活塞、活塞环（包括气环、油环）、活塞销等组成（图4-3）。活塞组件与气缸体共同完成四个冲程，并承受气缸中油气混合气的燃气压力，并将此力通过活塞销传给连杆，以推动曲轴旋转。

（1）活塞　其作用是承受气缸中气体的压力，并将此力通过活塞销传给连杆，推动曲轴旋转。活塞顶部还与气缸盖构成燃烧室。活塞由顶部、头部、裙部、销座四部分组成。

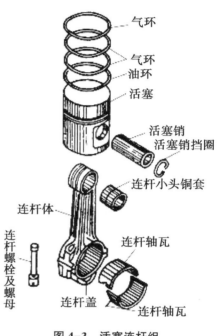

图 4-3　活塞连杆组

（2）活塞环　活塞环分为气环和油环两种。气环的作用主要是密封，其次是传热。油环的作用是刮油，使气缸壁上的油膜分布均匀，改善润滑条件。

（3）活塞销　其作用是连接活塞与连杆，并传递两者之间的作用力。

2. 连杆组

连杆组件的主要组成部件有连杆、连杆盖、连杆轴瓦及连杆螺栓等组成。连杆组件的作用是将活塞承受的燃烧压力传给曲轴，使活塞反复运动变为曲轴的旋转运动。

连杆的作用是连接活塞与曲轴，并传递两者之间的作用力，使活塞的往复运动转换为曲轴的旋转运动。连杆由小头、杆身、大头 3 部分组成。连杆小头和活塞销连接，小头孔内压有减磨青铜衬套，连杆大头与曲轴的连杆轴颈相连，连杆轴承盖用螺栓与大头的上半部分连接，为了减少摩擦，延长连杆轴颈的寿命，连杆大头孔中装有两个半圆形的薄壁连杆轴瓦。

3. 曲轴飞轮组

曲轴飞轮组由曲轴及其附件（飞轮、曲轴皮带轮等）组成（图4-4）。曲轴组件的作用是承受连杆传来的间歇性推力，并通过曲轴上的飞轮等大惯量旋转体的作用，将间歇性推力转换成环绕曲轴轴线的稳定转矩，即发动机输出的动力。

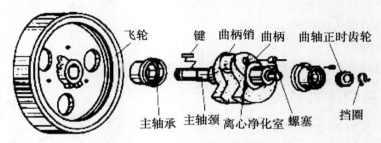

图4-4　单缸柴油机曲轴飞轮组

（1）曲轴　其功用是将连杆传来的推力变成旋转的扭矩，并输出给传动系，驱动配气机构、机油泵、发电机等附属装置工作。

（2）飞轮　其作用是贮存作功行程时的功能，用以克服辅助行程时的阻力，使曲轴旋转均匀，便于发动机的启动。

（三）配气机构

配气机构的作用是根据发动机工作循环和点火次序，适时地开启和关闭各缸的进、排气门，使纯净空气或空气与燃油的混合气及时地进入气缸，废气及时地排出。配气机构一般由气门组、气门传动组和气门驱动组3部分组成（图4-5）。

配气机构按气门的布置形式，可分为顶置式和侧置式；按传动方式分为齿轮传动、链轮传动和齿形带传动；按每缸气门数分为二气门和四气门式等。

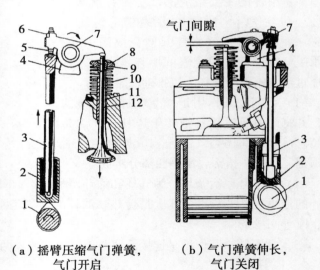

（a）摇臂压缩气门弹簧，气门开启
（b）气门弹簧伸长，气门关闭

图4-5　配气机构示意图

1-凸轮轴　2-挺柱　3-推杆　4-摇臂支架　5-调整螺钉
6-锁紧螺母　7-摇臂　8-气门弹簧座　9-锁片
10-气门弹簧　11-气门导管　12-气门

1. 气门组

气门组由气门、气门导管、气门弹簧、弹簧座等组成。

（1）气门　气门由头部和杆身两部分组成。气门头部密封锥面的锥角称为气门锥角。气门杆身是气门上下运动的导向部分。

（2）气门导管 气门导管固定在气缸盖内，用以引导气门运动，并将气门热量传到冷却水套中，防止气门受热卡住。

（3）气门弹簧 通常为一个或两个圆柱形螺旋弹簧。其作用是自动关闭气门，保证气门密封。为防止弹簧共振。

2. 气门传动组

气门传动组由挺柱、推杆、摇臂、摇臂轴、调整螺钉等组成。

（1）挺柱 其作用是将凸轮的推力传给推杆。

（2）推杆 其作用是将从凸轮轴经过挺柱传来的推力传给摇臂。

（3）摇臂 其摇臂实际上是一个双臂杠杆，用来将推杆传来的力改变方向，作用到气门杆端推开气门。

3. 气门驱动组

气门驱动组由凸轮轴和凸轮轴正时齿轮组成。

（1）凸轮轴 其作用是按规定时刻开启和关闭气门。

（2）凸轮轴正时齿轮 其作用是保证曲轴位置和气门启闭的正确关系。

4. 配气机构工作过程

当发动机工作时，曲轴通过正时齿轮驱动凸轮轴旋转。当凸轮轴传到凸轮的凸起部分顶起挺柱时，挺柱推动推杆上行，推杆通过调整螺钉使摇臂绕摇臂轴摆动，克服气门弹簧的预紧力，使气门开启。随着凸轮凸起部分升程的逐渐增大，气门开度也逐渐增大，此时便进气或排气。当凸轮凸起部分的升程达到最大时，气门实现了最大开度。随着凸轮轴的继续旋转。凸轮凸起部分的升程逐渐减小，气门在弹簧张力的作用下，其开度也逐渐减小直到完全关闭，结束了进气或排气过程。

5. 气门间隙过大、过小的危害

气门间隙是指气门杆尾端与摇臂头之间留存的间隙。发动机热态时，气门杆因温度升高膨胀而伸长，若不留间隙，则会使气门离开气门座，造成漏气。因此在气门杆尾端与摇臂头之间一定要留有受热膨胀的间隙，此间隙会因配气机构机件的磨损而发生变化。间隙过大，将影响气门的开启量，引起充气不足，排气不畅，并可能在气门开启时产生较大的气门冲击响声。间隙过小，则会使气门工作关闭不严，造成漏气和气门与气门座工作面烧蚀。不同型号的柴油机在热态和冷态时气门间隙数值不同，在维护时要按说明书中的规定数值检查和调整气门间隙。

（四）燃料供给系统

1. 燃料供给系统的作用

是根据柴油机的工作顺序和各缸工作循环，定时、定量、定压地将清洁的柴油以雾状喷入汽缸和压缩后的空气混合燃烧作功，燃烧后的废气经净化处理后排入大气。

2. 燃料供给系统的组成

燃料供给系统由燃油供给装置、空气供给装置（空气滤清器、进气管道）、废气排出装置（排气管道、消音器）组成，如图4-6所示。柴油供给装置包括低压油路（柴油箱、沉淀杯、柴油粗滤清器、细滤清器、输油泵、油管到喷油泵入口，油压一般为

0.15~0.3MPa）、高压油路（喷油泵、高压油管和喷油器等，油压在 10MPa 以上）和回油路（限压阀和回油管等）三部分。

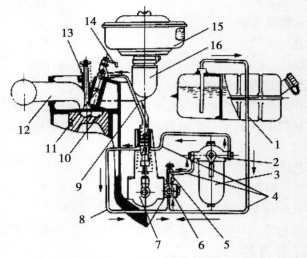

图 4-6　柴油机燃油供给系统
1-柴油箱　2-限压阀　3-柴油滤清器　4-低压油管　5-手动输油泵　6-输油泵
7-喷油泵　8-回油管　9-高压油管　10-烧烧室　11-喷油器　12-排气管　13-排气
14-溢油管　15-空气滤清器　16-进气管

3. 工作过程

发动机工作时，气缸内的真空负压把空气经空气滤清器滤清后吸入各气缸，完成空气的供给工作；另一方面，在发动机的带动下，输油泵把柴油经过低压油管从柴油箱吸出并输送往柴油细滤清器，然后进入喷油泵，经喷油泵增压后的柴油，再经高压油管进入喷油器而直接喷入燃烧室与高温压缩空气混合并燃烧；最后气缸内燃烧的废气从排气管中排出。

4. 柴油机燃料供给系统的主要部件

（1）喷油器　其作用是将喷油泵供给的高压柴油雾化成细微油粒喷入燃烧室，以形成良好的可燃混合气。供油时，高压柴油经壳体油道进入针阀下部的环状油室，油的压力给针阀锥面一个向上的推力，当推力大于针阀弹簧张力时，针阀抬起，柴油经喷孔喷入气缸；不供油时，弹簧的张力使针阀锥面压紧喷孔，将喷孔封闭。主要分为孔式喷油器、轴针式喷油器两大类。

（2）喷油泵　喷油泵又称高压油泵，其作用是提高柴油的输送压力，并根据发动机不同工况的要求，定时、定量向各缸喷油器供油。喷油泵主要有柱塞式喷油泵、喷油泵—喷油器式和转子分配式喷油泵三类。常用的是柱塞式喷油泵，它与调速器、输油泵等组成一体，固定在柴油机一侧的支架上。喷油泵由曲轴正时齿轮驱动，为了保证喷油时刻准确，各传动齿轮上都有装配标记。喷油泵凸轮轴转动，凸轮轴上每一个凸轮推动一个柱塞，柱塞上下运动，定时向对应油缸供油。

驾驶员操纵油门，使供油拉杆前后移动，供油拉杆经调节臂（或齿套）传动，使柱塞在柱塞套筒内转动，改变柱塞供油的有效行程，使供油量改变。在柱塞向上运动，当其顶面密封套筒上的进油口时，油泵腔油压才上升到使喷油器针阀抬起开始供油，而当柱塞斜槽和回油孔接通时，油泵腔中的柴油经中心孔流入回流管，供油就结束。

当需要停车时，拉动调速器上的停油手柄，强制供油拉杆退到停止供油位置，发动机熄火。

（3）柴油机滤清器　其作用是滤清柴油中的杂质和水分，保证工作正常和减少供油零件磨损。柴油机滤清器有粗滤器和细滤器两种。在细滤清器盖上有放空气螺塞，用以排除进入油管中的空气。

（4）输油泵　其作用是将柴油从油箱中吸出，压送到柴油细滤清器，再输到喷油泵。柴油机广泛使用活塞式、膜片式输油泵。它安装在喷油泵的一侧，由喷油泵凸轮轴上的偏心凸轮驱动，使活塞往复运动，柴油经进油阀进入泵腔，又经出油阀压到喷油泵。油管中无油或进有空气时，可拧开细滤清器和喷油泵上的放空气螺塞，扳动输油泵手柄，直接将柴油从油箱吸出，利用油流将燃料装置中空气驱出，以顺利启动和工作。

（5）空气滤清器　其作用是清除空气中的尘土和杂质，向气缸供给充足的清洁空气，减少气缸、活塞等机件磨损，延长发动机寿命。空气滤清器一般由粗滤部分（包括罩帽、集尘罩、导流片和集尘杯）、细滤部分（包括中央吸气管、油盘和油碗）和精滤部分（包括装在中央吸气管和壳体之间的上滤网盘和下滤网盘）组成。

（6）调速器　其作用是在供油拉杆位置不变时，随外界负荷变化自动调节供油量，稳定柴油机转速，并限制曲轴的最高转速和最低转速。柴油机多采用机械离心式调速器，按调速作用范围不同分为单制式、双制式和全制式3种。单制式柴油机调速器只限制其最高转速，双制式调速器可限制其最高转速和最低转速，全制式调速器在柴油机最高与最低转速范围内，能维持驾驶员所选定的任何转速。

机械离心式调速器是利用柴油机旋转的飞锤（或钢球）在转速变化时产生离心力的变化与调速弹簧拉力之间相平衡的关系来改变其供油量，从而调整转速。其工作过程见图4-7。

工作时，调速弹簧拉力总是将供油拉杆向循环供油量增加的方向移动；而飞锤的离心力总是将供油拉杆向循环供油量减少的方向移动。当负荷减小时，转速升高，离心力大于弹簧力，供油拉杆向循环供油量减少的方向移动，循环供油量减小，转速降低，离心力小于弹簧力，供油拉杆又向循环供油量增加的方向移

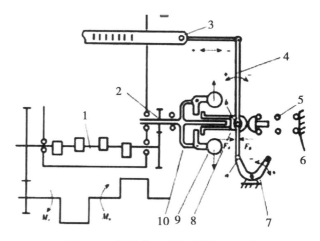

图4-7　机械离心式调速器工作示意
1-凸轮轴　2-增速齿轮组　3-供油拉杆　4-调速杠杆
5-调速弹簧　6-弹簧支座　7-操纵臂
8-滑套　9-飞锤　10-支撑架

动，循环供油量增加，转速又升高，直到离心力和弹簧力平衡，供油拉杆才保持不变。

这样转速基本稳定在很小的范围内。

反之,当负荷增加时,转速降低,弹簧力大于离心力,供油拉杆向循环供油量增加的方向移动,循环供油量增加,转速升高,弹簧力又小于离心力,供油拉杆又向循环供油量减小的方向移动,循环供油量减小,转速又降低,直到离心力和弹簧力平衡。

(五) 润滑系统

1. 润滑系统的功用

润滑系统的功用是不断地将洁净的润滑油输送到各运动机件的摩擦表面,以形成油膜润滑。其具体作用表现在:

(1) 润滑作用 在运动机件的表面之间形成润滑油膜,减少磨损和功率损耗。

(2) 清洗作用 循环流动的润滑油冲洗零件表面并带走磨损下来的金属微粒。

(3) 冷却作用 循环流动的润滑油带走零件表面摩擦所产生的部分热量。

(4) 密封作用 润滑油填满气缸壁与活塞、活塞环与环槽之间的间隙,可减少气体的泄漏。

(5) 防锈作用 润滑油膜可以防止零件表面与水分、空气及燃烧气体接触而发生氧化和锈蚀。

2. 润滑方式

润滑系统的润滑方式有压力润滑、飞溅润滑、综合润滑和润滑脂润滑4种:

(1) 压力润滑 利用机油泵使机油产生一定压力,将机油连续地输送到负荷大、相对运动的摩擦表面,如主轴承、连杆轴承、凸轮轴承和气门摇臂轴等处的润滑。

(2) 飞溅润滑 利用运动零件激溅或喷溅起来的油滴和油雾,来润滑外露表面和负荷较小的摩擦面,如凸轮与挺杆、活塞销与销座及连杆小头等处的润滑。

(3) 综合润滑 压力润滑和飞溅润滑相结合。

(4) 润滑脂润滑 对一些分散的、负荷较小的摩擦表面,定时加注润滑脂进行润滑,如水泵、发电机、启动机轴承的润滑。

3. 润滑系统的组成

润滑系统由机油供给装置(包括机油泵、限压阀、油管和油道等)和滤清装置(包括机油粗滤器、机油细滤器、机油集滤器等)组成。

4. 主要零部件的作用及其类型

(1) 机油泵和限压阀 机油泵的作用是将机油从油底壳中吸出,不间断地压送到各润滑表面。常用的机油泵有齿轮式和转子式两种。限压阀附设在机油泵体上,其作用是保持机油压力在一定范围内。机油压力过低时,零件润滑不良,磨损加剧;机油压力过高时,使管路接头渗漏、密封衬垫损坏。

(2) 机油滤清器 其作用是清除机油中的各种杂质和胶质,从而减少零件磨损,防止油道堵塞,延长机油的使用期限。机油滤清器常用的有机油集滤器、机油粗滤器、机油细滤器三种。

(3) 机油散热器 其作用是对机油强制冷却,使机油在最佳温度(70~90℃)范围内工作。机油散热器有风冷式和水冷式。风冷式机油散热器一般安装在发动机冷却水散热器的前面，利用冷却风扇的风力使机油冷却。

（4）曲轴箱通风装置　其作用是将少量经活塞环缝隙窜入油底壳的混合气和废气排出，延缓机油的稀释和变质，同时降低曲轴箱内的气体压力和温度，防止机油从油封、衬垫等处渗漏。曲轴箱通风有自然通风和强制通风两种。

5. 润滑系统工作过程

发动机工作时，油底壳内的润滑油经集滤器被机油泵吸上来后分成两路；一路（少部分机油）进入细滤器，经过滤清后流回油底壳；另一路（大部分机油）进入粗滤器，滤清后的机油，在高温时（夏季）经过转换开关进入机油散热器，冷却后的机油进入主油道；当机油温度低（冬季）不需要散热时，可转动转换开关，使从粗滤器流出的机油不通过机油散热器而直接进入主油道。主油道把润滑油分配给各分油道，进入曲轴的主轴颈、凸轮轴的主轴颈，同时主轴颈的润滑油经曲轴上的斜油道，进入连杆轴颈，经分油道进入气缸盖上摇臂支座的润滑油润滑摇臂轴及装在其上的摇臂。主油道中还有一部分润滑油流至正时齿轮室润滑正时齿轮。最后润滑油经各部位间隙返回油底壳，润滑路线见图4-8。

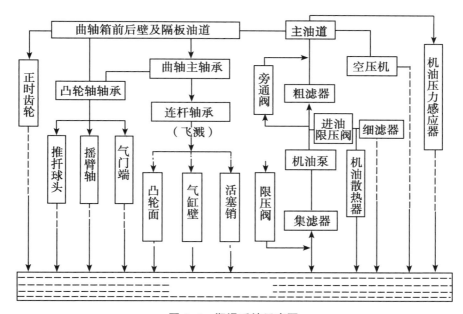

图4-8　润滑系统示意图

（六）冷却系统

1. 冷却系统的功用

冷却系统的作用是把高温机件的热量散发到大气中，保持发动机在正常温度下工作。

2. 冷却方式和冷却系统的组成

冷却系统有水冷式和风冷式两种基本形式。玉米收获机的发动机均采用强制闭式循环水冷却形式。由水套、水泵、散热器、风扇、节温器、水温表和放水开关等组成

（图4-9）。水冷发动机正常工作水温为80~90℃。

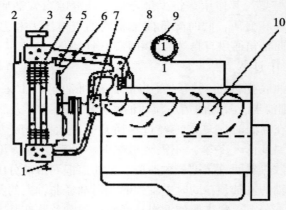

图4-9　水冷却系统

1-放水开关　2-百叶窗　3-散热器盖　4-散热器　5-护风罩　6-风扇
7-水泵　8-节温器　9-水温表　10-水套

3. 强制循环水冷式工作过程

当发动机开始工作，缸盖出水温度（简称水温）低于70℃时，节温器关闭，冷却水不进入散热器，全部从水泵进水支管直接进入水泵，由水泵再泵入水套，进行所谓"小循环"（如图4-9中箭头所示）；当水温高于70℃时，节温器部分打开，使一部分冷却水进入散热器，进入所谓"大循环"，一部分冷却水仍进入"小循环"。当水温高于85℃时，节温器全部打开，使冷却水全部进入散热器（如图中黑点所示）内，进行"大循环"。

七、柴油机新技术

（一）柴油机进气增压技术

进气增压技术的功用就是就是利用增压器提高发动机进气压力，以增加进气中氧分子含量，使燃料充分燃烧，提高柴油机的动力性和经济性。采用增压技术后可使发动机的功率提高10%~100%，同功率油耗下降3%~10%，甚至更多，同时可缩小发动机结构尺寸，减小排放污染。目前大多数柴油机采用废气涡轮增压技术，该技术装备主要由空气滤清器、增压器、中冷器等组成，如图4-10所示，关键部件是涡轮增压器。

1. 涡轮增压器的结构

目前车用柴油机常采用的径流脉冲式废气涡轮增压器，主要由涡轮壳2、中间壳8、压气机壳13、转子体和浮动轴承6等组成（图4-11）。

涡轮壳2与内燃机排气管相连。压气机壳13的进口通过软管接空气滤清器，出口则与内燃机气缸相通。压气机壳13与压气机后盖板9之间的间隙构成压气机的扩压器，其尺寸可通过二者的选配来调整。转子体由转子轴12、压气机叶轮11和涡轮4组成。涡轮焊接在转子轴上，压气机叶轮用螺母固定在转子轴上，转子轴则支承在两浮动轴

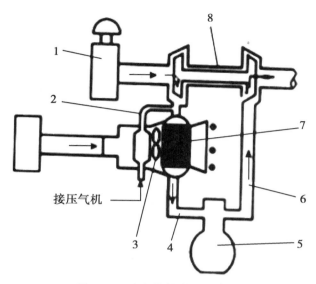

图 4-10　废气涡轮增压系统示意

1-空气滤清器　2-抽气管　3-中冷器风扇　4-进气歧管　5-发动机
6-排气歧管　7-中冷管　8-增压器

接压气机

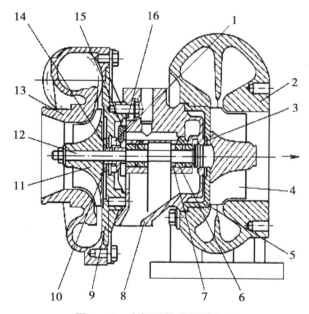

图 4-11　废气涡轮增压器结构

---→空气　→废气

1-推力轴承　2-涡轮壳　3-密封环　4-涡轮　5-隔热板　6-浮动轴承
7-卡环　8-中间壳　9-压气机后盖板　10-密封环　11-压气机叶轮　12-转子轴
13-压气机壳　14-密封套　15-膜片弹簧　16-"O"形密封圈

承6上高速旋转。转子轴高速旋转时，来自柴油机主油道并经精滤器再次滤清，润滑油充满浮动轴承6与转子轴12以及中间壳8之间的间隙，使浮动轴承在内外两层油膜中随转子轴同时旋转，但其转速比转子轴低得多，从而使轴承对轴承孔和转子轴的相对线速度大大降低。

中间壳中设有3、16、14、10等密封件，以防止压气机端的压缩空气和涡轮端的废气漏入中间壳，同时防止中间壳的润滑油外漏。

2. 涡轮增压器工作过程

工作时，由排气歧管排出的高温、高压废气流经增压器的涡轮壳，利用废气通道截面的变化（由大到小）来提高废气的流速，使高速流动的废气按一定方向冲击涡轮，并带动压气机叶轮一起旋转。同时，经滤清后的空气被吸入压气机壳，高速旋转的压气机叶轮将空气甩向叶轮边缘出气口，提高空气的流速和压力，并利用压气机出口处通道截面的变化（由小到大）进一步提高空气的压力，增压后的空气经中冷器和进气歧管进入气缸。

中冷器和冷却系统中的散热器相同，其功用是冷却增压后的空气，以降低进入气缸的空气温度，进一步增加发动机进气量。中冷器风扇的驱动，是从压气机一端引出5%~10%的增压空气经抽气管流至与风扇制成一体的涡轮，通过涡轮带动中冷器风扇转动。

3. 增压器的使用与维护

（1）及时清洁增压器防护罩的草屑等，防止火灾。定期清洁空气滤清器和更换空气滤清器滤芯，以保证压缩空气清洁，空滤器不干净会引起增压器漏油。

（2）定期清洁涡轮和压气机及其进、排气通道，以保证压气清洁和防杂物损坏叶轮。

（3）使用新的或经过维修的增压器前，应检查涡轮增压器型号是否与发动相匹配，用手转动增压器转子，检查是否转动灵活、有无异响，如果叶轮滞转或有摩擦壳体的感觉，应查明原因后再安装增压器。若工作时增压器有振动现象，一般是由于叶轮、轴承功涡轮损坏所至，应予修理或更换。

（4）应保证增压器充分润滑。检查润滑油应清洁、油压、油温正常，油管路清洁无渗漏油现象。

（5）涡轮轴采用浮动式轴承润滑，增压柴油机须采用洁净的"增压柴油机机油"，并定期清洗或更换机油滤清器和符合要求牌号的机油，更换后滤清器内应注满干净机油。

（6）凡更换机油、机油滤清器或使用长期停放的内燃机，启动前应将增压器油管拆下注入约60mL的润滑油或盘车数圈，预润滑增压器。

（7）冷机启动后，应怠速运转3~5min后再加负荷，以便使润滑油润滑轴承密封圈。运转中增压器进油压力应保持在196~392kPa。运转中注意增压器有无异响和明显振动。如有异响和明显振动应予排除。

（8）在高速及满负荷运转时，无特殊情况不可立即熄火，应逐步降速，降负荷，熄火前怠速运转3~5min，以便让润滑油冷却增压器，防止烧坏密封圈、轴承咬死或轴承壳变形。

（9）热态换机油时，将增压器安装到内燃机上，暂不接油管，先从增压器进口加入干净的机油，并用手转动转子进行预润滑，使增压器轴承充满机油后再连接进油管。安装时，中间壳的机油出口应向下，同时应使进油孔朝上，回油孔向下，进、回油孔中心线与垂直方向角度不大于23°，中间壳位置定好后，拧紧涡轮端中间壳固定螺钉，压气机壳与涡轮不能相对转动。转动压气机壳使压气机壳出口能与内燃机的排气管连接。

（二）电控单体泵供油技术

电控单体泵是提供产生喷油器的喷射压力的装置，发动机有几个气缸，就有几个单体泵，属第二代电控燃油喷射系统。电控单体泵供油系统由油箱、手油泵、输油泵、旁通阀、限压阀、燃油粗细滤清器、进回油管道、电控单体泵和喷油器等组成，如图4-12所示。电控单体泵供油技术的核心部件是单体喷油泵，与传统的机械式喷油泵相比，主要有两点不同：一是每个油泵都是独立的，分别安装在发动机汽缸体上，对应每一汽缸，如六缸柴油机就有六个单体泵，如图4-12A所示，由配气凸轮轴上的喷射凸轮驱动；二是电控单体泵的上部有电磁阀，电磁阀能够按照特性图谱的数据精确地控制喷射正时和喷油时间。

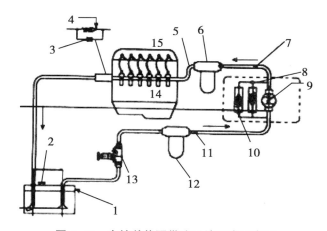

图4-12 电控单体泵供油系统组成示意图

1-柴油箱　2-油箱盖　3-回油管道　4-卸荷阀　5、7、11-进油管
6-燃油细滤器　8-旁通阀　9-输油泵　10-限压阀　12-柴油粗滤器
13-手油泵　14-电控单体泵　15-喷油器

1. 电控单体泵供油技术优点

电控单体泵供油技术具有以下优点：①单体泵由凸轮轴通过挺柱驱动，结构紧凑，刚性好；②喷油压力高达160MPa；③较小的安装空间；④高压油管短，且标准化；⑤任意设定调速特性，调速性能好；⑥具有自排气功能；⑦换泵容易。

2. 电控单体泵供油技术工作原理

发动机凸轮作用于单体泵挺柱，ECU将收集的传感器信号分析处理后发出指令，控制单体泵电磁阀的闭合、开启，在单体泵内形成高压，通过喷油器定时、定量地将最佳雾化的柴油喷入燃烧室，保证柴油机在各工况点达到最佳燃烧状态。其工作示意图见

图 4-12A　单体泵系统结构外形图

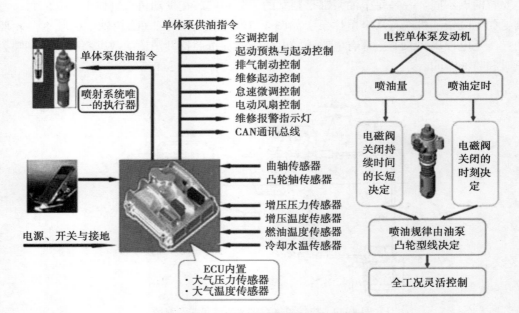

图 4-12B　电控单体泵系统工作示意图

DELPHI电控单体泵
柱塞直径×冲程：φ11×16mm
50V执行器
Tyco 2pin接插件
激光点阵修正码
单油槽低压进油，独立泄油
外置燃油滤网
独立的挺柱总成—导向定位
欧Ⅲ & Ⅳ排放潜力
高达2 000bar的喷射压力
独立的电气控制特性
1.5～2.6l/缸的典型应用范围

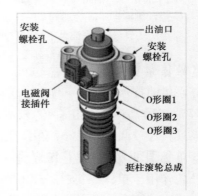

图 4-12C　DEL PHI 电控单体泵和挺柱滚轮总成及主要参数

图 4-12B。

（1）低压油路　柴油从油箱出来．经输油泵进入柴油滤清器，经接头进入单体泵低压油路，柴油回油通道铸在汽缸体上。

（2）高压油路　低压油路的燃油从单体泵加压后经很短的高压油管到喷油器，当喷油器压力达到 22MPa 时，喷油器开启（喷油始点由指令脉冲起点控制，喷油量由指令脉冲宽度控制，喷油正时可以在不同工况，根据经济性和排放性能的最佳综合折中效果而灵活调整），将燃油呈雾状喷入燃烧室，与空气混合而形成可燃混合气。

（3）柴油回流　由于输油泵的供油量比单体泵的出油量大 10 倍以上，大量多余的柴油经限压阀和回油管流回柴油箱，并且利用大量回流的柴油驱净油路中的空气，具有自动排气功能。

3. 主要组成部分及其功能

（1）单体泵　在发动机各种工况下，按照工作要求定时、定量供给高压柴油，使各缸能够正常工作，发出要求的功率和扭矩，同时满足排放标准。电控单体泵由柱塞套筒、柱塞、弹簧座、回位弹簧、出油阀、出油阀弹簧、出油阀座、出油阀压紧螺帽等组成。如 DEL PHI 电控单体泵和挺柱滚轮总成及主要参数见图 4-12C 所示。

单体泵工作过程如下：

①凸轮在基圆位置。凸轮在基圆位置时，柱塞位于下止点，高压腔与低压腔的燃油压力相等。

②压缩供油。凸轮轴旋转，凸轮通过挺柱压缩柱塞向上运动，只有在 ECU 给电磁阀通电并关闭以后，高压腔才能形成压力。高压腔的燃油在柱塞压缩下产生高压。

③喷射。高压燃油在高压油管中传递，并在到达喷油嘴时压力继续提升到 22MPa 时喷嘴打开，燃油喷入燃烧室中。

④喷射结束。在 ECU 使电磁阀断电并打开以后，高压油腔与低压油腔相通，高压油腔及喷嘴压力也大大下降，喷嘴落座，喷射过程结束。

在柱塞的下一次运动中，重新开始新的过程。

电控单体泵的控制方式是时间控制，无需在喷油正时与曲轴位置之间有直接的连接。喷油正时由电控单元根据传感器信号来确定。

（2）喷油器　将喷油泵提供的高压燃油以一定的空间分布，雾状喷入发动机燃烧室，以便燃油与空气形成有利于燃烧的可燃混合气。

（3）燃油输油泵　在发动机各种工况下，以一定压力和输油量向电控单体泵提供充足的、压力相对稳定的燃油。

（4）回油阀　控制低压油路中的燃油压力，将多余的燃油引回燃油箱。

（三）电控高压共轨柴油供油技术

电控高压共轨柴油供油技术是指在高压油泵、压力传感器和电子控制单元（ECU）组成的闭环系统中，将喷射压力的产生和喷射过程彼此完全分开的一种供油方式。其功用是用来提供最合适的燃油喷射量和喷射时刻，以此来满足发动机可靠性，动力性，达到低烟、低噪音、高输出、低排放的要求。

该技术不再采用喷油系统柱塞泵分缸脉动供油原理，而是采用一只容积较大的共轨管连接在喷油泵和喷油器之间，把喷油泵输出的燃油输送到共轨管蓄积起来并稳定压力，再通过高压油管输送到每个喷油器上，由喷油器上电磁阀控制喷射的开始和终止。电磁阀起作用的时刻决定喷油定时，起作用的持续时间和共轨压力决定喷油量，由于该系统采用压力时间式燃油计量原理，故又称为压力时间控制式电控喷射系统。与机械式喷油系统相比，其优点是：①对喷油定时控制精度高，反应速度快；②对喷油量的控制精确、灵活、快速，喷油量可随意调节，可实现预喷射和后喷射，改变喷油规律；③喷油压力高（高压共轨电控喷油达200MPa），不受发动机转速影响，可大大减少柴油机供油压力随发动机转速变化的程度，优化了燃烧过程；④无零部件磨损，长期工作稳定性好；⑤结构简单，可靠性好，适应性强。

1. 结构组成

电控高压共轨柴油喷射技术包括低压油路、高压油路、传感和控制几部分。其结构组成示意图见图4-13。

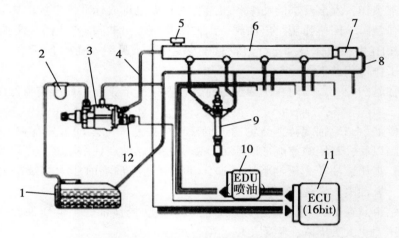

图4-13 电控高压共轨柴油供油技术组成示意图
1-柴油箱 2-柴油滤清器 3-供油泵 4-高压油管 5-燃油压力传感器
6-共轨管 7-限压阀 8-回油管 9-电动喷油器 10-EDU电子驱动单元
11-电控单元 12-供油量控制阀

（1）低压油路 其作用是产生足够的低压柴油输送给高压油泵。低压油路主要由油箱、柴油粗滤清器、电动输油泵、柴油细滤清器、回油阀、回油储存器、高压泵的低压区和低压回路的进、出油管等组成。

（2）高压油路 其作用是产生高压（160MPa）柴油。高压油路主要由CP1高压喷油泵、限压阀、高压油管、高压存储器（共轨管）、流量限制器和电动喷油器等组成（图4-14）。

（3）传感与控制部分 传感与控制部分包括共轨压力传感器（RPS）、EDC15C控制单元、油温传感器等其他各类传感器、控制单元（ECU）和执行机构。它们与电控供油泵总成、喷油器总成、共轨总成等共同控制各种零部件。

2. 工作原理

高压共轨喷油器的喷油量、喷油时间和喷油规律除了取决于柴油机的转速、负荷

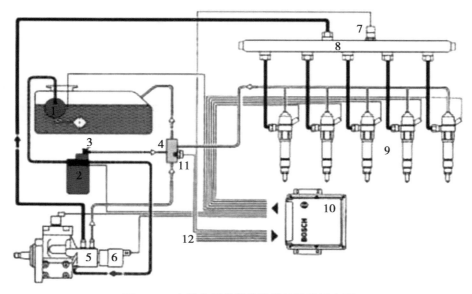

图4-14　电控高压共轨柴油供油油路示意图
1-电动输油泵　2-燃油滤清器　3-回油阀　4-回油储存器　5-CP1高压泵
6-高压控制阀　7-共轨压力传感器（RPS）　8-共轨管　9-喷油器　10-EDC15C控制单元
11-油温传感器　12-其他传感器

外，还跟众多因素有关，如进气流量、进气温度、冷却水温度、燃油温度、增压压力、电源电压、凸轮轴位置、废气排放等，所以必须采用相应传感器，采集相关数据。

工作时，发动机的工作情况（如发动机转速，加速踏板位置，冷却水温等）被各种传感器检测到，并将采集的数据，都被送入电控单元ECU，并与存储在里面的大量经过试验得到的最佳喷油量、喷油时间和喷油规律的数据进行比较、分析，计算出当前状态的最佳参数。根据ECU计算出的最佳参数，再通过执行机构（电磁阀等），控制电动输油泵、高压油泵、废气再循环等机构工作，使喷油器按最佳的喷油量、喷油时间和喷油规律进行喷油。工作原理如图4-15所示。

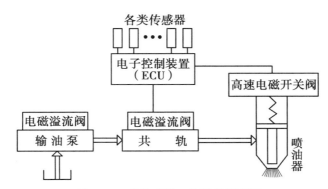

图4-15　共轨系统工作原理示意图

ECU控制着大多数的零部件并且具备诊断和报警系统，用来提醒驾驶员故障的发生。

共轨系统由电控供油泵总成、喷油器总成、共轨总成等组成。它们与 ECU、传感器等共同控制各种零部件。

3. 共轨系统主要零部件介绍

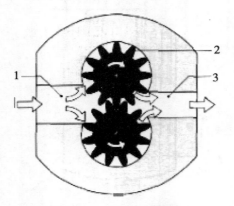

图 4-16　外啮合齿轮泵
1-吸油端　2-驱动齿轮　3-压油端

（1）供油泵　供油泵的功用是指柴油机在各种工作状态下，给共轨高压油泵提供足够的燃油量。目前，在柴油机上主要使用外啮合齿轮驱动的燃油泵，如图 4-16 所示。齿轮式燃油泵既可以集成在高压油泵中，由高压油泵驱动轴驱动；也可以直接连接到发动机上，由发动机驱动。

齿轮泵主要零部件是两个在旋转时相互啮合的反转齿轮。燃油被吸入泵体和齿轮之间的空腔内，并被输送到压力侧的出油口，旋转齿轮间的啮合线在吸油端与泵的压力端提供了良好的密封，并且能防止燃油回流。

齿轮式燃油泵的供油量与发动机转速成比例，齿轮泵的供油量在进油口端的节流阀或者出油口端的溢流阀限制。

齿轮式燃油泵是免维护的。在第一次启动前，或者油箱内燃油被用尽，燃油系统内要排尽空气，可以直接在齿轮式燃油泵上或者低压油路中安装一个手动泵。

（2）燃油滤清器　燃油中若含有杂质，将导致油泵零部件、出油阀、喷油嘴的损坏。因此必须装用燃油滤清器。高压共轨系统必须使用符合共轨喷射系统的特定要求的滤清器，否则燃油供给系统正常运转和相关元件的使用寿命将无法得到保证。柴油中含有可溶于乳状或者自由水（例如：用于温度变化的冷却水），若这种水进入喷射系统，将会引起燃油系统元件的穴蚀。

高压共轨系统为保证高压喷射，精确流量控制，其各组成部分的精度都非常高，偶件间隙控制相当严格，部分直线度在 $0.8\mu m$ 以下，偶件间隙为 $1.5\sim3.7\mu m$，所以对柴油清洁度提出了很高的要求。传统的柴油滤清器只能过滤 $10\mu m$ 以上的颗粒，$3\mu m$ 的颗粒过滤效率很差。高压共轨系统要求滤清器提供 95% 的水分离效率和 98.6% 的 $3\sim5\mu m$ 的颗粒过滤效率。必须使用符合要求的滤清器，否则会造成喷油器、高压泵损坏。

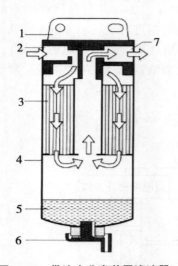

图 4-17　带油水分离装置滤清器
1-滤清器盖　2-进油口　3-纸质滤芯
4-壳体　5-水分收集器　6-放水螺塞
7-出油口

如图 4-17 所示。和其他喷射系统一样，共轨同样需要一个带有油水分离的燃油滤清器，带有油水分离的燃油滤清器可以把水从水分收集器中排出。当收集器水位到达一定高度时，通过报警灯来提示自动报警装置，告知驾驶员需进行水分收集器排水。

（3）CP1高压泵　高压泵是高压回路和低压回路的分界面，它主要作用是车辆在所有工况下，给使用提供足够的高压燃油，同时还必须保证使发动机迅速启动所需的额外的供油量和压力要求。

共轨系统的高压部分被分成高压发生器、压力蓄能器和燃油计量元件。最重要的零部件配有元件关闭阀和压力控制阀的高压泵（CP1）或者带有进油计量比例阀的高压泵（CP2、CP3）、高压蓄能器、共轨压力传感器、压力控制阀、流量控制阀和喷油器。

如图4-18所示。高压泵不断地产生高压蓄能器所需的系统压力。这就意味着燃油并不是在每个单一的喷射过程都必须被压缩（相对于传统的系统燃油）。

（4）压力控制阀　压力控制阀

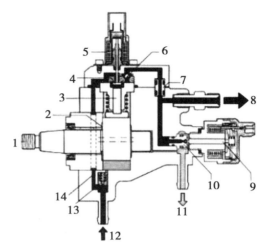

图4-18　CP1高压泵

1-带偏心凸轮的驱动轴　2-多边环　3-油泵柱塞　4-进油阀　5-元件关闭阀　6-出油阀　7-套　8-去共管高压接头　9-压力控制阀　10-球阀（压力控制阀）　11-回油　12-燃油供给250kPa（2.5bar）　13-节流阀（安全阀）　14-燃油供给通道

设定一个正确的对应于发动机负荷的共轨压力，并且将它保持在这一水平。当共轨压力过大，压力控制阀打开，一部分燃油经回油管路流回油箱。当共轨压力过小，压力控制阀关闭，并将高压与低压段密封隔开。

如图4-19所示。压力控制阀是通过一个安装法兰连接到高压泵或者高压蓄能器的。

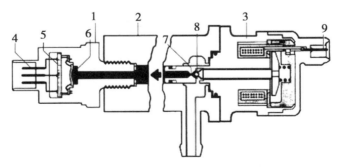

图4-19　压力控制阀与压力传感器

1-共管压力传感器　2-共管　3-压力控制阀　4-电子联接头　5-电路　6-带传感器元件的膜片　7-0.7mm节流孔　8-球　9-电子联接头

为了使高压段与低压段之间有良好的密封，枢轴使一个球阀抵靠在密封座上，有两个力作用在枢轴上：一是压下的弹簧力；二是一个由电磁铁产生的作用力。为了保证润滑和冷却，燃油必须流经枢轴。

压力控制阀由两个闭环控制组成，用于设定变化的平均共轨压力的慢速作用的电子控制环和用于补偿高频压力波动的快速作用的机械液压控制环。压力控制阀未通电时，来自于共轨或者高压泵出口的高压作用于压力控制阀。由于未通电的电磁铁不产生作用力，高压燃油压力超过弹簧弹力导致控制阀打开，并维持至由供油量决定的某种程度，以弹簧被设计成能产生近似 10MPa 的压力。

压力控制阀通电，若需要增大高压回路中的压力，由电磁铁产生的力将作用于弹簧上。压力控制阀被触发并关闭，直到共轨的压力与弹簧弹力和电磁铁的合力平衡。接着，阀保持部分开启，并维持一定的燃油压力。泵的供油量的改变或者由于油嘴引起共轨油量的降低引起的压力变化由阀的不同开度设置来补偿的。电磁铁的产生的力是与由变化的脉宽控制的激励电流的大小成比例的。1KHz 的脉冲频率足够用来防止不期望的电磁铁–衔铁运动或者共轨压力波动。

（5）共轨总成　共轨总成又叫高压蓄能器，简称共轨管。其作用是存储高压燃油，保持压力稳定，共轨同时作为燃油分配器。由于高压泵在供油和燃油喷射产生的高压振荡在共轨容积中衰减，此时又要保证在喷油器打开时刻，喷射压力维持定值。共轨管容积具有削减高压油泵的供油压力波动和每个喷油器由喷油过程引起的压力振荡的作用，使高压油轨中的压力波动控制在 5MPa 以下。但其容积又不能太大，要能保证共轨有足够的压力响应速度以快速适应柴油机工况的变化。

根据发动机的安装条件对共轨的约束管状燃油共轨的设计是可变的。共轨上装有用于测量供给燃油的共轨压力传感器、限压阀和流量限制器、压力控制阀（如果高压泵上未装压力控制阀），如图 4-20 所示。由高压油泵过来的高压燃油通过高压油管到达共轨的进油口。通过进油口燃油进入共轨并被分配到各个油嘴。

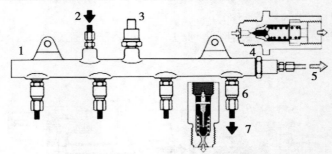

图 4-20　高压蓄能器、限压阀与流量控制阀
1-共管　2-自高压泵来的供油　3-共管压力传感器　4-限压阀　5-回油
6-流量限制器　7-到喷油器的高压管

燃油压力由共轨压力传感器测量并通过压力控制阀调节到所要求的数值。限压阀用来防止油压超过最大许用压力。高压燃油通过流量限制器从共轨到油嘴，它可以防止油嘴关闭不严时，燃油进入燃烧室。

共轨的内部永久的充满压力油。高压下的燃油的可压缩性被用来产生储能作用，当燃油从共轨被用于喷射时，即使喷油量较大，高压蓄能器的压力保持实质上的定值。

（6）限压阀　限压阀安装在高压泵旁边或共轨管上。其作用是根据发动机负荷状况调整和保持共轨管中的压力。如图4-21所示。限压阀具有与溢流阀一样的功能。若压力过大，限压阀将打开泄油通道来控制共轨压力。限压阀允许瞬时最大共轨压力为系统额定压力5MPa。

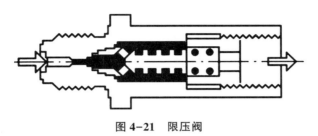

图4-21　限压阀

限压阀是由带有螺纹的壳体、流回油箱的回油油路、活动柱塞、柱塞弹簧构成的一个机械装置。在通向共轨油路的末端，壳体上开有一个通道，柱塞的锥形末端顶住壳体的密封座，限压阀处于关闭状态。在正常工作压力时弹簧力使柱塞抵住密封座，限压阀始终关闭。一旦超过系统最大压力，共轨压力大于弹簧力，柱塞在共轨压力作用下将被迫上升，此时，高压燃油通过通道流入柱塞，再通过它流向一段通往油箱的回油路。当阀打开时燃油流出共轨，从而限制共轨内部压力。

（7）流量限制器　流量限制器的任务是阻止在某个喷油器关闭不严时的不期望情况下的连续喷射。为了完成这个工作，只要流出共轨的燃油量超过一定量，流量限制器立即关闭通往有问题的喷油器的油路。流量限制器由一个带有旋入高压共轨螺纹的金属壳体和一段为了旋入喷油器的螺纹组成。壳体在每端都提供有为共轨和喷油器油路连接的通道。在流量限制器内部有一个被弹簧推向燃油蓄能器方向的活塞，活塞与壳体内壁间密封，中间的轴向通道用来连接进油、出油口路。轴向通道末端直径减小，其节流作用用来控制燃油流量。

正常工作过程：活塞处于自由位置，即活塞抵靠在流量限制器的共轨端。燃油喷射时，喷油器端的喷油压力下降，导致活塞向喷油器方向移动，流量限制器通过活塞移动来补偿由喷油器从共轨中获得的燃油量，而不是通过节流孔来补偿，因为它的孔径太小了。在喷油过程结束时，处于居中位置活塞并未关闭出油口。弹簧使它回位到自由位置，此时燃油通过节流孔向喷油器方向流动。

弹簧和节流孔是通过精确设计的，即使在最大喷油量（加上安全储备），活塞都有可能移回流量限制器共轨端位置，并保持在该位置，直到下一次喷射开始。

大量泄漏故障状态下的工作过程：由于大量燃油流出共轨，流量限制器活塞被迫离开自由位置，抵靠至出口处的密封座，即处于流量限制器的喷油器端，并保持在这个位置，阻止燃油进入喷油器。

少量缺少的故障工作过程：由于燃油泄漏，流量限制器活塞无法回到自由位置，经过数次喷油后，活塞移向出油口处的密封座，并保持在这个位置，直到发动机熄火，关闭通向喷油器的进油口。

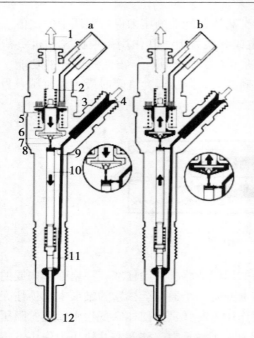

图 4-22　电动喷油器结构示意图
1-回油管　2-回位弹簧　3-线圈
4-高压连接　5-枢轴盘　6-球阀
7-泄油孔　8-控制腔　9-进油口
10-控制活塞　11-油嘴轴针　12-喷油嘴
a. 喷油器关闭　b. 喷油器打开

（8）电动喷油器　电动喷油器是共轨式燃油系统中最关键和最复杂的部件，它的作用是根据 ECU 发出的控制信号，通过控制电磁阀的开启和关闭，将高压油轨中的燃油以最佳的喷油定时、喷油量和喷油率喷入柴油机的燃烧室。

电动喷油器取代了喷油嘴-帽总成（喷油嘴和喷油嘴帽）。共轨的电动喷油器与普通发动机的安装相同，安装在直喷柴油机的气缸顶部。

电动喷油器结构组成如图 4-22 所示，主要分为孔式喷油嘴、液压伺服系统和电磁阀三部分。

工作时，燃油来自于高压油路，经通道流向喷油嘴，同时经节流孔流向控制腔，控制腔与燃油回路相连，途经一个受电磁阀控制其开关的泄油孔。泄油孔关闭时，作用于针阀控制活塞的液压力超过了喷油嘴针阀承压面的力，结果，针阀被迫进入阀座且将高压通道与燃烧室隔离、密封。

当喷油器的电磁阀被触发，泄油孔被打开，这引起控制腔的压力下降，结果，活塞上的液压力也随之下降；当液压力降至低于作用于喷油嘴针阀承压面上的力时，针阀被打开，燃油经喷孔喷入燃烧室。这种对喷油嘴针阀的不直接控制采用了一套液压力放大系统，因为快速打开针阀所需的力不能直接由电磁阀产生，所谓的打开针阀所需的控制作用，是通过电磁阀打开泄油孔使得控制腔压力降低，从而打开针阀。

此外，燃油还在针阀和控制柱塞处产生泄漏，控制泄漏的燃油，便之通过回油管，会同高压泵和压力控制阀的回油流回油箱。

（四）柴油机排气净化技术

1. 废气再循环系统

废气再循环系统简称 EGR，其结构如图 4-23 所示。ECR 是将柴油机产生的废气的一小部分（5%～20%）再送回汽缸，因废气中

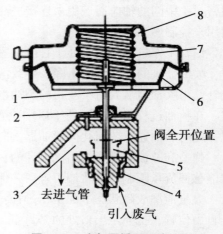

图 4-23　废气再循环系统结构
1-阀杆　2-密封圈　3-阀室　4-阀座
5-阀门　6-膜片　7-回位弹簧
8-真空气室

含有大量惰性气体，将会延缓燃烧过程，也就是说燃烧速度将会放慢，从而导致燃烧室中的压力形成过程放慢，这就是氮氧化物（NO_x）减少的主要原因。另外，提高废气再循环率会使总的废气流量减少，因此废气排放中总的污染物输出量将会相对减少。

EGR 系统的任务就是使废气的再循环量在每一个工作点都达到最佳状况，从而使燃烧过程始终处于最理想的情况，最终保证排放物中的污染成分最低。尽管提高废气再循环率对减少氮氧化物的排放有积极的影响，但同时这也会对颗粒物和其他污染成分的增加产生消极的影响。

2. 选择性催化还原系统

选择性催化还原系统简称 SCR。SCR 系统采用尿素作还原剂（又名添蓝），在选择性催化剂的还原作用下，NO_x 被还原成氮气和水，能有效地去除柴油机排气中的 NO_x。通过将 SCR 处理系统与共轨柴油发动机结合并合理匹配，可满足更高排放标准的要求。

SCR 系统由催化消声器、计量喷射泵、喷嘴、添蓝罐、后处理控制单元（ACU）及相应管路和线束构成。添蓝在排气管混合区遇高温分解成氨气（NH_3）和水，与排气充分混合后进入 SCR 催化消声器。在催化消声器里，NH_3 和 NO_x 反应生成氮气和水，排出到大气。

3. 颗粒捕集器

柴油发动机的污染主要来自微粒排放物质、碳氢化合物（HC_x）、氮氧化物（NO_x）和硫 3 个方面。其中微粒排放物质（烟灰）大部分是由碳或碳化物的微小颗粒所组成的。

颗粒捕集器简称 DPF，是一种安装在柴油发动机排放系统中的陶瓷过滤器，喷涂有金属铂、铑，钯，柴油发动机排出的含有炭粒的黑烟，通过专门的管道进入发动机尾气微粒捕集器，经过其内部密集设置的袋式过滤器，将炭烟微粒吸附在金属纤维毡制成的过滤器上。当微粒的吸附量达到一定程度后，尾端的燃烧器自动点火燃烧，将吸附在上面的炭烟微粒烧掉，变成对人体无害的二氧化碳排出。

柴油颗粒捕捉器可以有效地减少微粒物的排放，够减少柴油发动机所产生的烟灰达 90% 以上。它先捕集废气中的微粒物，然后再对捕集的微粒进行氧化，使颗粒捕捉器再生，恢复 DPF 的过滤性能。

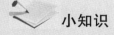

小知识

一、国内的发动机从国Ⅱ向国Ⅲ以上升级技术

国内的发动机从国Ⅱ向国Ⅲ以上升级时，一般采用电控单体泵、高压共轨、电控 EV 泵三条技术路线。如果采用电控单体泵，对发动机改动非常小，仅以外挂式的凸轮轴箱代替国Ⅱ发动机的直列泵就可达到国Ⅲ标准。当从国Ⅲ向国Ⅳ升级时，发动机机身主体结构仍然不变，但要把国Ⅲ系统里机械式喷油器改成电控喷油器，形成双电磁阀单体泵供油系统；或采用高压共轨技术；在发动机整体结构不做大的调整下，就可以达到国Ⅳ的排放水平。

国Ⅲ发动机的电控喷油泵代替机械式喷油泵外，增加了较多的微电子元器件，发动机燃油由全机械燃油供给控制转向了电子化控制，以获得更加精确的燃油供给量、供给时间、喷射次数和更优的排放指标，并借助微电子技术实现发动机的动态曲线调整能力。喷射时间、喷射量等随工况不同而动态变化，自动调整。

国Ⅲ发动机的微电子控制部分主要由传感器单元、控制器单元、执行器单元和辅助单元四部分组成。

传感器单元：由各种传感器组成，是一种检测装置，能感知发动机工况的五官，功能是负责收集发动机信息，并向控制单元传递数据。

控制器单元：由微电脑组成，是发动机燃油供给控制的大脑，负责接收传感器单元传来的数据，并指挥执行器单元工作。

执行器单元：由各种电磁阀、开关和电路等组成，负责按控制器指令完成对机械供油机构和电器线路开关的开启及关闭。

辅助单元：由通讯接口、车载辅助设备组成。负责故障诊断、通讯、人机交互功能的实现。

二、电控单体泵、高压共轨、电控 EV 泵技术路线的主要电子元件组成

电控单体泵、高压共轨、电控 VE 泵技术路线的主要电子元件组成

技术路线 所属单元	高压共轨	电控单体泵	电控 VE 泵	主要功能
传感器单元	曲轴位置传感器	曲轴位置传感器	正时行程传感器	精确计算曲轴位置，用于喷油时刻和喷油量计算及转速计算
	凸轮位置传感器	凸轮位置传感器		判缸和曲轴传感器失效时用于跛脚回家
	进气温度传感器	进气温度传感器		测量进气温度，修正喷油量和喷油正时、过热保护
	增压压力传感器	增压压力传感器		监测进气压力和进气温度，一起计算进气量，与进气温度集成在一起
	水温传感器	水温传感器	水温传感器	测量冷却水温度，用于冷启动、目标怠速计算等，同时还用于修正喷油提前角、过热保护等
传感器单元	共轨压力传感器			测量共轨管中的燃油压力，保证油压控制稳定
	油门位置传感器	油门位置传感器	油门位置传感器	将驾驶员的意图传送给控制器 ECU
	车速传感器	车速传感器	车速传感器	提供车速信号给 ECU，用于整车驱动控制，由整车提供
	大气压力传感器	大气压力传感器		用于不同海拔高度，校正喷油控制参数，集成在 ECU 中
		EGR 行程传感器	EGR 行程传感器	

（续表）

技术路线 所属单元	高压共轨	电控单体泵	电控 VE 泵	主要功能
控制器单元	控制器 （ECU） EDC7UC31	控制器 （ECU） 威特 ECU2.0	控制器 （ECU） VE36、 D42A	接收计算传感器数据，对比默认 MAP， 指挥执行器单元工作
执行器单元		EGR 电磁阀	EGR 电磁阀	
	燃油计量阀			控制高压油泵进油量，保持共轨压力满足 指令需求
	喷油器电 磁阀	单体泵电 磁阀	正时电磁阀	精确控制喷油提前角、喷油规律和喷油量
	继电器控制	继电器控制	供油、回油 电磁阀	用于空调压缩机、风扇 ON/OFF、排气制 动和冷启动装置的控制
	指示灯控制	指示灯控制	指示灯控制	故障指示灯、冷启动指示灯
	转速输出	转速输出	转速输出	用于整车转速表
	CAN 总线	CAN 总线		用于与整车动力总成、ABS、ASR、仪表、 车身等系统的联合控制
	K 线 （ISO K- Line）		K 线（RS- 232C）	用于故障诊断和整车标定
辅助单元	空调输入 信号	空调输入 信号		
	离合器开关	离合器开关	离合器开关	
	钥匙开关	钥匙开关	钥匙开关	
	刹车开关	刹车开关		

第二节　玉米收获机底盘

一、玉米收获机底盘的组成及功用

背负式玉米收获机底盘就是拖拉机底盘，自走式玉米收获机底盘一般由传动系统、转向系统、制动系统和行走系统四部分组成，其组成及功用见表4-3。底盘的功用是接受或切断来自发动机的动力，实现玉米收获机的行驶、作业和停车，并支承玉米收获机的全部重量。自走式玉米收获机底盘的传动系、转向系与拖拉机有较大的差异，自走式玉米收获机底盘采用的是前桥驱动后桥转向的行走方式，后桥也可增加辅助驱动功能。其特点是结构简单，重量轻，在路面或干地行驶时机动性好，行走阻力小；但对自然条件的适应性较差，机组接地压力较大，在湿田工作时，下陷较深，行走阻力大。

表 4-3　玉米收获机底盘的组成及功用

组成部分名称	主　要　组　成	功　用
传动系统（机械式）	行走无级变速器、行走离合器、变速箱、差速器、中央减速器和最终传动系统等，采用前桥驱动	减速增扭、传输扭矩、改变行驶速度、方向和牵引力
转向系统	差速器、转向器、方向盘式转向传动机构，采用后轮转向	使两导向轮相对机体各自偏转一角度，改变和控制收获机的行驶方向
制动系统	制动器和操纵机构	降低转速、停止转动、减小转弯半径
行走系统	机架、导向轮、驱动轮和前桥（驱动轮胎压为 0.18~0.21MPa，导向轮胎压为 0.35~0.39MPa）	由扭矩转变为驱动力、支撑重量

二、底盘主要部件结构和工作过程

（一）传动系统

1. 行走动力传动路线

发动机→行走无级变速器→行走离合器→变速箱→主减速器→差速器→左（右）轮边减速器→左（右）驱动轮（前轮）。

2. 行走无极变速器

行走无级变速器的功用是在一定范围内无级调节玉米收获机的行驶速度。它与齿轮式变速箱相配合，可以使收获机有较大的变速范围，实现无级变速。玉米收获机大多采用三角带式无级变速器。它利用改变带轮有效直径的方法，改变传动比，实现无级变速。按其结构区分主要有浮动圆盘式行走无级变速器和两盘式行走无级变速器两种。

（1）浮动圆盘式行走无级变速器　其结构示意图见图 4-24。它主要由发动机一级传动皮带轮 1、浮动圆盘皮带轮 3、行走离合器皮从动带轮 14（二级传动从动皮带轮）等组成。中间浮动圆盘带轮 3 由 3 个圆盘构成两个带轮槽，两边的两个圆盘 15 和 17 固定在轴上（称定盘）；中间的双面圆盘 16（称浮动圆盘）可沿轴向滑动。它构成两个带传动回路，其中一个皮带轮槽通过 V 带 2 和发动机皮带轮 1 构成一级传动，另一个皮带轮槽通过 V 带 13 和行走离合器皮带轮 14 构成二级传动。在每个传动回路中，都只有一个带轮有效直径可以改变，另一个带轮（1 和 14）的直径是固定不变的。当双面圆盘 16 沿轴向滑动时，一个带轮槽变宽，有效直径减小，而另一个带轮槽变窄，有效直径变大，从而达到改变传动比的目的。

在玉米收获机行走传动路线中，发动机的一级传动和行走离合器皮带轮间的二级传动皮带长度是不变的，但它们之间的中心距可随时改变。当驾驶员操纵无级变速器油缸手柄时，液压油将活塞杆顶出，叉架4（转臂）逆时针转动，发动机带轮1与带轮3之间（一级传动）中心距变小，而带轮3与从动带轮14之间（二级传动）的中心距变大，使三角胶带13张紧，三角胶带2放松。迫使中间带轮3上的双面圆盘16向三角胶带放松的一侧滑动。这样使从发动机到行走无级变速器一级传动的被动带轮有效直径变大，而行走无级变速器到行走离合器二级传动的主动带轮有效直径减小。因此，传动比变大，联合收割机行走速度降低。反之，行走速度增加。实现行走无级变速，从而获得各个挡位上不同的行走速度，实现作业速度在不停车情况下连续变化，以适应收割各种不同产量的作物。

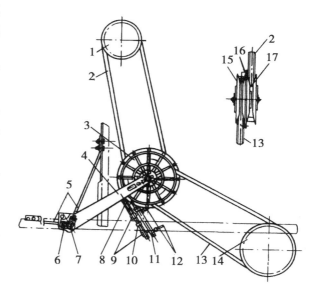

图4-24　浮动圆盘式行走无级变速器的结构示意图
1-发动机皮带轮　2、13-V带　3-浮动圆盘皮带轮
4-叉架　5-拉筋　6-支架　7-杠杆轴　8-油缸导杆
9-挡块　10-限位块　11-油缸　12-软管
14-行走离合器皮带轮　15、17-定盘　16-浮动圆盘

（2）两盘式行走无级变速器　两盘式行走无级变速器主要由无级变速器皮带盘（主动盘）、增扭器皮带盘（被动盘即变速箱输入轴皮带盘）和无级变速带三部分组成（图4-25）。这一对皮带盘可以分别沿其轴向平行移动变径兼做相对转动，主动和被动盘是靠一条异形皮带传动的。在同一挡位时，若其两皮带轮直径发生变化，行走速度随之也发生变化。即行车的快慢取决于行走无级变速油缸的拉动位置。在作业中为保证驾驶员调整好的行走速度不变，在油路中装有一个单独的双向液压锁来锁定油缸的位置，满足工作要求。无级变速器皮带盘由定盘、动盘、变速油缸、油管和轴承等组成。增扭器皮带盘包括定盘、动盘、一对大小凸轮、两根叠加内压弹簧、外压弹簧、输入空心轴及套管总成等，安装在离合器轴上组成行走离合器（图4-26），与变速箱动力输入轴连接。

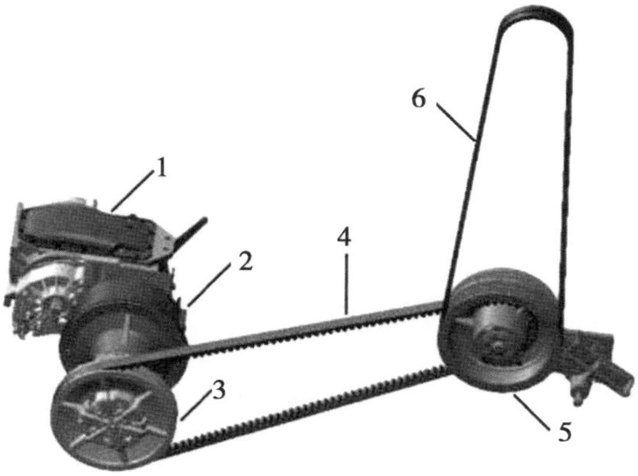

图4-25　行走无级变速器组成
1-变速箱　2-离合器　3-增扭器皮带盘
4-无级变速带　5-无级变速皮带盘　6-传动皮带

工作原理：

见图 4-26，当行走无级变速盘的动盘 1 与定盘 2 闭合时（直径变大），无级变速带处于最外端，皮带摩擦拉力的轴向分力大于增扭器弹簧的张力，使动盘 5 向左移动，弹簧压缩，增扭器无级变速盘的动盘打开（直径变小），此时，增扭器无级变速盘带动变速箱动力输入轴处于最高速状态。当降速时，拉动手柄控制多路阀将液压油通过液压油管 4 注入油缸 3 内，动盘 1 会在液压油的驱动下向左侧滑动，行走无级变速盘逐渐打开至最大行程处（直径变小），无级变速带处于最底部，皮带摩擦拉力的轴向分力小于增扭器弹簧的张力，增扭器无级变速动盘在增扭器弹簧张力的作用下使动盘 5 向右移动，逐步闭合（直径变大），此时，增扭器无级变速盘带动变速箱动力输入轴处于最低速状态。液压控制手柄控制行走无级变速器液压油缸内液压油的压力，使得行走无级变速动盘在行程范围内任意位置停留，从而达到无级变速的目的。

当行走阻力增加，增扭器无级变速带轮与行走无级变速带之间有打滑趋势

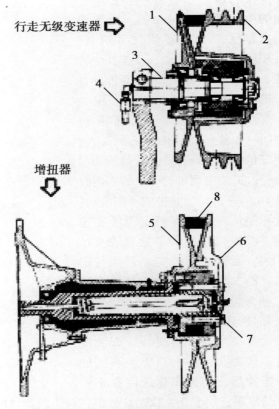

图 4-26　行走无级变速器工作原理
1-无级变速器动盘　2-无级变速器定盘
3-无级变速油缸　4-油管　5-增扭器动盘
6-增扭器定盘　7-压力弹簧　8-无级变速带

时，增扭器无级变速带轮在增扭器凸轮、弹簧力的作用下，自动张紧，而防止皮带打滑，实现扭矩增加。

3. 行走离合器

行走离合器的作用是传递和切断发动机动力传给行走变速箱，控制玉米收获机行走或停车。行走离合器是把增扭器无级变速皮带轮盘安装在离合器轴上组成部件的统称，它包括增扭器无级变速带轮盘和离合器两部分。行走离合器由压力盘（驱动盘）、中间主动盘、摩擦片、隔套、分离轴承、离合器法兰壳体、离合器外壳、分离爪等组成（图 4-27）。行走离合器的操纵通过液压系统实现，其他部位的离合器有通过液压传动、也有通过机械传动来操纵的。

（1）离合器的功用与组成　离合器用来传递和切断发动机传给变速箱等动力的装置，主要由主动部分、被动部分、压紧机构和操纵机构组成。

离合器功用：①接合。工作时，柔和接合发动机的动力，传递给底盘和工作部件。②分离。临时切断发动机的动力。③保护。在发动机过载时出现打滑，以防止传动系零部件损坏。

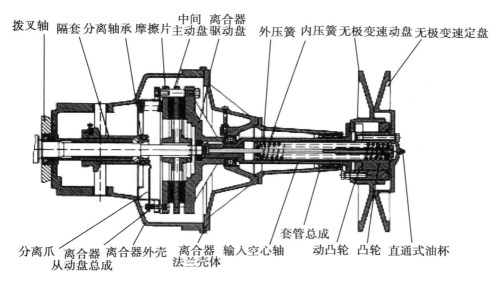

拨叉轴　隔套 分离轴承 摩擦片　中间　离合器　　　外压簧 内压簧 无极变速动盘 无极变速定盘
　　　　　　　　　　　　 主动盘 驱动盘

分离爪 离合器 离合器外壳 离合器 输入空心轴 套管总成 动凸轮 凸轮 直通式油杯
　　　从动盘总成 法兰壳体

图 4-27　增扭器与行走离合器组成结构

（2）离合器的种类和特点　自走式玉米收获机上多采用单片或双片干式常接合（弹簧压紧）盘式离合器。单片式离合器具有零件数目少，结构简单，制造容易，分离彻底性及散热性较好的特点，但传动扭矩较小，常用在中小型玉米收获机上。双片式离合器可用比较低的离合器片负荷得到较大的离合器扭矩容量，能传递较大的扭矩，常用于大型玉米收获机上，但结构复杂，分离彻底性不如单片离合器好。

（3）离合器的工作过程

①接合过程　如图 4-28（a）所示。驾驶员应松开离合器踏板，控制操纵机械使分离拨叉带动分离轴承向后移动，在压盘弹簧张力的作用下，迫使压盘和从动盘压向飞轮。发动机的全部转矩通过摩擦力作用在离合器从动盘上，从而驱动离合器轴（变速器输入轴）将动力传给变速器。

②分离过程　如图 4-28（b）所示。踏下离合器踏板时，通过拉杆、分离拨叉等使分离轴承前移，加压于分离杠杆球头上，分离杠杆带动压盘克服离合器弹簧的弹力向后移，此时从动盘与飞轮及压盘间的接触面相互分离，摩擦力消失，动力被切断，离合器处于分离状态。

离合器处于接合位置时，分离杠杆内端与分离轴承端面之间的间隙，称为离合器间隙。与之相对应的踏板行程，叫踏板的自由行程。自由行程在一定程度上反映了离合器间隙。对于技术状态较好的玉米收获机，可以通过踏板自由行程来判断离合器间隙的大小。

在正常情况下，分离爪与分离轴承之间应有 1～3mm 间隙，分离爪与压力盘摩擦平面的距离应为（34.5±0.25）mm 间隙。中间盘调整间隙应为 1.25mm，摩擦片厚度为 3.5mm 时仍能传递 81.6kg·m 扭矩。

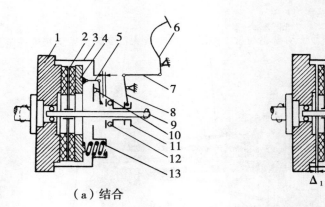

（a）结合 （b）分离

图4-28　单作用离合器工作过程

1-飞轮　2-离合器片　3-离合器罩　4-压盘　5-分离拉杆　6-踏板　7-拉杆
8-拨叉　9-离合器轴　10-分离杠杆　11-分离轴承套　12-分离轴承　13-弹簧

4. 变速箱

玉米收获机通常将变速器、主减速器、差速器设计制作在一个变速箱体内，也叫变速箱总成（简称变速箱）。

（1）变速箱的功用

①变速变矩。在发动机转速和扭矩不变的情况下，改变发动机传给驱动轮的转速和扭矩；

②换向。使联合收割机能向前和倒退行驶；

③在发动机不熄火的情况下停车。利用空挡中断动力传递，以使联合收割机暂时停车和发动机不带负荷启动。

（2）变速箱的组成与工作原理　变速箱按传动比分为有级式和无级式2种。有级式常见的齿轮变速箱，无级式常见HST变速箱。

玉米收获机的有级式变速箱大多为滑移齿轮式和啮合套式变速箱，滑移齿轮式变速箱（图4-29）。它主要有变速装置和操纵机构两部分。变速装置的主要作用是改变扭矩的大小和方向；操纵机构的作用是实现变速箱传动比的变换，即换挡。

变速装置主要由齿轮、轴、滚动轴承和壳体等组成。传动比公式为：

$$传动比 = \frac{主动齿轮转速}{从动齿轮转速} = \frac{从动齿轮齿数}{主动齿轮齿数} = \frac{从动齿轮上扭矩}{主动齿轮上扭矩}$$

当小齿轮带动大齿轮转动时，传动比大于1，在大齿轮轴上获得较低的转速和较大的扭矩；相反，若大齿轮带动小齿轮时，传动比小于1，在小齿轮轴上获得较高的转速和较小的扭矩。一对齿轮啮合可以获得一个传动比，即一个排挡，得到一种转速和扭矩。为使玉米收获机有多个行驶速度和驱动扭矩，变速箱由传动比不同的多对齿轮组成。当其中某一对齿轮传递动力时，其他齿轮脱离啮合。当所有的变速齿轮都脱开啮合时，即为空挡。此时动力传动被切断。如果在主动齿轮和被动齿轮间增加一个中间齿轮，即主动齿轮通过中间齿轮来带动被动齿轮，就可以改变变速箱输出轴的转动方向，也就是倒车。

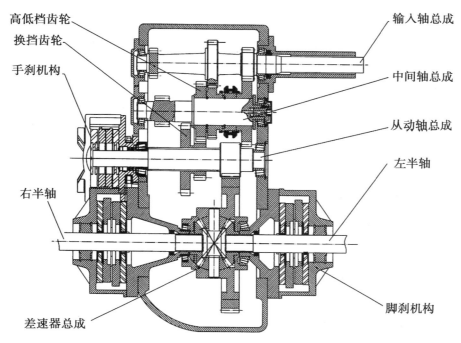

图 4-29 滑移齿轮式变速箱结构

为保证不同时挂上两个排挡及避免自动脱挡的可能性，因此在一些变速箱上设有变速连锁机构（图 4-30）锁定销的上方有一根联销轴，轴上铣一长槽。当离合器接合时，连锁轴的圆柱表面朝向锁定销，使锁定销没有抬起的余地，滑杆就动不了。当离合器彻底分离时，连锁轴刚好转到长槽朝向锁销的位置，销定销才有抬起的可能，允许滑杆移动换挡。

自走式玉米收获机变速箱都采用与发动机配置相同的横置式变速箱，便于使发动机曲轴和变速箱动力输出轴之间，采用结构简单而又能满足工作要求无级

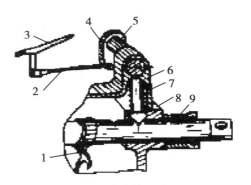

图 4-30 变速箱连锁机构
1-拨叉 2-调整拉杆 3-离合器杠杆
4-曲臂 5 联锁轴 6-锁定销
7-弹簧 8-变速箱体 9-滑杆

变速传动。变速箱一般设置 3~4 个前进挡，1 个到退挡，速度变化范围为：前进速度为 1~20km/h，倒退速度为 2.5~6km/h。采用液压驱动的变速箱一般有 2~3 个前进挡，无倒挡，前进速度 0~25km/h。由于变速箱传动轴与驱动半轴相互平行，并且变速箱和中央传动布置在同一壳体内，采用直齿或斜齿圆柱齿轮，从而简化了传动系的结构，有利于制造。变速箱的换挡操作由驾驶员操纵换挡手柄进行，通过两根轴控制变速箱体上的两个拨叉轴的位置来实现。

（3）变速箱使用注意事项　变速箱挂挡或换挡必须在行走离合器彻底分离后才能进行。切换挡位时，发动机要用小油门，起步、加速要平稳，以减少对齿轮的冲击；扳动变速杆不要过猛，挂不上挡时，应使离合器稍稍接合后再挂挡，否则，容易打坏齿轮的齿并引起拨叉的变形；玉米收获机在斜坡上行驶时不允许换挡。采用液压驱动的变速箱，需要停车换挡。

变速箱壳体内机油应定期更换，油面不应超过或低于检测孔螺孔位置，油位过高容易窜入离合器引起打滑。变速箱正常油温不应超过70℃。

5. 差速器

（1）差速器的功用　差速器的作用是将中央传动传来的动力传递给左右两半轴，并满足两半轴转速不同的要求，使左右两驱动轮以不同的速度转动，实现顺利转向。

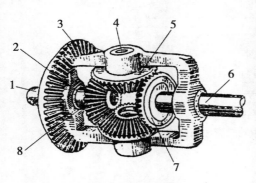

图4-31　差速器结构

1、6-半轴　2-差速器壳　3-中央传动
大锥齿轮　4-行星齿轮轴
5-行星齿轮　6-中间齿轮

（2）差速器的组成　玉米收获机上一般采用闭式圆锥齿轮差速器。差速器主要由齿轮箱盖、半轴齿轮、行星齿轮和差速器壳等零件组成（图4-31）。为了便于拆装，整个差速器做成单独的总成，并做成专门的差速器齿轮箱壳以安装行星齿轮和半轴齿轮。中央传动大锥齿轮固定在差速器壳上，壳内有四个直齿圆锥齿轮，与左右半轴连在一起的两个锥齿轮为半轴齿轮，与半轴齿轮啮合的圆锥齿轮为行星齿轮，行星齿轮空套在轴上，轴安装在差速器壳上。行星齿轮大都采用4个，齿数为10~12齿；半轴齿轮2个，齿数一般为16~20齿。

（3）差速器的工作过程　中央传动大锥齿轮带动差速器壳转动，作用在差速器壳上的扭矩经轴传给行星齿轮，然后再通过行星齿轮的轮齿平均地分配给两边的半轴齿轮，使两边驱动轮得到相同的扭矩。如果收割机直线行驶，则两边半轴齿轮在行星齿轮轮齿的驱动下随同差速器壳体一起旋转，两边驱动轮转速相同。

收获机转向时，一侧行走轮受阻，使两边半轴齿轮转速不同，受阻碍半轴齿轮的转速低于差速器壳，另一侧半轴齿轮的转速高于差速器壳，且一侧减少的值恰好等于另一侧增加的值。这时行星齿轮随差速器壳公转外，还产生自转。

6. 最终传动

玉米收获机行走传动系统中最后一级的变速机构称为最终传动。其作用是再进一步提高驱动轮的驱动力矩和降低驱动轮的转速。玉米收获机的最终传动方式有外啮合圆柱齿轮传动和行星齿轮传动两种。它布置在机器的两侧驱动轮上，又称边减速器。外啮合圆柱齿轮又都采用外置式单级圆柱齿轮（图4-32），它主要由前桥梁、最终传动减速器和驱动轮组成。它具有结构简单，制造和装配较方便的特点，故被应用于多数玉米联合收获机上。现在玉米收获机上也有采用单级行星齿轮传动边减速器（图4-33），具有结构紧凑，可获得较大的传动比和箱体受力较均匀的特点，但结构和制造工艺都比较复杂。

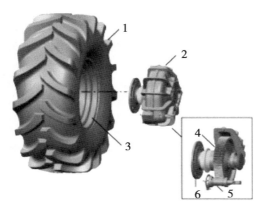

图4-32　外啮合圆柱齿轮最终传动

1-轮胎　2-最终传动箱体　3-钢圈　4-从
动大齿轮　5-主动小齿轮　6-驱动轮轴

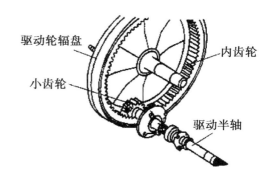

图4-33　行星齿轮最终传动

1-驱动半轴　2-小齿轮
3-驱动轮幅盘　4-内齿轮

（二）转向系统

1. 功用和采用后轮转向

转向系统是一种操纵机构，其功用是用于纠正和改变玉米收获机的行驶方向，以保证机器正确、安全地行驶。按其转向能源可分为机械式和液压式转向装置2种。机械式转向装置由转向操纵机构、转向器和转向传动机构组成；转向时，驾驶员作用于方向盘上的力，经过转向轴传动转向器，经转向器将转向力放大后，再通过纵拉杆和转向节臂带动转向梯形带动两导向轮偏转，实现转向；其特点是操纵较费力，劳动强度较大，但结构简单工作可靠、路感性好、维护方便。液压式转向装置是在机械式转向的基础上增加了转向控制阀、转向油泵、转向油缸等一套液压传动装置代替机械传动机构；其特点是转向操纵灵活轻便、性能安全可靠、结构轻便、成本低；因此在大、中型农业机械中应用广泛采用。

自走式玉米收获机均采用后轮转向，一是因割台等工作装置配置在收获机的前方，重心一般偏前，对前轮的承载要求较大，而转向轮一般的承载能力较弱，因此采用后轮转向；二是如采用前轮转向，割台等偏摆较大，易碰倒未收获区域的作物。操作后轮向右偏转，机器向右转向；后轮向左偏转，机器向左转向。偏转的角度越大，转弯半径越小。

2. 组成

自走式玉米收获机的转向系统由转向轮桥和操纵机构组成。

（1）转向轮桥　转向轮桥用于支承玉米收获机的后部重量，并提供安装两导向轮。转向轮桥铰接在机器机架后下方的后销轴（纵向水平轴）2上，并可绕轴摆动，以适应地形的变化。转向轮桥主要由转向横梁、梯形机构、转向油缸、转向节等组成（图4-34）。转向横梁一般由管形梁制成的刚性整体结构，转向横梁的摆动范围不小于20°。

为提高转向轮在中间位置的稳定性，转向节销中心线有一定程度的内倾和后倾（图4-35）。转向轮有一定程度的外倾和前束。主销内倾的目的是为了在转向轮偏转后具有自动回正的作用，以保持收获机直线行驶的稳定性，并可减小转向操纵力。转向轮前束是指转向轮前端在水平面内向内收束的现象，即左右转向轮间前后距离不相符，后端大于前端，如图4-36所示。转向轮前束的目的是为了减轻转向轮轮胎的磨损和轮毂外轴承的压力。

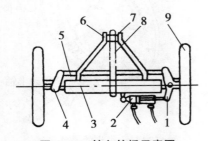

图4-34 转向轮桥示意图

1-油缸转臂 2-转向油缸 3-转向横梁
4-转向节臂 5-横拉杆 6-拉杆
7-轴座 8-后销轴 9-转向轮

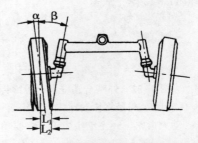

图4-35 主销内倾和转向轮外倾

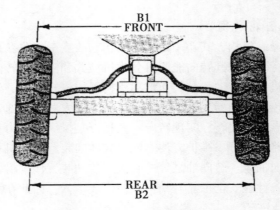

图4-36 转向轮前束

（2）转向操纵机构 转向操纵机构由方向盘、转向器和转向梯形机构等组成。其作用是使收获机转向轮偏转，实现转向和保持其直线行驶。转向操纵机构主要有机械式、液压助力式和全液压式转向3种。

3. 液压助力式转向装置

该装置是在机械式转向系的基础上增加了转向控制阀、转向油泵、转向油缸等一套液压助力装置。当液压油驱动转向油缸伸长或缩短时，就推动一侧转向轮偏转，另一侧转向轮通过转向拉杆同步推拉偏转，从而实现转向。

4. 全液压式转向装置

该装置是用全液压式转向器又称方向机代替了机械式转向器。由于全液压转向的操纵是全液压式，也就是说在转向柱和转向轮之间没有机械连接。它具有转向操纵灵活轻便、性能安全可靠、结构轻便可靠、成本低等优点，因而玉米收获机上广泛使用。该装置主要由方向盘、转阀式全液压转向器、液压油泵总成、液压油缸、油箱和软管等组成，如图4-37所示。为了提高玉米收获机转向轮直线行驶稳定性，便于安全操纵和减轻轮胎磨损，设计转向轮外倾角为2°，前束值为6~10mm。转向轮胎型号10~15.3或12~18，转向轮胎充气压力应在0.35~0.4MPa之间。

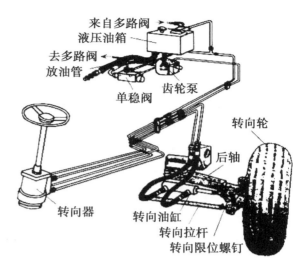

图4-37 全液压转向系统组成示意图

（三）行走系统

玉米收获机行走系统一般为轮式行走装置。行走（驱动）轮由轮辐、轮辋、轮胎等组成，驱动轮一般采用气压为0.15~0.30MPa的低压橡胶充气轮胎。随着大型玉米收获机的发展，轮胎断面宽度趋向于加宽，以提高其附着性能和减少在松软土壤上的滚动阻力。驱动轮的直径较大，装在驱动轮桥上，胎面上有"人"字形或"八"字形凸起较高的越野花纹，使轮胎与地面有较好的附着性能。导向轮装在转向轮桥上，胎体较窄小，胎面有条形纵向花纹，以改善导向性和防止轮子侧滑。调整轮辐安装位置时，严禁将固定轮辋用的4个M12螺栓卸开，以免轮辋飞出伤人。若拆下4个M12螺栓，必须先将轮胎气放完，才能实施。

轮胎的规格及有关参数的表示方法有英制和公制两种，我国采用的都是英制的。图4-38所示为轮胎外形尺寸图，D是轮胎的名义外径，B为轮胎断面宽度，H是轮胎断面高度，单位是英寸。低压胎用B-d表示，"-"表示低压胎；高压胎用D×B表示。

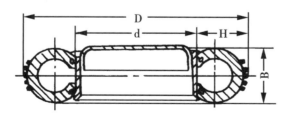

图4-38 轮胎尺寸表示符号

B-断面宽 d-轮辋直径 D-外径 H-断面高

（四）制动系统

制动器功用是用来强迫玉米收获机在行驶中迅速减速和刹车、帮助转向以及在斜坡上停车。玉米收获机上一般有两套各自独立的制动系统：一套行走制动系统；一套停车制动系统。前者又称主制动系统，多用踏板由脚操纵；后者又称辅制动器或驻车制动器，一般用手柄操纵。联合收割机的制动系统由制动器和制动传动装置组成。制动器用来直接产生摩擦力矩，迫使驱动轮转速降低；制动传动装置的作用是把驾驶员或其他能源的作用力传给制动器，迫使制动器产生摩擦作用。

制动器的型式有带式、蹄式和盘式3种（如图4-39、图4-40、图4-41所示）。其中蹄式和带式应用较广。制动器安装的位置可以在变速箱从动轴上、最终传动装置传动轴上或差速器两侧的半轴上，但以安装在半轴上较常见。

1. 带式制动器（图4-39）

带式制动器结构简单，但制动力矩较小，为获得同样的制动力矩就需要较大的尺寸和重量，且操纵费力、磨损不均，散热条件不良，并有较大的径向力。

2. 蹄式制动器（图4-40）

蹄式制动器结构尺寸和操纵力相对比带式制动器为小，散热情况也比带式好，但制动器的磨损也是不均匀的。

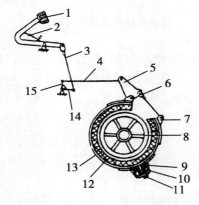

图4-39 带式制动器结构示意图
1-制动踏板 2-回位弹簧 3-调整拉杆
4-拉杆 5-制动臂 6-连接杆 7-耳环
8-制动轮 9-制动带销 10-弹簧
11-支承螺钉 12-石棉制动带
13-制动带钢片 14-制动器杠杆
15-拉臂

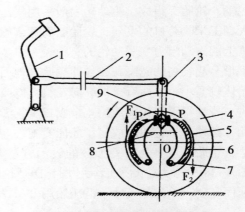

图4-40 蹄式制动器结构示意图
1-制动踏板 2-拉杆 3-臂
4-车轮 5-制动鼓 6-制动蹄
7-支承销 8-回位弹簧 9-制动凸轮

3. 盘式制动器（图4-41）

盘式制动器结构尺寸小，操纵轻便，摩擦衬面磨损均匀，易于密封，有自行增力的作用，但制动不够平顺，个别零件加工要求较高。

制动传动装置有机械式、液压式和气压式。其中机械式和液压式在玉米收获机上应用较多。机械式传动机构是将驾驶员操纵制动踏板或制动手柄的力，通过一系列的销轴、杠杆、拉杆等传给制动器，使制动器产生制动力矩。液压式传动机构是将驾驶员踩制动踏板或拉（推）手柄的力，通过推杆推动液压总泵的活塞，并使具有压力的油液进入各分泵（又称轮缸），分泵将制动蹄摩擦衬片压靠到制动鼓上，使玉米收获机制动。

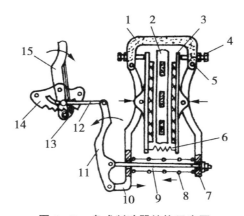

图 4-41 盘式制动器结构示意图

1-支架 2-制动盘 3-制动蹄 4-调整螺钉 5-销 6-拉簧 7-后制动蹄臂
8-定位弹簧 9-蹄臂拉杆 10-前制动蹄臂 11-拉杆臂 12-传动拉杆 13-棘爪
14-扇齿 15-驻车制动操纵杆

（五）驾驶台操作部件名称与作用

1. 玉米收获机驾驶台操作部件位置

操作台各部件位置如图 4-42 所示。

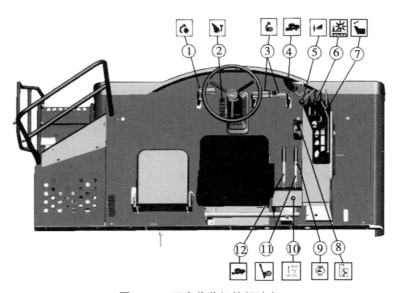

图 4-42 玉米收获机的驾驶台

1-离合器踏板 2-方向盘锁定踏板 3-脚制动器 4-行走速度操纵杆 5-割台高度操纵杆
6-切碎器升降操纵杆 7-卸粮操纵杆 8-变速杆 9-手油门 10-熄火按钮
11-手制动器 12-脱粒离合器操纵杆

2. 行走无级变速操纵杆

操纵杆向前推——收割机行走速度增加，操纵杆向后拉——收割机行走速度降低。操纵杆处于中间位置，即中立（空挡）。

3. 割台高度控制操纵杆

操纵杆向前推——割台降低，操纵杆向后拉——割台升起。

4. 切碎器高度控制操纵杆

操纵杆向前推——切碎器降低，操纵杆向后拉——切碎器升起。

5. 卸粮控制操纵杆

操纵杆向前推——粮箱回落，操纵杆向后拉——粮箱升起卸粮。

6. 变速杆

变速杆位于仪表箱左侧，共有四个前进挡，一个倒挡。

7. 油门与熄火按钮

油门操纵杆前推，加大油门；后拉则减小油门。

熄火按钮连接油门的拉线，提起熄火按钮，关闭油门，发动机熄火。熄火按钮下部有限位装置，提起后不会自动回位，机器熄火后应将熄火按钮压到初始位置。

机器启动时，手油门应放在高速位置，并检查熄火按钮是否在初始位置。停车熄火时把油门手柄拉回到低速位置，将熄火按钮向上提起至机器熄火后，再将其压回初始位置。

8. 手刹车操纵杆

手刹车操纵杆位于驾驶员右侧，离仪表箱较近的为手刹车操纵杆。操纵杆拉起为手制动器接合。操纵杆落下为手制动器分离。

9. 脱粒操纵杆

操纵杆抬起为脱粒离合器结合；操纵杆落下为脱粒离合器分离。

注意：当联合收割机带切碎器作业时，要在发动机达到额定转速时平稳的结合脱粒离合器。

10. 转向杆

转向杆在 15° 范围内前后任意调节。松开转向杆方法为向前踩锁紧踏板，把转向杆调到所需位置。锁紧转向杆方法为向后踩锁紧踏板，锁定转向杆。

第三节　玉米收获机工作部件

玉米收获机工作部件的功用是进行玉米摘穗、剥皮、输送、集粮和茎秆切碎处理等。该工作部件主要由割台、输送系统、剥皮系统、果穗箱（集粮箱）、秸秆粉碎还田机、部分机型带有脱粒清选系统。

一、玉米收获机割台

（一）割台的功用与组成

玉米收获机割台（以下简称玉米机割台，有的机型又叫摘穗台）是玉米收获机的重要组成部分之一。其功用是扶持玉米茎秆、摘取玉米果穗、切断玉米茎秆、将玉米果穗和切断的茎秆分别输送至升运器和茎秆切碎处理装置。玉米机割台主要由摘穗装置、分禾器、切割器、割台体、果穗搅龙、传动系统和护罩等部分组成（图4-43）。

玉米摘穗型和籽粒直收型收获机的割台结构和工作原理基本是相同的，由于玉米的籽粒直接收获是通过在稻麦联合收割机

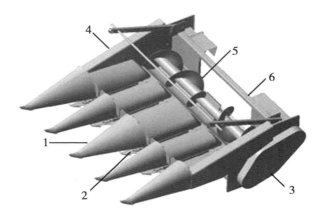

图4-43　玉米收获机割台
1-分禾器　2-摘穗装置 3-传动系统
4-护罩　5-果穗搅龙　6-割台体　7-割刀

上，通过更换割台和相关玉米机配置附件及滚筒转速的调整来实现的，无秸秆还田机，所以其选配的割台为刀片式拉茎辊并且带有切割器（俗称底刀），以便实现茎秆的切碎功能。

（二）割台主要部件结构

1. 分禾器

分禾器安装在割台前端，其功能主要是划分、扶持玉米茎秆，使其顺利进入摘穗通道便于摘取果穗；其次是防护作用，防止高速运转的拨禾链条内进入秸秆或果穗而被卡滞，造成果穗断裂、籽粒脱落，同时还能防止意外人伤事故的发生。作业时要保持分禾器尖部的离地高度，严禁插地。低倾角割台配加长分禾器收倒伏效果较好。

2. 摘穗装置

摘穗装置是玉米机割台的核心单元，其功用是将玉米果穗从茎秆上摘下来，并通过拨禾链的拨禾爪把玉米果穗送到果穗输送搅龙。目前国内的摘穗装置主要有摘穗辊式和摘穗板+拉茎辊组合式两种技术路线。

（1）摘穗辊式　摘穗辊式是由一对或两对以上摘穗辊组成，按其布置形式分为纵卧式摘穗辊、横卧式摘穗辊和立式摘穗辊三种。随着玉米割台技术的升级，摘穗辊式已被市场逐渐淘汰。

①纵卧式摘穗辊。

A. 结构组成　采用在站秆摘穗方式的机型上（图4-44），它主要是每行由一对纵

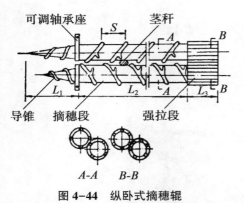

图 4-44　纵卧式摘穗辊

向斜置（与水平线成 35°~40° 角）相向旋转的摘穗辊、传动箱和摘穗辊间隙调整装置等组成。摘穗辊表面有双头螺旋状凸筋、筋上并有龙爪形摘穗爪，摘穗辊前低、后高纵向倾斜配置，其轴线与水平面成 15°~25° 倾角。两摘穗辊轴线平行且具有约 35mm 的高度差，一般两辊的长度不等，靠近机器外侧的摘穗辊较长，内侧的摘穗辊较短，长短差 300mm 左右。

摘穗辊的结构分前、中、后 3 段。前段为带螺纹的导入锥体，主要起引导茎秆和有利于茎秆进入摘穗辊间隙的作用。中段为带有螺纹凸筋的圆柱体，起摘穗作用，其表面凸筋高 10mm，螺距为 160~170mm，两对应摘穗辊的螺纹方向相反，并相互交错配置。后段为强拉段，是个深槽状圆柱体，表面上具有较高大的凸筋和沟槽，其作用是将茎秆的末梢部分和在摘穗中已拉断的茎秆强制从缝隙中拉出或咬断，以防堵塞。两摘穗辊之间的间隙（以一辊的顶圆到另一辊根圆的距离计算）为茎秆直径的 30%~50%，移动摘穗辊轴承可以调节间隙，调节范围为 4~12mm（从摘穗辊中部测量）。

B. 工作过程　摘穗作业时，玉米茎秆在分禾器导入下，沿两摘穗辊轴线方向喂入，在导入锥的作用下茎秆被摘穗辊抓取并向下拉引，由于茎秆的拉力较大（102~153 千克力），而果穗与穗柄的连接力及穗柄与茎秆的连接力较小（约 51 千克力），果穗大端到达摘穗辊表面时，果穗被摘穗爪抓住，在两摘穗辊碾拉下将穗柄与果穗从结合部揪断，将果穗摘下，并剥掉大部分苞叶。由于两摘穗辊存在高度差，对已摘下的果穗产生推力，致使果穗迅速脱离摘穗辊进入果穗输送装置，避免摘穗辊啃破、啃掉籽粒造成收获损失。已摘穗的茎秆继续向下拉引，摘穗辊后端的强拉段将茎秆强制拉下，完成摘穗的全过程。

C. 特点　茎秆被强制喂入摘穗辊内，因此整机结构简单，使用可靠性高，堵塞减少；摘穗时对茎秆的压缩程度较小，因而功率消耗较小，适应性较强。但摘下的果穗带有苞叶较多（相对立式摘穗辊而言），籽粒破碎率和损失率较大。

②横卧式摘穗辊。

A. 结构组成　自走式玉米收获机上有的采用站秆摘穗横卧式方式的摘穗辊，摘穗辊装置由一对横式卧辊、喂入轮、喂入辊等组成（图 4-45）。

B. 工作过程　作业时，被割倒的玉米经输送器送至喂入轮和喂入辊的间隙中，继而向摘穗辊喂入，摘穗辊在回转中将茎秆由梢部拉入间隙并抛向后方，果穗被挤落于前方。

C. 特点　横卧式摘辊由梢部抓取

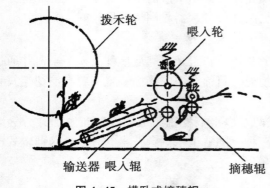

图 4-45　横卧式摘穗辊

茎秆，抓取能力较强，果穗被咬伤率也较大，摘辊易堵塞，但在收获青饲玉米时性能较好，且结构简单、功耗较小，如国外 CK-2.6 型青饲料玉米收获机就采用了此结构。

③立式摘穗辊。

A. 结构组成　多用在对行割秆摘穗的机型上，即将茎秆割断后进行摘穗作业。每行配置一组斜立式相向旋转的摘穗辊和挡禾板。它由前摘穗辊和后拉茎辊、挡禾板、传动箱、偏心套、挟持拨禾输送链主动链轮等组成（图 4-46）。摘穗辊、拉茎辊轴线所在平面与垂直面成前倾约 25°左右的夹角。前面一对摘穗辊的直径和抓取能力都较小，后面一对拉茎辊的直径较大、抓取能力较强。摘穗辊主要起摘穗作用，拉茎辊

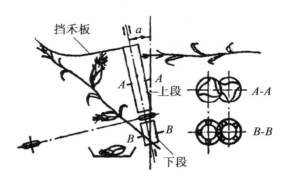

图 4-46　立式摘穗辊

起拉伸穗柄和茎秆作用。每个摘穗辊分上下两段：上段的断面呈花瓣形（3~4 花瓣），以加强摘穗辊对茎秆的抓取和对果穗的摘落能力；下段的断面与上段相同或采用 4~6 个棱形，起拉引茎秆的作用。为使摘穗辊对茎秆有较强的抓取能力，其间隙为 2~8mm，两摘穗辊间的间隙由偏心套调整，可通过移动上下轴承的位置调节。

B. 工作过程　作业时，割下的玉米茎秆在拨禾链的夹持下由根部喂入摘穗辊下段的间隙中，茎秆与摘穗辊轴线成 40°~50°的夹角。在下段摘穗辊的碾拉下，茎秆迅速后移并上升，在弧形挡禾板的作用下，向垂直于摘穗辊轴线的方向旋转，并被抛向后方。果穗在两摘穗辊的碾拉下被摘掉而落入下方。摘穗工作过程与卧式摘穗辊基本相同。

C. 特点　摘穗时对茎秆的压缩程度较大，果穗的苞叶被剥掉较多；在一般条件下，工作性能较好，果穗破碎率和损失率较低，工作可靠性较高，作业速度高，割茬整齐，茎秆粉碎效果好等优点。但在茎秆粗大、秆径大小不一致、含水率较高的情况下，茎秆易被拉断而造成摘穗辊堵塞；夹持输送部件可靠性差，链条磨损快，易断链。

（2）摘穗板+拉茎辊组合式摘穗装置

①结构组成。摘穗板+拉茎辊组合式摘穗装置主要由一对卧式拉茎辊、摘穗板、剔除刀、齿轮箱（又叫分动箱）及带翼型板的拨禾输送链等组成（图 4-47）。

②工作过程。两组相对回转的拨禾输送链将禾秆引入摘穗通道，在拉茎辊导锥的推动下和拨禾输送链的强制拨动下进入两拉茎辊之间，拉茎辊的快速转动过程中，其两辊的相对棱或刃分别嵌入茎秆一定的深度，将茎秆拉向辊的下方。由于果穗直径大于摘穗板的间隙，其大端被卡在摘穗板上面，茎秆继续被拉引，两辊的相对刀刃将果穗与茎秆从果柄处拉断，实现果穗与茎秆的分离，完成摘穗的全过程。

③特点。果柄被切割或拉引而断裂实现摘穗，果穗损伤小、掉粒少，是国内外玉米割台上广泛采用的技术路线；但果穗的苞叶较多，存有少量断茎秆和碎叶夹在果穗中，造成果穗箱中含杂率较高。

④主要零部件结构

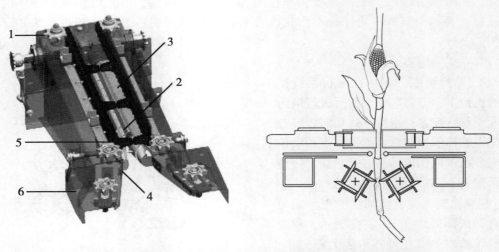

图4-47 摘穗板与拉茎辊组合式摘穗装置结构及工作原理示意图
1-齿轮箱 2-拉茎辊 3-摘穗板 4-清草刀 5-拨禾链条 6-摘穗架焊合

A. 拉茎辊

拉茎辊一般由前、中、后三段组成（图4-48）。前段为导入段，是带1个或2个螺旋导棱的锥体，以导入锥支座支承，主要起引导和辅助喂入作用。中段为拉茎段，其断面形状常用的有六棱、四棱刀片式和和碟片式三类，主要作用是拉茎。后段为连接段，作用是连接拉茎辊和齿轮箱，将齿轮箱的动力传递给拉茎辊进行相向旋转。

| 导入段 | 拉茎段 | 连接段 |

图4-48 拉茎辊示意图
1-导入段 2-拉茎段 3-连接段

拉茎辊与齿轮箱的连接方式主要有装配式和一体式两种。装配式的拉茎辊根部与齿轮箱为插入式套装连接（图4-49），连接时可以采用球铰、四方轴、六方轴及花键轴四种连接方式，拉茎辊前端带有支撑座可以对中心矩进行微调。一体式的拉茎装配于齿轮箱的输出轴上，拉茎辊前端无支撑，处于悬空状态。

工作时，齿轮箱传来的动力带动拉茎辊相向旋转，茎秆由导入锥引导进入旋转的拉茎辊后，利用配对的两组拉茎辊间隙对玉米秸秆产生的咬合力，当拉茎辊相向旋转时产生切向拉力，实现拉茎动作。

拉茎辊间隙一般可调，调整前必须首先考虑清草刀间隙的变化，并及时调整，否则会引起拉茎辊与清草刀的干涉，造成损坏。

拉茎辊的结构形式多样，不同的结构形式产生不同的拉茎效果。常用的有六棱拉茎辊、四棱刀片拉茎辊和碟片式拉茎辊3种。

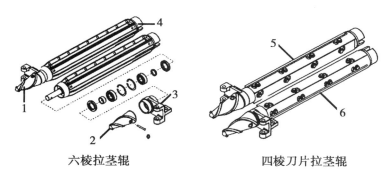

图4-49　插入式拉茎辊

1-右导锥　2-左导锥　3-前支座　4-拉茎辊连接部位　5-右刀片　6-左刀片

（a）六棱式拉茎辊。六棱拉茎辊与摘穗板组合的摘穗装置中，同组六棱拉茎辊的棱与棱交错安装，作业时其轴线与水平面成15°～25°的夹角。摘穗板位于拉茎辊的上方，比拉茎辊工作长度稍大。拉茎辊间隙、摘穗板间隙可根据茎秆和果穗直径大小而调整，拉茎辊的间隙为20～30mm，摘穗板的入口间隙为22～35mm，出口间隙为28～40mm。正常情况下取中值，最大间隙用于茎秆贪青、潮湿、粗大的情况。为减少对果穗的挤伤，摘穗板的边缘常制作成圆弧形。

六棱式拉茎辊及其作业效果见图4-50，它多用于摘穗型玉米收获机上，拉茎辊采用整体焊接工艺，在玉米收获早期含水率较高的条件下作业优势明显，断茎秆较少，不易出现工作装置堵塞的现象，配置该形式拉茎辊的玉米割台，由于没有茎秆切断功能，所以作业后会遗留出很长玉米茎秆，这些茎秆都需要由秸秆还田机处理。

图4-50　六棱式拉茎辊及其作业效果

六棱式拉茎辊间隙调整方法：在玉米成熟后期，含水率低，秸秆干枯作业条件下，可通过调节手柄A增大拉茎辊之间的间隙，调整范围L=85～90mm。为保持对称，必须同时调整一组拉茎辊，调整后拧紧锁紧螺母。拉茎辊间隙过小，摘穗时容易掐断茎秆；拉茎辊间隙过大，易造成拨禾链堵塞。

（b）四棱刀片式拉茎辊。四棱刀片式拉茎辊与摘穗板组合的摘穗装置中，四棱刀拉茎辊的刀与刀相对配置，其轴线与水平面成15°～25°的夹角。其间隙及调整和工作过程等同六棱拉茎辊与摘穗板组合。

四棱刀片式拉茎辊及其作业效果见图4-51，它可以切断茎秆，适合收获含水率较低的玉米。刀片采用装配方式，便于维护。安装拉茎辊刀片时，应清洁螺纹部分，涂螺纹紧固胶后，再按要求紧固螺母。刀片的数量可以是 4~10 片。

图 4-51　四棱刀片式拉茎辊及其作业效果

刀片式拉茎辊间隙一般为 1~3mm 为宜，若此隙过小易卡断茎秆，间隙过大会降低拉茎效率，影响拉茎效果。

拉茎辊间隙调整方法：是通过调节刀片上安装长孔的位置来调节刀片工作间隙的；也可通过拉茎辊前端的调节螺栓或加减内侧的垫片进行整体调整，转动不允许碰刀。

（c）碟片式拉茎辊。碟片式拉茎辊是将割台摘穗单元的功能进一步拓展，其工作原理相当于在六棱式拉茎辊的基础上增加了纵向的碟片式切碎刀，在提升了割台的切碎效果的同时，碟片还可以剖开茎秆加快茎秆的腐烂速度，复合了多种功能，而且功率消耗低，是目前功能最为强大的摘穗机构，在欧美被广泛应用在玉米籽粒联合收割机上。碟片式拉茎辊及其作业效果见图 4-52。

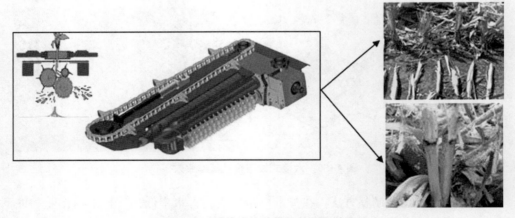

图 4-52　碟片式拉茎辊及其作业效果

B. 摘穗板

摘穗板布置在拉茎辊的上方，长度大于拉茎辊工作长度，其主要作用是把玉米果穗从茎秆上摘下。它的结构、间隙、厚度均为影响玉米收获质量的主要因素。为减少对果穗的损伤，常将摘穗板的边制成圆弧状；前端平滑弯曲，便于茎秆顺利进入摘穗通道。

工作原理是：带有玉米果穗的茎秆在两摘穗板之间被拉茎辊切向拉力向下移动的同时沿摘穗道后移，当玉米果穗与摘穗板相遇时被摘穗板托起，由于摘穗板间隙小于玉米果穗大端直径，玉米果穗无法通过，在瞬间冲击力的作用下，玉米果穗与穗柄分离，玉米果穗被摘下，完成摘穗动作。玉米茎秆由拨禾链的拨爪将果穗送入割台搅龙。摘穗板上有两个长孔用于调整其间隙，该间隙可根据果穗和茎秆的直径大小进行调整，一般入口间隙 A 小于出口间隙 B 5mm 左右，如图 4-53 所示。

其优点是收获损失小，籽粒破碎率低，故被国内外广泛使用。

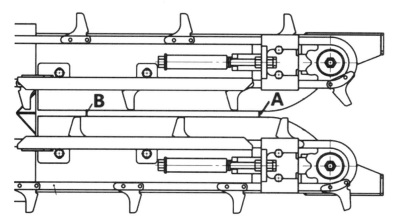

图 4-53 摘穗板的间隙调整

摘穗板的折弯设计角度一般为 10°～15°，为减少对果穗的挤伤，提高果穗喂入效果，摘穗板厚度设计为 6mm，且边缘设计为折弯圆弧形，如图 4-54（A）所示，可以降低果穗损失。为了避免果穗卡滞在摘穗板间而引起摘穗通道的堵塞，国外有的玉米割台将摘穗板前端一般设计为平直，后部折弯，目的是让平直段掐断果穗防止堵塞，如图 4-54（B）所示。摘穗板上有两个长孔，用于调整两摘穗板的间隙，摘穗板前端平滑弯曲便于茎秆顺利进入摘穗道。被摘下的玉米果穗由拨禾链的翼型板送入割台搅龙，最佳的摘穗位置应该在摘穗通道中部，过早收获损失加大，过晚断茎秆增多，易堵塞。

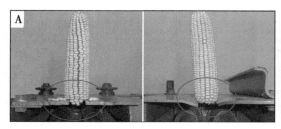

图 4-54 摘穗板的结构对比

C. 拨禾链

拨禾链又叫喂入链或扶禾链，其的作用是将分禾后带果穗的玉米茎秆拨送进入摘穗通道，玉米果穗在拉茎辊和摘穗板组合作用下被强制摘离，并在拨禾链的拨送下进入割台搅龙输送给升运器。拨禾链主要由链条、链轮、拨爪、张紧弹簧等组成（图 4-55），它安装在同侧摘穗箱主动链轮与从动链轮上，从动链轮在弹簧张紧力作用下保证拨禾链的张紧，自动张紧结构设计有利于增强拨禾链对果穗的输送能力和提高拨禾链使用寿命。拨禾链装有专用的拨爪（又叫翼型板）起拨送作用，一条拨禾链上的拨爪数量一般为8个，间隔6节平均分布在拨禾链条圆周上，拨禾链条的节距有38和41.4两种。同一摘穗通道的两条拨禾链上拨爪应对齐安装，不可错位过大。

为了减少摘穗时的籽粒损失和破碎，可在拨禾链的拨爪（翼型板）上增加尼龙挡块或折板，同时设计用柔性摘穗板，降低籽粒损失和冲击，如图4-55所示。

图4-55　拨禾链组成

1-链条　2-链轮　3-拨爪　4-张紧弹簧　5-柔性摘穗板　6-拨爪（翼型板）附件

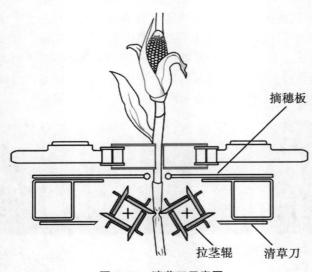

图4-56　清草刀示意图

D. 清草刀

清草刀又叫清除刀、剔草刀，安装在摘穗架或拉茎辊底部（图4-56）。其作用是切断缠绕在拉茎辊上的杂草及茎秆。否则会导致拉茎辊挟持及切断效果下降，摘穗效率降低。清草刀刃口与拉茎辊之间的间隙叫清草刀间隙，此间隙是由拉茎辊间隙而产生的。拉茎辊间隙调整前必须首先考虑清草刀间隙的变化，并及时调整，否则会引起拉茎辊与清草刀的剧烈碰撞，造成损坏。清草刀间隙调整时，先确定拉茎辊间隙，后调整清草刀间隙，在不碰刀的情况下，清草刀间隙越小剔除效果越好，一般要求在1~3mm。

此外，摘穗机构在上述功能单元的基础上还可以将底刀作为选用配置，加装底刀的玉米割台可以有效的降低留茬高度，同时切碎玉米茎秆，达到更好的秸秆还田效果。底刀的刀片有两片式和三片式两种（图4-57）。

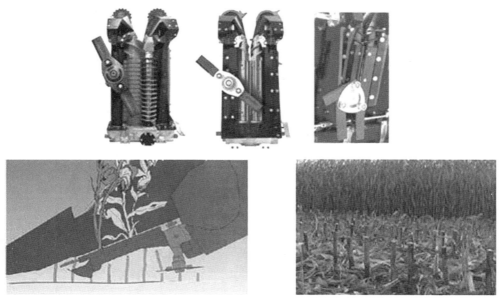

图4-57　加装底刀的摘穗机构及其作业效果

E. 割台齿轮箱

割台齿轮箱简称齿轮箱、又叫摘穗齿轮箱或分动箱，安装在割台横梁上，是割台的关键部件，箱内主轴装有伞形齿轮传动，两齿轮轴方头上套装着拉茎辊，上面的链轮挂装拨禾链条，是玉米收获机摘穗、拉茎、拨禾、输送果穗的驱动部件。齿轮箱按传动方式划分，有串联和并联两种齿轮箱，如图4-58、4-59、4-60所示。

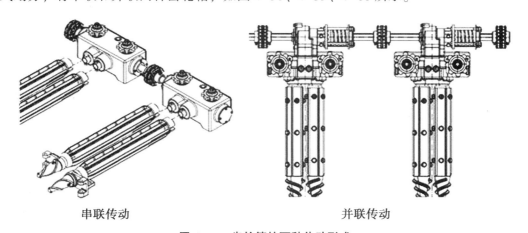

串联传动　　　　　　　　　　　　　　　并联传动

图4-58　齿轮箱的两种传动形式

（3）摘穗过程　动力通过传动装置带动两摘穗辊（拉茎辊）相对转动，其转速一般为600~1 150r/min，茎秆在两摘穗辊凸棱之间沿轴向移动时被向下拉伸。由于茎秆

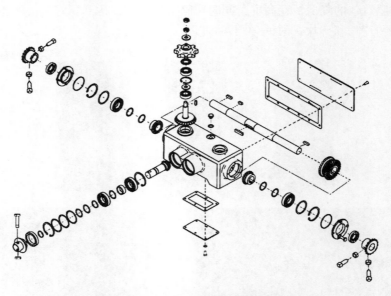

图 4-59　串联传动齿轮箱的内部结构

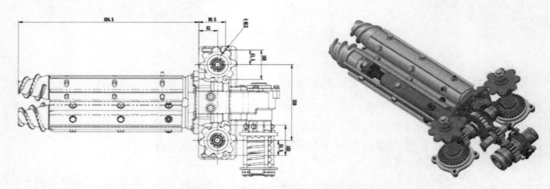

图 4-60　并联传动齿轮箱的内部结构

的抗拉力较大，而果穗与穗柄的连接力及穗柄与茎秆的连接力较小，因此果穗在两摘穗辊碾拉下被摘落。茎秆直径小于果穗的最大直径，两摘穗辊抓取茎秆向后移动，果穗不能通过两摘穗辊间隙被强制拉断，并能剥掉部分苞叶（图 4-61）。

玉米摘穗过程也可分为摘穗辊抓取茎秆、稳定辗压茎秆、摘穗、排茎秆等四个阶段，其工作特点如下：

①摘穗辊抓取茎秆阶段。拉茎辊的抓取动作是由拨禾链和拉茎辊前端的导锥完成的，拨禾链的翼型板接触到茎秆后，会将茎秆引入摘穗通道内，先与螺旋导锥接触，在导锥的推送下进入拉茎辊。割台行距与种植行距的匹配及摘穗单元的结构设计对割台的喂入能力的影响很大。

要求摘穗辊能够可靠地抓取不同直径的茎秆。摘穗辊的结构型式、茎秆的喂入方式及茎秆的物理机械特性等都影响着摘穗辊抓取茎秆的可靠性。茎秆由夹持输送链夹持采用强制喂送来完成，摘穗辊的抓取茎秆段采用拉茎辊，以提高摘穗辊对茎秆的抓取

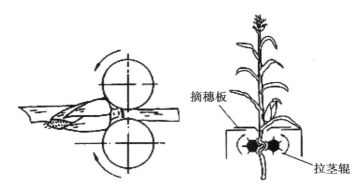

图 4-61　玉米机收获摘穗过程

能力。

　　要提高抓取能力，可加大摘穗辊直径或加大摘穗辊间隙。摘穗辊直径增大，将加大籽粒损失；摘穗辊直径太小，抓取能力降低，容易造成堵塞。摘穗辊间隙过小，将降低抓取能力，造成拉引茎秆困难，茎秆被严重辗压，完整性差，消耗功率增加。

　　②稳定辗压茎秆阶段。当茎秆根部接触拉茎辊后，茎秆便被稳定碾轧拉引，一边开始向下运动，一边作回转向后运动。

　　③摘穗阶段。当茎秆运动到果穗与摘穗辊接触时，即进入了摘穗阶段，由于果穗大端直径大于茎秆直径，果穗不能从摘穗辊间隙中通过而被摘落。

　　④排茎秆阶段。当摘穗过程完成后，果穗上部的剩余茎秆会在拉茎辊的拉引下继续向下移动，大多数茎秆已垂直于摘穗辊，与摘穗辊的线速度同速向后运动，最后脱离摘穗辊，被排出割台，进入茎秆处理系统，从而完成摘穗全过程。

3. 传动系统

　　玉米割台传动系统的功用主要是驱动摘穗机构和搅龙，采用链条传动。主要由传动轴、安全离合器、调整垫片、台体焊合、左侧传动齿轮箱、右侧传动齿轮箱和搅龙传动等组成（图 4-62）。

　　传动时，动力通过割台左右两侧的传动轴输入，在传动轴上设置有安全离合器，左右各一个，主要起过载保护功能，防止过载引起割台的一系列故障。安全离合器的扭矩可通过加减调整垫片进行调整。

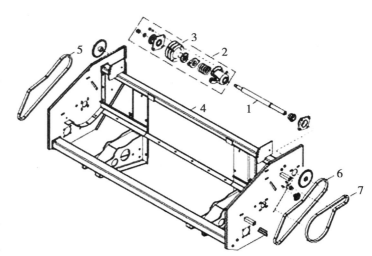

图 4-62　割台传动系统
1-传动轴　2-安全离合器装配　3-调整垫片
4-台体焊合　5-左侧传动齿轮箱
6-右侧传动齿轮箱　7-搅龙传动

4. 果穗输送搅龙

果穗输送搅龙安装在摘穗装置的后下方，割台传动轴的前上方。其功用是将摘穗装置摘下的果穗通过搅龙横向输送到过桥（或升运器）的喂入口。主要由轴承座、轮毂、搅龙链轮、花键轴、橡胶刮板等组成（图4-63）。作业时，它将各摘穗单元收获来的作物，横向输送到过桥喂入口，再由搅龙中部的刮板拨送到过桥口，果穗经过桥和升运器输送到剥皮装置（如无剥皮装置的机型直接输送到集粮箱）。为减小果穗的损伤，刮板的材料多选择橡胶，当橡胶刮板磨损时要及时更换，否则影响喂入性能，造成割台搅龙堵塞。搅龙叶片与底板之间的间隙一般设计为可调结构，松开锁紧螺母，上下移动调节搅龙叶片与底板之间的间隙，收获玉米时最小间隙 X＝20mm 为宜（图4-64）。

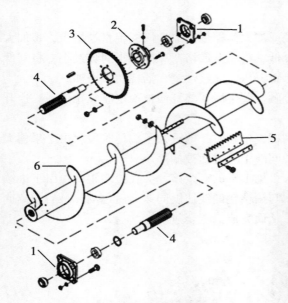

图 4-63 果穗输送搅龙结构图

1-轴承座　2-轮毂　3-搅龙链轮　4-花键轴

5-橡胶刮板　6-搅龙叶片

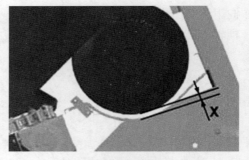

图 4-64 果穗输送搅龙底板间隙

5. 割台体

割台体框架结构见图4-65，多采用矩形管焊接，支撑着割台的整体重量，材料可选择碳素结构钢或高强度结构钢。割台体焊接必须采用工装来保证关键尺寸。割台采用小倾角设计，有利于玉米的收获，倾角 W 一般设计在 15°～25°（图4-66）。角度过大会增大收获损失，如籽粒滑落或果穗跳出等。

6. 切割器

其功用是切割玉米茎秆。玉米收获机上采用的切割器有立轴甩刀式切割器、往复式切割器和圆盘式切割器三种类型，用得较多的是立轴甩刀式切割器。

（1）立轴甩刀式切割器　立轴甩刀式切割器主要由刀片、刀架、固定盘和紧定盘等组成（图4-67）。由于没有定刀，故此方式属于无支承切割，无支承切割所需的切割速度比有支承的切割速度要高得多，一般为 1 350~2 200r/min。为满足不同地区的切碎长度要求，刀盘上设计了多余的刀片固定孔。立轴甩刀式切割器主要起两个作用，一是在玉米茎秆的喂入过程中起到切断作用，二是在摘穗过程中把拉茎辊拽下的茎秆切碎，使玉米茎秆抛撒还田。

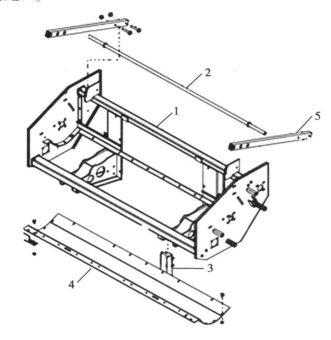

图 4-65　割台体结构图
1-台体焊合　2-扶禾杆　3-支腿　4-搅龙底板　5-支臂

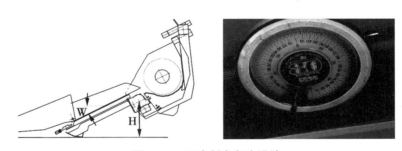

图 4-66　玉米割台角度设计

　　（2）往复式切割器　往复式切割器主要由刀杆、动刀片、定刀片、护刃器梁、护刃器、压刃器等组成（图4-68）。该切割器切割性能好，结构简单，工作可靠，适应性强。能适应一般或较高作业速度的要求，是收割机械中应用最广的切割器。但其工作时惯性力较大，割台振动和噪声都要很大。切割时，由于多数茎秆发生倾斜，且有重割现象，故割茬不够整齐，如割除刀单边驱动，惯性力很难平衡。

　　（3）圆盘式切割器　圆盘式切割器主要由小分禾器、中间输送辊、拨禾输送齿和圆盘割刀等级组成（图4-69）。该割刀一般在水平面内作圆周运动。运转平稳，惯性力易平衡，振动较小。割刀结构简单，但其功耗大，使用不方便，寿命较短，维护费用高。该切割器按有无定刀又分为无支承切割式和有支承切割式两种。

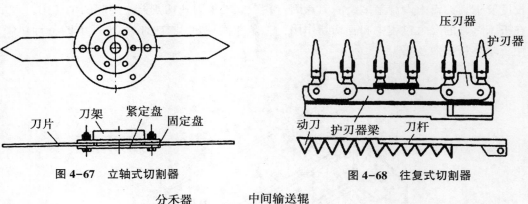

图 4-67　立轴式切割器　　　　　　图 4-68　往复式切割器

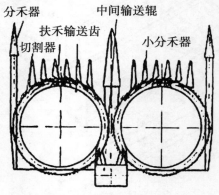

图 4-69　圆盘式切割器

7. 护罩

护罩主要分布在割台左右两侧及传动部件的防护部位，避免工作部件造成的人身伤害，护罩外侧贴有安全警示标志。目前，随着产品的不断升级，注塑工艺也逐渐应用的农机产品的护罩和分禾器等零部件上，使得产品外观更加美观，同时由于注塑材料可以吸收冲击力，减少玉米在摘穗和输送过程中的损失，同时还可以减重。美国凯斯公司的4 400系列玉米割台在分禾器护罩设计的过程中，增加了斜向后的沟槽设计，目的是为了使落在护罩上的果穗和籽粒能够在滑落的过程中向后运动，增加了输送能力，如图4-70 所示。

图 4-70　玉米割台分禾器护罩设计

8. 其他功能附件

玉米割台在使用过程中可通过增加一些功能附件来满足不同用户的使用需求，如下图 4-71 所示，图中 A、B、D 都是对收获后的茎秆处理增加的功能附件。

A 图：割台底部增加了茎秆铺放搅龙，使收获后的茎秆呈条状铺放在田间，便于打捆机进行打捆作业。

B 图：割台底部增加镇压辊，目的是将玉米割茬压倒、打碎，防止扎伤收获机轮胎，打碎后的茎秆在田间的腐烂速度会加快。

C 图：割台两侧增加扶禾辊，上部带有螺旋倒棱，主要应用在收获倒伏玉米作业中，目的是将倒伏的玉米茎秆分开并扶起，便于摘穗单元的摘穗作业，用皮带或液压传动。也可采用 A 图中的挡板实现其扶禾的功能。

割台两侧增加扶禾辊或挡板在实现上述功能的同时，由于增加了两边护罩的高度，可防止摘穗过程中玉米果穗的弹出割台，降低玉米割台收获作业时的果穗损失。

D 图：割台底部增加镇压器，目的是将玉米割茬压倒防止扎伤收获机轮胎。

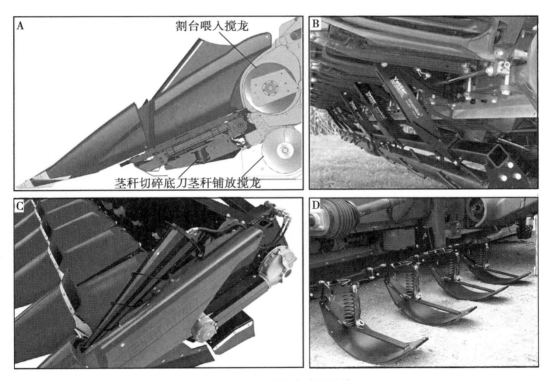

图 4-71　玉米割台功能附件

（三）割台工作过程

玉米割台是玉米收获机的标志性特征，割台用于摘取玉米茎秆上的果穗，并将其输送到输送装置，其过程主要概括为拉茎、摘穗和果穗输送三个过程，如图 4-72 所示。

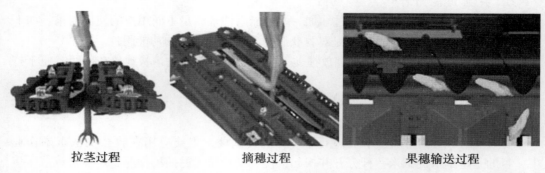

拉茎过程　　　　　　　摘穗过程　　　　　　果穗输送过程

图4-72　玉米割台工作过程

（四）玉米割台与农艺

由于玉米对行收获，作业速度快，收获效率高，收获损失小，被广泛推广。玉米的种植农艺决定着玉米割台的开发方向，例如，近年来玉米大垄双行高产种植技术被广泛推广，具体方法是：把650mm或700mm的两条普通垄合成一条1 300mm或1 400mm的大垄，在大垄上种植双行玉米，大垄内玉米行距为350～450mm，可提高边际效应，有效改善田间通风、透光状况，增产8%～12%，利于玉米成熟期籽粒快速脱水，改善玉米品质，增强抗倒伏能力。

该农艺的收获，常规玉米割台难以实现，不得不采用单链喂入玉米割台的窄行距玉米割台收获，作业速度慢，收获损失大，农艺推广受到了限制，因此，中联重机等企业在2012年研制出专用的大垄双行玉米割台适应该农艺（图4-73）。其摘穗单元采用了并联式传动齿轮箱结构，双拨禾链喂入，行距实现可调，作业速度快，损失小，解决了该农艺的收获难题。摘穗单元可以应用到4、6、8、10、12行玉米割台上。

图4-73　玉米大垄双行种植农艺及大垄双行玉米割台

玉米的收获质量与割台的设计和调整有很大关系。图4-74为在相同作业条件下，不同割台在收获同一地块时的作业效果，可以看出左图的断茎秆多于右图，这样会增大主机的工作负荷，易引起堵塞，增大整机故障率，降低作业效率。所以，要根据作物品种及作业环境正确的对机器进行调整。

图 4-74 割台摘穗效果对比图

（五）玉米割台技术的发展趋势

我国目前玉米收获机技术发展还很落后，其配套的割台的技术升级也自然受到制约，还处于起步阶段。随着我国收获产品的技术升级，玉米割台技术未来会向以下方向发展，以下技术目前在欧美割台上均已体现。

1. 不对行收获技术

不对行收获技术就是采取主动喂入方式，专门解决种植行距杂乱的玉米收获时植株的喂入问题，使得割台适应性大大提高，如图 4-75 所示。

图 4-75 不对行收获玉米割台

2. 降低动力消耗的技术

这一技术首先是对摘穗装置进行了改进，采用刀片式拉茎辊和大圆弧摘穗板组合式摘穗机构，代替了原来的摘穗辊或六棱式拉茎辊，刀片式拉茎辊在摘穗过程中功率消耗低，刀片数量最少 4 片。上述改进都在一定程度上降低了收获机功耗。

3. 降低收获后果穗含杂率的技术

对于拉茎辊与摘穗板组合式的摘穗机构，其优点是收获损失小，籽粒破碎率低。但收获后的果穗含杂率较高（断茎秆、叶），农民不太满意。为此，采取了大圆弧折弯式摘穗板、弹性翼型板、多棱刀式拉茎辊等一系列改进措施，有效降低了果穗中的含杂率。

4. 降低籽粒破碎率的技术

对于摘穗辊式的摘穗机构，其优点是收获后的果穗含杂率较低；但收获损失略大，籽粒破碎率偏高。为此，通过采取了加大摘穗辊直径、降低摘穗辊转速、减少摘穗辊棱高、提高摘穗辊表面光洁度、摘穗辊表面喷塑等一系列改进措施，有效降低了籽粒破碎率。

对于拉茎辊与摘穗板组合式的摘穗机构，可将摘穗板设计为浮动式结构，目的是为了减缓摘穗板对果穗的冲击力造成落粒和籽粒破损，达到柔性摘穗的目的，如图4-76所示。

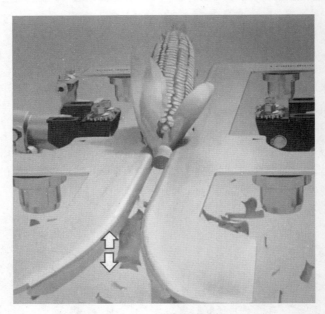

图4-76　浮动式摘穗板

5. 电液控制技术

在割台和主机上采用电液控制系统设计可实现玉米的智能化收获，可同时收获18行乃至22行，装有自动寻行系统（图4-77），降低对驾驶员的操作要求，提高驾驶员操作的舒适性；降低疲劳感，并且割台高度可以随地形变化自动调节，摘穗板间隙通过液压装置自动调节，使割台始终处于最佳工作状态，提高工作效率。所采用的技术主要包括：割台折叠技术（图4-78）、割台高度自动控制技术、自动寻行技术、摘穗板间隙自动调节技术等。

图4-77 采用自动寻行技术玉米割台

图4-78 配折叠式玉米割台的联合收割机

二、果穗输送系统

（一）果穗输送系统的功用和类型

果穗输送系统的功用是将来自割台摘下的果穗通过搅龙输送到过桥、再经过升运输送到剥皮机上（无此机的输送到集粮箱内）和进行排杂，车上布置见图4-79。

果穗输送系统包括搅龙输送和升运输送两种，其升运输送方式有一级升运和二级升运两种，其差别在于是否有过桥（又叫倾斜输送器），采用一级升运方式的无过桥，割台倾角较大，割台损失率较大。采用二级升运有过桥，收获时，可使割台与地面的倾角更小，这样可以减少割台收获时的损失；在收获接穗高度低的玉米品种和倒伏玉米时，效果最为明显；同时带过桥结构的玉米收获机可以实现玉米割台的快速挂接。

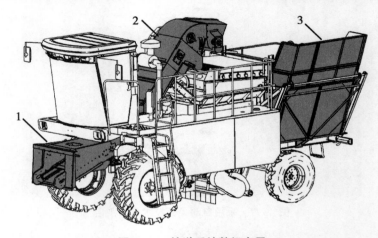

图 4-79 输送系统整机布局

1-倾斜输送器 2-升运器 3-粮箱

升运输送系统在主机的位置有中央布置和侧面布置两种方案。中央布置的在中大型自走式玉米收获机应用较多，侧面布置常应用在背负式或中小型自走式玉米收获机上。

（二）果穗输送系统的主要部件结构

1. 倾斜输送器

倾斜输送器又称过桥，是割台与主机的衔接桥梁，连接割台和升运器，是二级输送中的第一级，其主要作用是将来自割台搅龙的果穗输送到升运器。倾斜输送器主要由过桥链耙、链轮、上下链轮轴、割台传动轴、过桥壳体等组成（图4-80）。

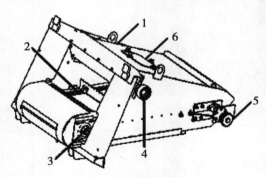

图 4-80 倾斜输送器结构图

1-过桥壳体 2-链耙部件 3-过桥下轴
4-割台传动轴 5-过桥上轴 6-过桥观察口

过桥链耙部件是过桥的主要工作部件，它由齿板、刮板焊合、传动链条、橡胶刮板和压条等组成（图4-81）。作业时，由过桥链轮轴上传来的动力驱动输送链条上的刮板和齿板，实现物料抓取和从过桥刮板上方向后输送的功能，装在刮板上表面的橡胶刮板有效地减小了果穗在输送过程中因磕碰造成的损失。

链耙的张紧度可以通过位于过桥下轴两侧的调节螺杆来推、拉轴承座进行调节其中心距。

过桥在与割台挂接时要注意正确联结，过桥围绕上部传动轴的旋转来提升割台，确保机器在公路运输和田间作业时割台能够调整到合适的离地间隙。

2. 升运器

升运器的功用是接收从倾斜输送器或割台搅龙输送来的果穗，并将其升运输送到剥皮机上和进行排杂。在主机的位置主要采用中置和侧置两种布置方案。升运器主要由升运器下轴、升运器上轴、链耙装配、壳体、二次拉茎辊、排杂搅龙、排草口和清选风扇等组成（图4-82）。

（1）二次拉茎辊　二次拉茎辊位于升运器上部，其作用是进入升运器的断茎秆和苞叶都由它排出至排草口。二次拉茎辊的结构形式可分为固定式和浮动式两种（图4-83），主要由上拉茎辊、下拉茎辊、张紧弹簧、调整螺栓、中间轴、传动链条、固定轴承座和导流板等组成，其工作原理与割台六棱拉茎辊相同。导流板可引导杂物进入拉茎辊，其角度可调，导流板末端不要超过上拉茎辊中心线。

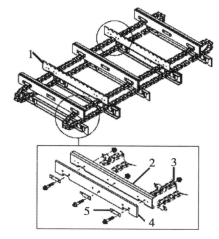

图4-81　过桥链耙部件
1-齿板　2-刮板焊合　3-传动链条
4-橡胶刮板　5-压条

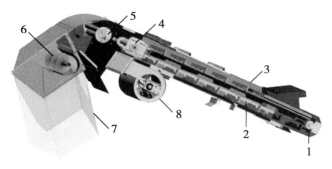

图4-82　升运器结构
1-升运器下轴　2-链耙装配　3-壳体　4-升运器上轴　5-二次拉茎辊
6-排杂搅龙　7-排草口　8-清选风扇

浮动式拉茎辊

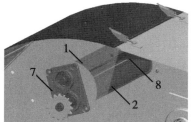

固定式拉茎辊

图4-83　二次拉茎辊结构形式
1-上拉茎辊　2-下拉茎辊　3-张紧弹簧　4-调整螺栓
5-中间轴　6-传动链条　7-固定轴承座　8-导流板

浮动式结构的上拉茎辊是可移动的，靠张紧弹簧为其提供压紧力，当上拉茎辊受力过大时，会向上升起，拉茎辊间隙加大，弹簧拉伸；当上拉茎辊受力减小时，在弹簧的拉力下使其下降回到原来位置，拉茎辊间隙保持原来大小。浮动式结构特点可有效保护拉茎辊，防止其疲劳断裂，故障率低，但结构复杂，排杂效果不如固定式。

固定式拉茎辊采用齿轮传动，两拉茎辊中心距固定不可调整。比较而言，固定式拉茎辊结构简单，排杂效果好。

（2）清选风扇　清选风扇位于升运器链耙末端的下部，为清选提供风力进行排杂，多采用离心式。风扇叶片的数量有 5 片、10 片或 12 片，由于风扇转速高，多采用皮带传动。为得到适合于作物收获的风速，风扇转速设计为可调，可通过改变风扇皮带轮的直径进行调速，皮带轮直径小的转速高。

风量过大容易导致果穗吹出，风量过小排杂不净，易导致剥皮机杂物过多，负荷过大，故障率升高。收获早期，作物潮湿或倒伏情况下提高风扇转速；收获后期，作物干燥，可适当降低风扇转速。风扇有吸力和吹力两种形式，目前国内采用的大多数是吹力风扇。

切断主离合前要确保杂物都被吹出，避免回落的杂物进入风扇内部，在风扇再次工作时造成缠绕而引起风扇开焊、叶片断裂、壳体损坏等一系列故障。

（3）壳体　在升运器壳体焊合中隔板两侧焊有两个滑道，输送链耙的两根链条分别置于滑道上，刮板采用橡胶板与钢板组合而成，可减小果穗输送过程中的冲击。壳体的上面有活动盖板或观察窗，便于维护。

当输送链条张紧正常时，用手提起输送链中部（约 250N），链条应距中隔板 30 ~ 60mm，调整时一定要使两侧果穗输送链张紧度一致，做到两侧螺杆同步调整，以保持链条长度一致，平稳传动。工作一段时间后升运链条的张紧可能只靠螺杆不能解决，这时可将两条升运链条同时去掉几个链节。

（4）升运器上轴及输入链轮　升运器上轴输入链轮上设置有安全螺栓，保护升运器防止过载损坏。升运器链耙损坏时，打开上部盖板进行维修和更换。

（5）工作过程　工作时，来自割台或过桥的物料经过升运器输送到剥皮机，割台摘穗过程中产生的断茎秆及苞叶在输送过程中会途经设置在升运器下部的清选风扇，风扇高速旋转产生的风力将茎秆和苞叶吹至二次拉茎辊处，相对旋转的拉茎辊将茎秆和苞叶排出至排草口，杂物在排杂搅龙和风力的作用下被排出至机体外部。

（6）升运器二次粉碎装置　升运器二次粉碎装置是将割台处产生的断茎秆切碎并抛过粮仓后还田，只有部分机型有此装置。该装置安装在二次拉茎辊后面，二次拉茎辊将秸秆夹住后由二次粉碎装置切碎后抛送还田。二次粉碎装置的高低位置可调，通过二次粉碎侧壁安装孔与升运器侧壁孔的上下搭配，可实现二次粉碎装置整体上移或下降，尽量多地将从升运器排出的断秸秆切碎后还田。向上调，排茎效果减弱；向下调，排茎效果增强，但果穗易碰下排茎辊造成啃穗。

可实现二次粉碎装置整体上移或下降，尽量多地将从升运器排出的断秸秆切碎后还田。向上调，排茎效果减弱；向下调，排茎效果增强，但果穗易碰下排茎辊造成啃穗。

3. 集粮箱

集粮箱位于剥皮机出口处，主机的后侧，用销轴与粮箱托架绞连，两侧用销轴与液压油缸绞连（图4-84）。其功用是盛接来自剥皮机剥净后的玉米果穗，装满后实现集粮箱的翻转卸入接粮车。驾驶员通过操作卸粮操作手柄，控制粮箱两侧的液压油缸，油缸活塞伸出，支起粮箱向机器左侧翻转实现卸粮，卸粮后操作手柄，油缸活塞回缩，粮箱归位。

图4-84　集粮箱结构

1-粮箱焊合　2-粮箱爬梯　3-卸粮油缸

温馨提示

卸粮或粮箱升起时，在粮箱下部和附近不允许站人，以免发生意外安全事故。

不同接粮车对卸粮高度的要求是不一样的，因此，为了满足不同高度的卸粮需求，在国外的玉米果穗收获机上都增加一组卸粮高度调节的升降油缸，如图4-85所示，这样可以满足大型车的接粮需求，减少运输的次数。

图4-85　卸粮高度可调的粮箱

三、剥皮系统

（一）剥皮系统的功用和组成

剥皮系统功用是剥下玉米果穗苞叶，并完成籽粒的清选与回收工作。其动力是由齿轮箱通过链条传动输入到剥皮机的。剥皮机系统由机架焊合、拨送辊、压送器、剥皮辊、传动系统、抛送辊、振动筛和籽粒回收装置八部分组成（图4-86）。

图 4-86　剥皮系统的组成结构
1-滑板焊合　2-剥皮机机架焊合
3-齿轮箱　4-振动筛　5-籽粒回收箱
6-拨送辊　7-剥皮机　8-压送器　9-抛送辊

（二）剥皮系统的工作过程

剥皮系统的工作过程见图4-87，升运器输送来的玉米果穗，经滑板分流滑到拨送辊上，果穗被拨送辊拨入剥皮辊，在压送器星轮的作用力下在剥皮辊上旋转且向后移动，相对旋转的剥皮辊剥去果穗上的苞叶，然后果穗被抛送辊抛入果穗箱内，苞叶及混杂物和夹带的籽粒通过剥皮辊而被撒到下部的振动筛上，籽粒经振动筛清选后落入籽粒回收箱内，苞叶和杂物则被撒落到地面上，至此，完成剥皮和清选全过程。

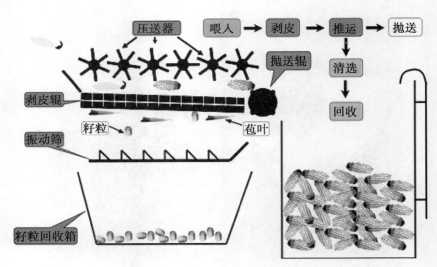

图 4-87　剥皮系统工作流程图

（三）剥皮系统主要部件结构

1. 剥皮机

剥皮机是剥皮输送机的简称，是将玉米果穗的苞叶剥除的装置，同时将果穗输送到果穗箱。它是剥皮系统的核心部件，由四或五组剥皮辊和装在剥皮机框架上的传动装置组成。每组剥皮辊部件都由一对固定的剥皮辊和两个摆动辊组合构成，剥皮辊的形状和材料决定抓取苞叶并从果穗上撕下苞叶的能力，因此采用摩擦系数高的材料，可以增大剥净率，但也会增大破损率和损失率。固定剥皮辊的组合方式主要有铸铁辊–铸铁辊（图 4-88）、螺旋橡胶辊–螺旋橡胶辊、铸铁辊–螺旋橡胶辊 3 种。其中，铸铁辊–螺旋橡胶辊应用较多，这种组合剥净率较高，破碎率较低，而且剥皮辊与果穗之间有足够的摩擦力。摆动辊多采用橡胶鱼鳞辊结构（图 4-89），固定在摆杆轴承座上，借助弹簧压紧在固定辊两侧。

图 4-88　铸铁辊

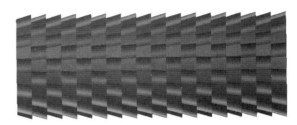

图 4-89　橡胶辊

从生产效率来看，三行玉米机一般采用 4 组剥皮辊，四行、五行玉米机采用 5 组剥皮辊，可满足作业效率的要求。

按照剥皮辊的排列方式可以分为高低辊式和平铺式 2 种，其结构组成见图 4-90。高低辊式剥皮辊设计为 V 字排列，采用胶板式压送器；其特点是更适合含水率较高的

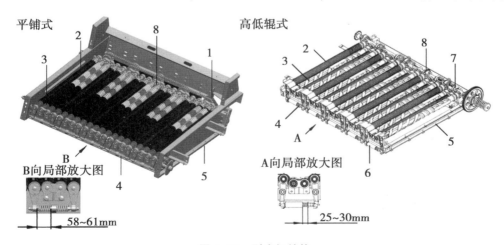

图 4-90　剥皮机结构

1-传动链轮　2-摆动辊装配　3-固定辊装配　4-张紧弹簧　5-机架　6-弹簧套管
7-护板　8-传动齿轮

作业环境，但在收获晚期损失率高。平铺式剥皮辊为一字排列，采用星轮式压送器；其特点是剥净率高，损失小，但不适合含水率高的品种。

高低辊式剥皮辊后端装有护板，护板与剥皮辊之间的间隙靠加放垫片和矫正护板来调整，在玉米果穗进入处的间隙不应超过 2mm，间隙过大会造成颗粒划伤。

工作时，果穗从升运器落入剥皮机中，经过星轮压送和剥皮辊的相对转动剥除苞叶，并去除残余的断茎秆及穗头，然后经抛送辊将去皮果穗抛送到粮箱内（图 4-91）。

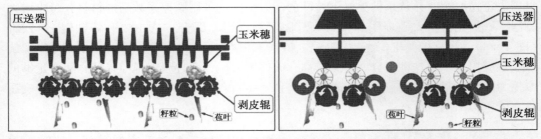

图 4-91　剥皮机工作原理

剥皮辊之间的传动是依靠齿轮传动或链传动实现的，都设置有安全离合器，防止过载。固定辊与摆动辊的压紧力是靠调整弹簧压力来保证的，为使剥皮机工作正常，要保证弹簧的压缩量。如图 4-90 所示，平铺式：58~61mm，高低辊式：25~30mm，弹簧压缩量过小，会使剥皮质量下降，加快剥皮辊的磨损，因此，应经常检查此压缩量，一般每 120h 检查一次。

2. 压送器

果穗压送器安装在剥皮辊上部。它的作用是：①增加果穗与剥皮辊之间的摩擦力，并帮助果穗下滑，从而可提高剥皮机的生产率和剥净率。②使果穗更好地沿剥皮辊工作表面分布，使果穗按剥皮工作顺序移动。

压送器主要有星轮式和胶板式 2 种结构，平铺式剥皮机采用的是星轮式压送器（图 4-92 图左），高低辊式剥皮机采用的是胶板式压送器（图 4-92 图右）。这两种结构的压送器可通过调节螺栓调节与剥皮辊之间的间隙，这一间隙直接对剥皮效果影响很

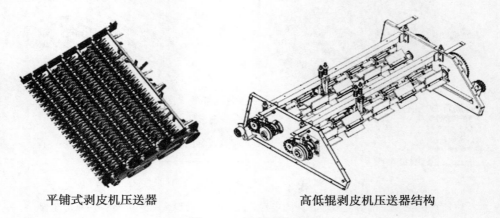

平铺式剥皮机压送器　　　　　　高低辊剥皮机压送器结构

图 4-92　压送器结构图

大，星轮式压送器：星轮与剥皮辊工作面的间隙为 3～5mm；胶板式压送器：胶板叶片外缘距剥皮辊工作面 15～30mm。

调节时需要平衡好剥净率与损失率，调节不当会带来较差的剥皮效果的同时，还会造成堵塞、星轮轴扭曲或断裂等故障。

在以下作业条件下，可将压送器前端向上调节：①当果穗量大，有堆积现象时；②收获后期，剥皮过度，出现脱粒、啃粒现象。③易剥皮玉米品种，大多数玉米在割台摘穗过程中就已没有苞叶或带有很少苞叶，尤其是收获后期，含水率很低时，如果压送器过低会出现剥皮过度，造成籽粒损伤。④大端直径超过 55mm 的玉米果穗品种。

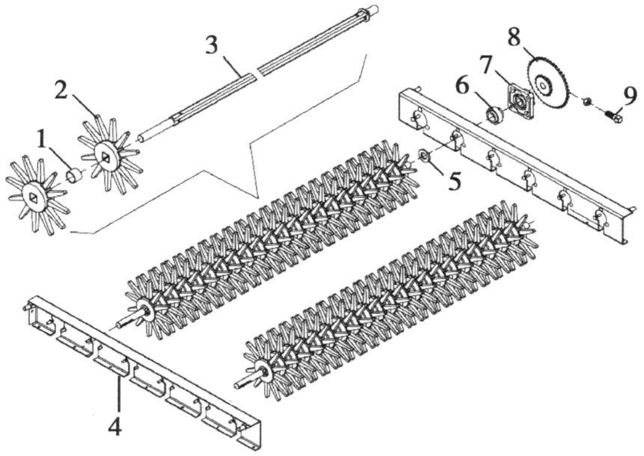

当星轮轮齿或橡胶板磨损、断裂超过 30% 后，应立即更换，否则会影响剥净率。更换时，按图 4-93 进行拆卸与装配。

图 4-93　平铺式剥皮机压送器装配

1-间管　2-星轮　3-管轴焊合　4-立梁焊合
5-垫圈　6-轴承　7-轴承座　8-链轮　9-顶丝

3. 剥皮机传动系统

剥皮机传动系统采用了齿轮传动、皮带传动和链传动，通过剥皮机齿轮箱进行动力分配。

在齿轮箱上或动力输入轴端都设置有安全离合器，防止过载（图 4-94）。安全离合器分离扭矩可通过调整弹簧的压缩量来调节，弹簧压缩量越大分离扭矩越大。工作时，齿部相互咬合的齿座和轮毂，当扭矩增大时，弹簧会被压缩，齿座会从轮毂中向外移动，当达到设定值时，齿座完全退出，安全离合器分离，打滑从而切断动力，起到保护作用。安全离合器的主要故障是齿座的磨损，当齿座磨损时，通过调节难以保证安全离合器的正常工作，此时，要更换齿座。

安全离合器的种类主要有闭式和开式两种，内部结构及工作原理两种基本

图 4-94　剥皮机齿轮箱

1-链轮　2-齿轮箱　3-加油口和排气螺塞
4-放油口　5-闭式安全离合器

相同。闭式离合器带有离合器罩，如图 4-94、图 4-95（左图）所示，闭式离合器分离扭矩是通过加减垫片进行调节。开式离合器没有罩壳，如图 4-95 所示，调节仅通过调节螺母便可实现，维护和调整相对简单和便捷，初始状态弹簧压缩后长度设定为 130mm。

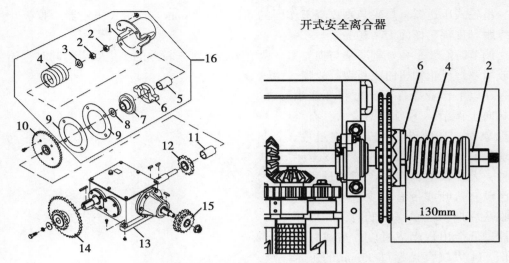

图4-95 剥皮机安全离合器结构

1-离合器罩 2-螺母 3-垫圈 4-弹簧 5-间管 6-齿座 7-轮毂 8-垫
9-垫圈 10-链轮焊合 11-衬套 12-链轮 13-齿轮箱装配 14-链轮焊合
15-链轮焊合 16-安全离合器（闭式）

剥皮机与割台安全离合器采用通用结构，只在分离扭矩上有所区别。维护和保养时，可在弹簧表面涂抹少许的黄油做防锈处理。

4. 籽粒筛装配

籽粒筛（或称振动筛）安装在剥皮装置的下方，是用来清选玉米籽粒的。籽粒筛主动轴上装有偏心轮，偏心轮上的轴头连接着驱动臂，驱动臂的另一端连接在振动筛支撑轴上，支撑轴由左右两个摆臂支撑并能随着筛箱的摆动而摆动；籽粒筛的前端由安装在机架上的两个支撑杆托着。振动筛上下可调，调整原则：杂物多时前端调低或后端调高，杂物少（收获后期）前端调高或后端调低，以减少籽粒损失。主动轴转一周振动筛完成一次振荡。经过振动，筛子上的籽粒由筛选孔落入籽粒回收箱，玉米苞叶和杂物撒落到地面上。籽粒筛要及时清理，避免堵塞。

5. 籽粒回收装置

籽粒回收装置安装在剥皮装置的下方，是用来回收输送和剥皮过程中脱落的籽粒。籽粒经筛孔落入下部的籽粒回收箱，玉米苞叶和杂物经筛子前部排出，籽粒回收箱下部的开启盖板设置有锁紧机构，打开后可以倾卸籽粒，如图4-96所示。

籽粒回收装置也可采用侧置方案，将其布置在主机左后侧，

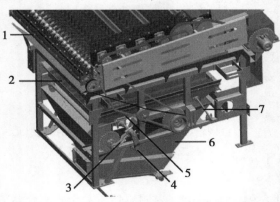

图4-96 籽粒回收装置与果穗抛送

1-抛送辊 2-籽粒筛 3-驱动臂 4-支撑臂
5-调节座 6-籽粒回收箱 7-支撑杆

通过籽粒升运器将掉落的籽粒输送至籽粒回收箱内，籽粒回收箱侧面有透明观察口，可以观测充满情况，当收集满后可以进行停机装袋，方面快捷，其整机布置如图4-97所示。

当机器运转时，禁止进行卸粮操作和靠近，防止发生人身伤害。

图4-97　侧置籽粒回收装置

6. 果穗抛送辊

果穗抛送辊安装在剥皮装置的后部（图4-96），是用来把剥掉皮的果穗抛送到粮箱的中后部，加大粮箱的充满度。它的动力是经三角带传递的，其上下可调。在与剥皮机架的连接板上有竖直方向的长圆孔，向上调节，果穗的抛送距离远些，反之近些。为减小抛送辊与果穗接触时产生的破损，抛送辊外缘均采用橡胶或其他较软非金属材料的压条，压条磨损后要及时更换。

随着用户需求的提高和玉米机技术升级需要，在粮箱中可增加升运装置，以便提高粮箱的充满度，可大大增加粮箱容量，减少停机卸粮频次，从而增加用户收益，采用该结构可以取代抛送辊，结构如下图4-98所示。

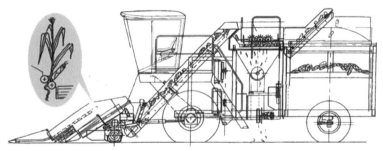

图4-98　带有粮箱升运的国外玉米机产品

四、脱粒清选系统

现以 ZOOMLION 8000 系列联合收割机脱粒清选系统为例，见图4-99。脱粒清选系统是由脱粒系统和清选系统两部分组成。它是多功能玉米收获机上的核心工作单元，其作用是将谷粒从果穗上脱下，并使籽粒从脱出物（谷粒、碎秆、颖壳、混杂物）中分离出来，排至机体外部。在此过程中脱粒系统主要承担脱粒和一部分分离工作，清选系统完成籽粒清选任务。

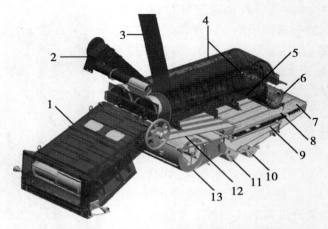

图 4-99　8000 系列联合收割机脱粒清选系统组成
1-过桥（倾斜输送器）　2-杂余升运器　3-粮食升运器　4-脱粒滚筒（双）
5-凹板　6-排草轮　7-尾筛　8-上筛　9-下筛　10-杂余升运器搅龙
11-粮食升运器搅龙　12-承种盘　13-清选风扇

（一）脱粒系统

1. 脱粒系统的功用

脱粒系统的功能是：将籽粒从果穗上脱下，同时完成籽粒与茎秆的分离，并将物料向后输送。采用轴流脱粒单元的，其物料输送功能是靠旋排布在滚筒上的脱粒纹杆块与滚筒上盖板导流条的配合下完成的。其功能可概括为脱粒、分离和输送。

2. 脱粒系统的喂入和脱粒方式

谷物联合收割机脱粒系统的喂入和脱粒方式均分为切向和轴向两种，如图 4-100 所示。目前国内玉米收获机采用的脱粒技术主要以单纵轴流技术和双纵轴流技术为主，如图 4-101 中（一）和（三）所示，在收获玉米等大籽粒作物时表现优异；（二）切流喂入+双纵轴流脱粒分离技术适应性最好，在欧美国家生产的多功能联合收获机上广泛使用，尤其是在水稻收获作业方面。

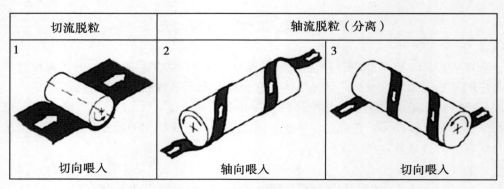

图 4-100　脱粒滚筒的喂入及脱粒形式

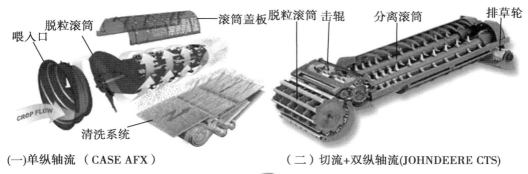

（一）单纵轴流 （CASE AFX ）　　　　　（二）切流+双纵轴流(JOHNDEERE CTS)

（三）双纵轴流(NEWHOLLAND CR)

图 4-101　谷物联合收割机的脱粒形式及代表机型

3. 脱粒系统的组成

　　玉米收获机脱粒系统结构组成以 ZOOMLION 8000 系列双纵轴流技术为例，如图 4-102 所示，主要由喂入口、脱粒滚筒、凹板、滚筒盖板 4 部分组成。轴流滚筒的脱粒作业主要在脱粒区完成，如图 4-103 所示。滚筒前端喂入口处采用圆锥形设计，脱粒速度较低，瞬间冲击力较小，有利于减少籽粒的损伤。纹杆螺旋排列在滚筒圆周上，滚筒盖板上部焊有导流板，纹杆和导流板与滚筒轴线之间呈相对应的夹角，使果穗脱粒装置中做螺旋向后的运动，导流板的角度影响物料在滚筒中的行程。纹杆表面设计为带弧度的斜面，该斜面会与凹板产生切向角度，脱粒元件和凹板的间隙旋转时会对果穗产生挤压

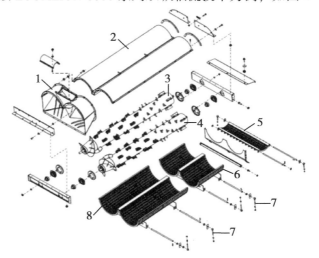

图 4-102　双纵轴流脱粒系统组成

1-喂入口　2-滚筒盖板　3-右滚筒　4-左滚筒
5-排草轮凹板　6-后凹板焊合
7-凹板调节螺栓　8-前凹板焊合

力，同时果穗与脱粒元件之间以及果穗相互之间还存在摩擦力。脱粒系统尾部可增加排草轮或切碎器作为茎秆的后处理。

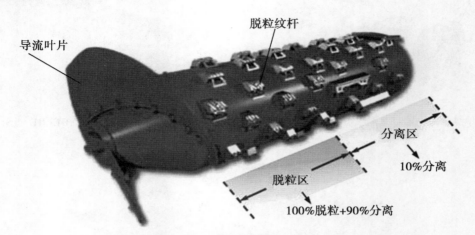

图 4-103　纵轴流滚筒（单/双）

4. 脱粒系统的工作原理

玉米的脱粒原理与谷物脱粒原理基本相同，但玉米果穗的结构又不同于小麦和水稻，现有的玉米脱粒方式主要采用挤搓式脱粒。当滚筒旋转时，导流叶片（叶轮）将来自过桥的物料流加速喂入脱粒区，物料螺旋向后运动，果穗在滚筒与凹板间运动过程中，各个部位都有机会被挤搓到，在挤压力和摩擦力的作用下实现籽粒脱粒，籽粒经凹板筛孔眼漏到振动筛进行清选分离后进入籽粒输送搅龙送往粮箱，杂余和断茎叶被风扇吹出机外（图 4-104）。

图 4-104　脱粒原理

1-脱粒滚筒　2-凹板筛　3-振动筛　4-风扇　5-籽粒输送搅龙　6-籽粒　7-杂余

脱粒产生挤搓力的大小直接影响籽粒的破碎率和未脱净率，其大小可以通过调节脱粒滚筒转速和脱粒间隙的来控制。

滚筒与凹板的间隙可通过调节螺栓 7 进行调节（图 4-102），顺时针转动螺母，间隙变小，反之变大；高端联合收割机上均采用电控调节。

5. 脱粒系统的主要性能参数

脱粒系统的作业指标要求：脱净率高，籽粒破碎低，分离性能好，通用性好等；生产率主要由脱粒滚筒的长度、脱粒滚筒的直径、凹板的面积以及脱粒装置所提供的功率决定。当脱粒滚筒的长度和脱粒滚筒直径增加时，玉米脱粒机的生产率相应增加。生产中用喂入量来衡量生产率的大小。

影响脱粒作业性能指标的主要因素是脱粒间隙、滚筒转速、籽粒含水率等。

（1）脱粒间隙　脱粒间隙也叫凹板间隙，是指滚筒纹杆外端或脱粒齿尖与凹板筛喂入口和排出口之间的间隙（图4-105），该间隙有进口（前）间隙和出口（后）间隙2个。为适应不同作物品种和湿度的收获需要，作业时首先应该正确地选择和确定脱粒间隙，然后调整滚筒转速。

凹板进口间隙大于出口间隙，进口间隙应该在作物顺利喂入和得到加速的条件下尽量调小，使尽量多的籽粒在最初接触到纹杆时就能被脱下来，并立即分离出去，这些籽粒可以不再受到滚筒的继续冲击而减少破碎和损失。减小凹板进口间隙可以达到较低的未脱净率，但不应该使籽

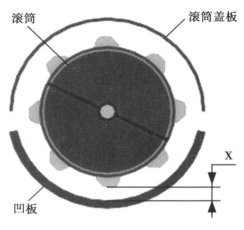

图4-105　脱粒滚筒总成和脱粒间隙示意图

粒破碎率和碎茎秆有明显的增加，调整目标是脱净率最高，破碎率最低。一般收获玉米进口间隙为35~40mm、出口间隙为25mm。

（2）脱粒滚筒的转速　脱粒滚筒的转速主要取决于滚筒外缘的齿顶线速度，是脱粒系统主要的性能指标之一。脱粒性能好坏主要依靠脱粒滚筒转动对固结在玉米芯上的玉米籽粒进行挤搓、击打，实现玉米籽粒与玉米芯的分离。在脱粒间隙不变的情况下，滚筒转速越高脱净率越高，但破碎率会随之增加；反之滚筒转速越低破碎率越低，但脱净率会随之降低。因此，在设计和调整过程中，应该以脱净率最高和破碎率最低为准则，一般滚筒转速为350~600r/min。

（3）籽粒含水率　作物收获性能指标受籽粒含水率的影响很大，玉米籽粒含水率下降，籽粒抗破损强度显著提高，在脱粒过程中不容易破碎。玉米籽粒破碎率随着籽粒含水率的降低先降低后升高，未脱净率随着含水率的降低逐渐降低，当籽粒含水率高于28%时，玉米果穗的未脱净率较高，当籽粒含水率低于28%时，未脱净率较低，适合脱粒的籽粒含水率为14%~25%，而且当籽粒含水率为18%时籽粒破碎率最低。含水率对破碎率的影响如图4-106所示。

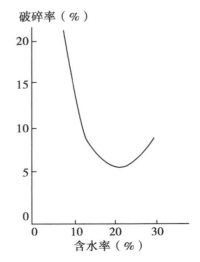

图4-106　含水率对破碎率的影响

（4）其他影响因素　除上述因素外，影响玉米脱粒性能的因素还有玉米品种、脱粒方式、喂入量及凹板结构等。脱粒方式、凹板结构与玉米脱粒系统结构密切相关，玉米品种和喂入量对玉米脱粒装置的影响不显著。

从图4-107可以看出A图脱粒效果明显优于B图，A图中玉米籽粒破碎率低，而且玉米果穗芯轴比较完整；而B图中籽粒破碎严重，玉米芯轴碎，而且上部带有未脱下的玉米籽粒。

图4-107　脱粒效果对比

（二）清选系统

1. 清选系统的功能

清选系统位于脱脱系统的后部和下部，其功能是将脱粒系统的脱出物进行筛选和分类，以获得干净的籽粒，并将杂物排至机体外部（可概述为筛选、分类和排杂）。在清选筛箱和风扇的作用下，籽粒通过筛孔、滑板进入底部的粮食搅龙，被粮食升运器输送到粮箱；杂余（包括籽粒、未脱净穗头和杂物的混合物）经过杂余升运器进行复脱或二次清选；杂物（指糠、颖壳、玉米芯、碎茎秆等）被清选风扇产生的风力通过清选筛面吹至机体外部。

2. 清选系统的组成

谷物联合收获机上所采用的清选系统主要采用的是气流筛子式，其结构如图4-108所示，由抖动板（承种盘）、清选风扇、上筛、下筛、尾筛五部分组成。

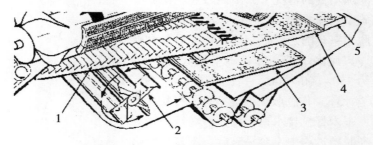

图4-108　联合收获机清选系统结构

1-抖动板（承种盘）　2-清选风扇　3-下筛　4-上筛　5-尾筛

阶梯状的抖动板主要起输送作用，它与筛子一起往复运动，把从凹板上分离出来的籽粒混合物输送到上筛的前端。在抖动板末端有指状筛，使籽粒混合物抖动疏松、分层，提高清选效果。风扇产生的气流经扩散后吹到筛子上，将较轻的杂物吹出机体外部。尾筛的作用是将未脱净的穗头从较大的杂物中分离出来，进入杂余升运器以便二次脱粒。

（1）清选筛 清选筛是指上筛、下筛、尾筛总称。联合收获机上使用的清选筛应用得较多的有鱼鳞筛、编织筛、平面冲孔筛和鱼眼筛四种。

①鱼鳞筛。鱼鳞筛通用性好，引导气流吹除轻杂质和排送大杂质的性能好，筛面不易堵塞，生产效率高，且开度大小可以调节，但其结构复杂、重量大。鱼鳞筛应用最广，一般用作粗选的上筛，各筛片是联动的，可以同时改变开度（图4-109）；有些收获机上的上筛分前筛和后筛两段，可分别按需调节；其开度的调节也由手动调节发展到电控调节。用于玉米收获时，鱼鳞筛选用深齿大孔筛片，如图4-110所示。

图4-109 鱼鳞筛及其开度电动调节机构

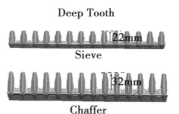

图4-110 鱼鳞筛筛片选择

②平面冲孔筛。如图4-111所示，孔多为圆孔（直径8~16mm）或长孔（宽5~6mm，长20~25mm），选别能力强，清除杂质干净；但易被断穗等堵塞，因而生产效率低，一般用作细选筛。

有些收获机上的上筛分前筛和后筛两段，可分别按需调节；其开度的调节也由手动调节发展到电控调节。

③鱼眼筛。筛孔凸起在垂直面上，向后推送能力强，断穗等不易插入，但生产效率低，筛孔高8~16mm，长16~25mm。

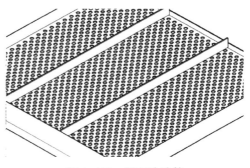

图4-111 平面冲孔筛

④编织筛。结构简单，重量轻，筛选有效面积大、筛选能力强、生产效率高，但筛选能力差，网眼小时易堵，一般多用于清除大杂物的粗选筛，筛孔边长20~30mm。应用于玉米配置的上筛是鱼鳞筛，下筛为平面冲孔筛或鱼鳞筛。

（2）籽粒筛装配 籽粒筛主动轴上装有偏心轮，偏心轮上的轴头连接着驱动臂，驱动臂的另一端连接在振动筛支撑轴上，支撑轴由左右两个摆臂支撑并能随着筛箱的摆动而摆动；籽粒筛的前端由安装在机架上的两个支撑杆托着。振动筛上下可调，调整原则：杂物多时前端调低或后端调高，杂物少（收获后期）前端调高或后端调低，以减少籽粒损失。主动轴转一周振动筛完成一次振荡。籽粒筛要及时清理，避免堵塞。

（3）风扇 联合收获机所采用的风扇形式主要有离心风扇和横流风扇（贯流风扇）两种，结构如图4-112所示，风向可通过机器左侧的导风板调节杆来调节。随着轴流滚筒脱粒系统的发展，为了高效地处理高夹杂率的籽粒混合物的清选，在现代联合收获机上发展了三层筛和双通道的风扇组合的清选系统，即由一风扇吹出两股气流，上面的为预清选气流，将分离出来的籽粒混合物吹散，使轻杂物吹出机体外部，较重而大的吹至筛面中部，而谷粒降落到阶梯状抖动板上，运动过程中与其他杂物一起受到第二股气流的吹选，如图4-113所示。采用双通道风扇的清选系统可有效地减轻清选筛的负荷，实现高效优质的清选工作。

（一）离心风扇　　　　　　　　　　　　（二）横流风扇

图4-112　联合收获机风扇结构形式

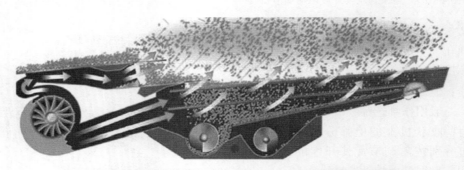

图4-113　现代联合收获机清选系统结构（双通道风扇+三层筛）

（三）玉米籽粒直收的联合收获机国内外发展概述

目前，我国黑龙江、内蒙古、陕西、山东等地籽粒收获机广泛应用，市场上销售的玉米籽粒收获机多为自走式玉米收获机，工作行数以4~6行为主，可一次完成作物的摘穗、输送、脱粒以及装箱等收获作业，主要由摘穗台、输送系统、脱粒分离清选系统、操纵系统、底盘和粮箱等组成，可实现玉米籽粒直收。玉米籽粒收获机按作物喂入方式，可分为果穗直收型和果穗茎秆兼收型。与摘穗型玉米收获机相比，籽粒收获机增加了脱粒分离清选系统，由脱离滚筒、凹板筛、清选筛、风扇和复脱器等组成。图4-114为福田4YK-6JH型玉米籽粒收获机。

玉米品种对实现玉米籽粒机收起到关键作用，我国部分地区由于玉米品种的不适用，成为制约玉米收割难以同步脱粒的主要因素。适合机收且能在田中直接脱粒的玉米品种要求穗位一致，秸秆硬挺，籽粒脱水快；籽粒为硬粒型，收获时不易破碎；整个生育过程中，特别是后期要具有较强的抗倒性。国内大多农机企业生产玉米籽粒收获机均明示适用范围，大多要求机器在籽粒含水率为15%~25%、植株倒伏率低于5%、果穗下垂率低于15%、最低结穗高度大于35cm的条件下收获，以保证机器的总损失率、含

图 4-114　福田 4YK-6JH 型玉米籽粒收获机

杂率和破碎率满足要求。

欧美国家在 20 世纪 40 年代开始普遍使用玉米摘穗收获，到 60 年代美国等发达国家开始通过直接收获玉米籽粒、田间充分脱水的措施来解决上述问题，并逐步发展在大马力联合收获机上换装与之配套的玉米割台、配备相应功能部件，调节脱粒滚筒的转速和脱粒间隙来收获玉米籽粒。该机型还可收获大豆等大粒作物，实现了一机多用（图 4-115）。美国农场在玉米含水率低于 25% 后开始籽粒收获，然后卖给烘干设备加工厂，边收获边卖，当玉米籽粒含水率达到 14%~15% 后，直接存储起来。

图 4-115　美国 JOHNDEERE 公司 S 系列联合收割机产品及其操作平台

五、秸秆切碎还田机

（一）秸秆切碎还田机的功用和特点

秸秆切碎还田机的功用是将摘穗后的秸秆直接粉碎后还入田中，使秸秆在土壤中腐烂分解为有机肥，以改善土壤团粒结构，增加土壤肥力和有机质含量。其特点是在收获的同时切碎秸秆，提高复式作业效率，切碎质量好，缺点是消耗功率过大，降低收获作业速度。

（二）秸秆切碎还田机配置方式和特点

秸秆切碎还田机在结构形式上主要分为单向侧边皮带传动和双向侧边皮带传动两种

配置方式。幅宽小于 2.5m 的秸秆切碎还田机主要采用单向侧边皮带传动，特点是结构简单，传动平稳，操作使用、维护保养方便。幅宽大于 2.5m 的秸秆切碎还田机主要采用双侧边皮带传动，特点是作业效率高，更好地适应大地块及垄作耕作模式的秸秆切碎还田。

秸秆切碎还田机在玉米收获机上的配置一般在割台下方、底盘前后轮间和机尾下方三种。配置在割台下方的对玉米秸秆倒地前实现对行粉碎，可大减少粉碎装置的工作宽度，降低粉碎功耗。配置在底盘前后轮之间的，通过支承辊在地面行走，主要用在自走式玉米收获机上。配置在机尾下方的配置简单，但秸秆输送距离过长。

（三）秸秆切碎还田机组成和工作过程

1. 组 成

现以秸秆切碎还田机配置在玉米收获机底盘前后轮间为例（图 4-116），用液压油缸控制升降，实现工作与转移。该机主要包括：转臂、壳体焊合、张紧机构、齿轮箱（内含超越离合器）、地辊、刀片、刀轴、挡帘、部分机型设有秸秆回收装置等。

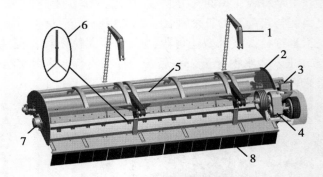

图 4-116 秸秆切碎还田机结构

1-转臂　2-壳体焊　3-张紧机构　4-齿轮箱（内含超越离合器）　5-地辊
6-刀片　7-刀轴　8-挡帘

传动装置包括张紧机构、传动箱，齿轮箱皮带轮上装有超越离合器，皮带轮通过皮带传动将动力传递给切碎器刀轴，刀轴的高速旋转带动刀片将茎秆切碎还田。

玉米收获机的切碎还田机的刀片有直刀片、"L"形刀片、"T"形刀片、铁锤爪型刀片和鞭式刀片等。①直刀片是以切断为主，打击为辅，刃口较锋锐，以 4 片刀为一组，要采取支承切割，动、定刀片间隙要小。②"L"形刀片以打击粉碎为主，切断为辅，可部分入土，单支承高速旋转粉碎，功耗小，已形成标准。③"T"形刀片兼有横向和纵向切割，可入土，但它结构复杂，多用于立式还田机上。④铁锤爪形刀片是利用高速旋转锤爪来击碎、撕剪秸秆，粉碎效果好，常用于大中型机上。⑤鞭式刀片的动刀片可绕销轴旋转的多个刀片构成，工作中遇到突增阻力时，动刀偏转自由度较大，适于复杂地作业，鞭式刀以"三节鞭"抽打方式作用于秸秆、根茬，刀头速度高，既可切碎秸秆，又能同时入土破茬，使碎秸秆和土壤均匀混拌。

地辊位于刀轴后侧，两端有轴承座安装在侧板上。地辊可控制粉碎留茬的高低，且对粉碎后的地块进行镇压保墒。

2. 工作过程

秸秆还田机工作时，玉米收获机的动力输出轴经万向节或皮带将动力传给齿轮箱，通过齿轮机构的增速，带动切割刀轴及切碎刀轴高速旋转，产生很高的转速和动能，将秸秆切断打入罩壳内，并和定刀一起对秸秆进行多次击打、撕裂、搓揉等作用直至将秸秆粉碎，碎秸秆在气流及离心力的作用下沿罩壳内壁均匀地抛撒在后方地面上。

有的机型在刀轴后侧设置增加了铺放搅龙，可将切碎后的茎秆进行铺放成条，也可增加叶轮进行秸秆回收。

（四）秸秆切碎还田机的选购及注意事项

1. 看证件是否齐全

所选机具必须有农业部或省级农业机械鉴定站核发的"农业机械推广鉴定证章"，使用说明书、合格证和三包凭证等随机文件要齐全，缺一不可。

2. 看外观是否符合要求

看安全标志和防护装置是否完整，秸秆还田机应有安全警示和防护措施的说明，传动带、链条和传动轴等外露的回转件应配有安全防护罩，以免工作时发生险情。机具外表的涂漆要均匀、不得有漏涂，颜色要一致、有光泽，重要部位包括机架、后挡板与框架的焊接要牢固，传动箱、切碎主轴等处的螺栓、螺母要拧紧，传动箱固定螺丝最好加备母。紧固件要合格，检查秸秆还田机的变速箱、切碎刀轴的轴承座等紧固件是否使用高强度紧固件（螺栓不低于 8.8 级、螺母不低于 8 级，其上标有"8.8"和"8"的字样）。

3. 听机具有无异常声响

试机前检查传动箱是否有润滑油，各传动零部件是否正常，特别是切碎刀片是否安装牢固；试机时所有人员不得站在秸秆粉碎还田机的后面，运转由慢到快，观察机具运转是否平稳，有无异常声响。

除此之外，购机时还要选择与自己的拖拉机动力相配套的秸秆切碎还田机，这样既能使拖拉机很好地发挥其动力性能，又能保证秸秆粉碎还田机的最佳作业性能，从而取得理想的经济效益。

（五）秸秆切碎还田机与主机安装要点

万向节的安装要点。将万向节与主机连接，注意保证还田机工作与提升方轴时套管及节叉既不顶死，又有足够的长度，保证传动轴中间两节叉的叉面在同一平面内。切忌装错方向，否则会产生异响，还会使还田机震动加大，引起机件损坏。

（六）秸秆还田机技术状态检查

1. 各零部件和润滑部件技术状态检查

首先检查各零部件是否完好，紧固件有无松动，胶带张紧度是否合适，并按要求向齿轮箱加注齿轮油，向需润滑部件加注润滑脂。

2. 空运转试车

检查完毕后，将秸秆还田机刀具提升至离地面 200～250mm，接合动力输出轴空转

30min，确认各部件运转良好后方可投入作业。

六、背负式玉米收获机的结构和工作过程

（一）结构组成

背负式玉米收获机和自走式玉米收获机的总体结构和工作原理基本相同，它是将玉米收获机的工作部件分别安装在中等马力的轮式拖拉机上组装而成，主要用于对玉米作物的摘穗、果穗输送、果穗剥皮（部分机型带）、集粮及秸秆切碎还田（或回收）作业。其秸秆切碎回收机也可单独使用，用于其他秸秆作物及牧草的切碎回收作业。该机型拆装方便，操作简单，一般拖拉机手均可操作。现以4YW-3型背负式玉米收获机为例。

4YW-3型背负式玉米收获机主要由摘穗台、升运器、剥苞叶装置、集穗箱、秸秆切碎还田机、前悬挂架、后挂架、主传动系统等部分组成，如图4-117所示。该机配48~70kW的轮式拖拉机，适应收获玉米行距为500~700mm，作业速度为2~6km/h。

图4-117　4YW-3型背负式玉米收获机
1-摘穗台　2-前悬挂架　3-主传动系统　4-升运器
5-集穗箱　6-后挂架　7-秸秆粉碎还田机

1. 摘穗台

摘穗台位于拖拉机的前方，挂接在前悬挂架上，由液压升降装置控制其上升和下降位置。

背负式玉米收获机摘穗台主要采用的是摘穗辊技术路线，结构功能与自走式玉米机割台相同。

摘穗台主要由机架、摘穗单体、分禾器、搅龙、搅龙壳及传动装置组成。

摘穗单体安装在机架的前端横梁上，其上安装分禾器；机架上端固定搅龙壳和搅龙；机架后部设有挂接臂，通过两个挂接销孔完成摘穗台与前悬挂架的挂接。机架右下部设有两个U形孔，用于安装升运器的前轴座。

摘穗台传动装置包括传动箱、安全离合器、左传动轴、右传动轴、中间轴。其中安全离合器设置在传动箱的后轴上，与万向轴联结，左传动轴固定大链轮和小链轮，大链轮通过链条将动力传动给中间轴；中间轴用靠背轮传动到摘穗单体的输入轴上；小链轮用于将动力传送到搅龙，右传动轴右端固定有链轮，通过链条带动升运器。

摘穗单体主要由导槽架、传动箱、上摘穗辊、下摘穗辊、长拨禾链、短拨禾链、输送链、张紧弹簧、张紧链轮、导向链轮、双联链轮组成（图4-118）。

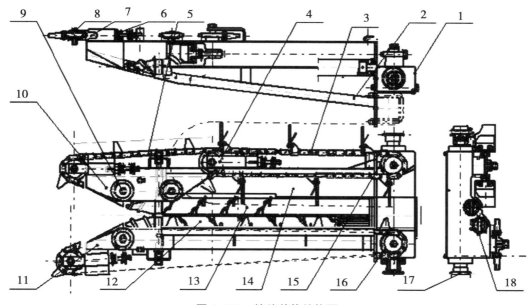

图4-118　摘穗单体结构图

1-传动箱　2-导槽架　3-输送链　4-双联链轮　5-短拨禾链　6-张紧弹簧　7-链轮轴

8-张紧链轮　9-导向链轮　10-右臂板　11-左臂板　12-上摘穗辊　13-下摘穗辊

14-果穗滑板　15-右主动链轮　16-左主动链轮　17-靠背链轮　18-圆柱销

导槽架的前端固定有滑套，滑套内装有能够旋转的导向链轮，导槽架的后端固定有传动箱，传动箱的上壁呈阶梯状，高平面和低平面装有转动的链轮，传动箱的前立面的中部装有相对旋转的两轴颈，轴颈径向上装有圆柱销，上摘穗辊为一个表面带螺旋纹的长圆柱体，后部设有带长槽的内孔，可安装在左轴头上，通过圆柱销的拨动可随轴颈一起转动，下摘穗辊的前端圆柱表面带有螺旋纹，其后部为光滑圆柱表面，其余结构与上摘穗辊相同；传动箱两侧面设有靠背链轮，并安装在横轴两端的轴颈上，与其他摘穗单体传递动力；长拨禾链位于上摘穗辊的一侧，其上装有拨齿，其后部与上平面链轮啮合，前部与左侧链轮啮合；输送链位于右侧，并在果穗滑板的上方，其上装有橡胶刮板，其后端与下平面链轮啮合，其前端与双联链轮的下链轮啮合；短拨禾链后端与双联链轮的上链轮啮合，前端与右链轮啮合。

靠背链轮将动力输入到传动箱，经传动箱变速后，由两轴颈、圆柱销分别带动上摘穗辊与下摘穗辊相对旋转，完成玉米摘穗运动；动力经由传动箱变速后，由左链轮带动长拨禾链回转，由右链轮带动输送链回转，又经双联链轮带动短拨禾链的回转，在长拨禾链、短拨禾链相对回转运动的同时，其上的拨齿将玉米植株拨入，完成拨禾运动；输送链回转的同时，其上的橡胶刮板将摘下的果穗输送到搅龙中，并由搅龙输送到摘穗台右侧，传至升运器。

2. 升运器

位于拖拉机右侧，主要包括槽体、主动轴、链耙、被动轴、排杂辊。

槽体前端焊有轴承套，其外圆柱面与割台机架 U 形孔绞连，槽体的后端放置在后挂架支撑梁上，主动轴用链条与摘穗台右传动轴传动，链耙安装在主动轴和被动轴之间的链轮上，主动轴的转动使链耙作上下回转运动。

3. 传动系统

由纵传动轴、万向轴、中间轴及链条、皮带等组成，纵传动轴安装在侧纵梁的下管梁中，后端装有链轮，并用链条与拖拉机动力输出轴上的链轮传动，纵传动轴的前端装有万向轴，连接到摘穗台的安全离合器轴头上。拖拉机的动力通过纵传动轴传到摘穗台。纵传动轴的后部用皮带传动到中间轴，再用链条传动到剥苞叶装置。

4. 剥苞叶装置

该装置位于拖拉机的上部，并与后挂架固定，主要由横向输送槽、剥皮器、压送机构、苞叶输送器、果穗抛送轮所组成。

横向输送槽由槽体、主动轴、被动轴、链耙组成，回转的链耙将升运器提升来的果穗横向输送到剥苞叶装置内；剥皮器是由 6 对剥皮辊和装在机架上的传动装置组成，每对剥皮辊由 1 根铁辊和 1 根橡胶辊组成，借助弹簧压紧，并用齿轮、链轮使其相对转动；用以完成果穗苞叶的撕开、剥离、排出。压送机构由两排固定在侧板上的逐稿轮和两排浮动的压送轮及传动机构组成，逐稿轮和压送轮的慢速转动，将果穗压在剥皮辊上，使果穗更好地沿着剥皮辊工作表面分布，并按剥皮的工艺流程移动。苞叶输送器位于剥皮辊的下方，由链耙、栅条筛、滑板组成，剥皮辊排出的苞叶由回转的链耙排出机外，剥皮过程中掉下的籽粒从栅条筛漏在滑板上，再由链耙刮到另一侧的籽粒回收斗中。果穗抛送轮在剥皮辊的出口处，高速旋转的抛送轮将剥掉苞叶的果穗抛入集穗仓，并使其均匀分布。

5. 前悬挂架

固定在拖拉机前部，主要由两个侧板、扭轴、油缸和支杆组成。

两侧板的上端有销孔，用于挂接摘穗台；下部设有销孔，用于绞连扭轴；扭轴两侧支臂上端与侧板绞连，下端与支杆绞连，支杆的另一端用销轴与摘穗台绞连；扭轴的中部焊有主动臂，并与油缸支杆绞连，油缸伸缩动作推动扭轴的摆动，带动支杆摆动，从而推动摘穗台实现上下位置的定位。

6. 后挂架

固定在拖拉机后部，主要由两侧纵梁、前横梁、集穗仓托架、上梁架、前支梁、拉杆、升运器支杠组成。

前横梁固定在拖拉机变速箱下部，侧纵梁中部固定在拖拉机后轴的两侧，侧纵梁前端与前横梁固定，后端梁与集穗箱托架固定，上梁架的后端固定在侧纵梁的上部，前端按装在前支梁和拉杆上，其上部安装升运器支梁。升运器后部、集穗箱、剥苞叶装置都分别安装后挂架上。

7. 集穗箱

安装在集穗箱托架上，左端用销轴与集穗箱托架绞连，中部用销轴与油缸绞连，油缸由拖拉机的液压系统控制，实现集穗箱的翻转卸载。

8. 秸秆切碎还田机

秸秆切碎还田机一般配置在拖拉机的后下方，与液压悬挂系统连接，用万向节传动轴将拖拉机动力由输出轴传递给还田机（图4-119），用液压油缸控制升降，实现工作与转移。该机主要包括：机壳、切割刀轴、切碎刀轴、地滚轮、传动装置、悬挂装置、部分机型设有秸秆回收装置等。

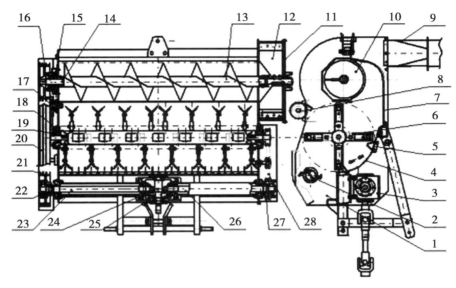

图4-119　秸秆切碎还田机

1-机壳　2-切割刀轴　3-传动装置　4-弧形盖板　5-定刀　6-切碎刀轴　7-导流盖板
8-地滚轴　9-导流筒　10-秸秆回收装置　11-叶轮壳　12-叶轮　13-搅龙　14-链轮轴
15-游动链轮　16-大皮带轮　17-中间皮带轮　18-B型三角带　19-单槽皮带轮
20-D型三角带　21-小皮带轮　22-超越离合器　23-右传动轴　24-小锥齿轮
25-大锥齿轮　26-左传动轴　27-双排链轮　28-双排链

机壳由两侧板和中间的弧形盖板与后部的导流盖板组成，侧板上设有轴承座安装孔，弧形盖板的内表面装有定刀、导流盖板，前侧与弧形盖板绞连，后侧搭接在搅龙壳的后侧板上。切碎刀轴用轴承座安装在侧板上，中部的轴颈上固定有刀座，刀座上绞连动刀。

切割刀轴位于切碎刀轴的前下方，用轴承座安装在侧板上，切割刀轴上安装有弧形刀。秸秆回收装置位于切碎刀轴的后方，包括收集搅龙、抛送叶轮、导流筒、游动链轮、皮带轮。叶轮壳出口装有导流筒，叶轮轴的一端安装叶轮，另一端固定皮带轮。

游动链轮内孔用轴承安装在与侧板固定在一起的管轴上。搅龙的一端安装在游动链轮上，搅龙的另一端用轴承安装在叶轮轴上。

传动装置包括万向轴、传动箱、右传动轴、左传动轴。传动箱的纵向轴装有大锥齿轮，右、左传动轴内侧装有小锥齿轮，并与大锥齿轮啮合；左传动轴的另一侧用轴承座安装在侧板上，外端通过超越离合器与主动链轮联结；右传动轴的另一侧用轴承座安装在侧板上，外端通过超越离合器与主动皮带轮联结。

地滚轴位于秸秆回收装置的下面，两端有轴承座安装在侧板上。地滚轮可控制粉碎留茬的高低，且对粉碎后的地块进行镇压保墒。

工作过程：秸秆切碎还田机工作时，玉米收获机的动力输出轴经万向节和轴将动力传给齿轮箱，通过齿轮机构的增速，一侧经左传动轴、超越离合器、主动链轮、被动链轮，带动切割刀轴及切碎刀轴高速旋转，产生很高的转速和动能，将秸秆切断打入罩壳内，并和定刀一起对秸秆进行多次击打、撕裂、搓揉等作用直至将秸秆粉碎，碎秸秆在气流及离心力的作用下沿罩壳内壁均匀地抛洒在后方地面上。另一侧经由右传动轴、超越离合器、主动皮带轮、V带、被动皮带轮，带动叶轮轴、抛送叶轮旋转，切碎刀轴的动力经右侧的皮带、中间皮带轮带动小链轮，经链条、大链轮使搅龙旋转；当秸秆作物进入秸秆回收机后，首先被切割刀轴上的弧形刀割断，并将秸秆抛入切碎刀轴内，切碎刀轴上的Y型被动刀，与弧形盖板上的定刀作剪切运动，将进入的秸秆切碎，被切碎的秸秆又在Y型动刀冲击下沿导流盖板进入搅龙壳，旋转的收集搅龙将切碎后的秸秆推进到叶轮壳内，旋转的抛送叶轮又将切碎的秸秆沿导流筒抛出。

（二）工作过程

玉米收获机工作时，玉米机的动力输出轴通过万向传动轴带动秸秆还田机工作，并通过链轮、链条，传动给纵传动轴、万向轴传至摘穗台，摘穗台传动箱左侧带动摘穗单体、搅龙工作；摘穗台上传动箱右侧输出轴经链轮、链条传动给升运器工作。

在玉米机行进和机器运转过程中，被收获的玉米从前方进入摘穗单体内，两摘穗辊将果穗从秸秆上摘下，并输入到搅龙壳内，由搅龙横向输送到右侧升运器的前段，通过链耙的回转升运过程将果穗运送到升运器后部；果穗中夹杂的短茎秆经排杂辊排出。

第四节 电气系统

一、玉米收获机电路的有关概念

按一定方式将电气设备连接起来所构成的电流通路，称为电路。电路由电源、负载、导线和开关等组成。电源是将其他形式的能量转换成电能的装置，玉米收获机的电源是蓄电池和发电机。负载是将电能转换成其他形式能量的装置，如玉米收获机上的启动机、电喇叭、各种电灯等。导线、开关和接线柱是中间环节，用来连接电源和负载，起传输、控制和分配电能的作用。一般将同一走向的导线包扎在一起，叫做线束。

通路、断路和短路是电路的三种状态。通路是当开关闭合时，电路中有电流过，负载可以正常工作。断路又称开路，电路中任何一个地方断开，如开关未闭合，电线折断，用电设备断线，接头接触不良等，都使电流不能通过，用电设备不能工作。短路是当电源两端的导线由于某种事故而直接相连，这时电源输出电流不经过负载，只经过导线直接流回电源。短路时由于导线电阻很小，通过的电流很大，会使电源和导线等产生高热而烧坏绝缘，甚至引起火灾。短路一般是绝缘损坏或操作上的错误造成的，应当避免。

二、电气系统的功用和组成

玉米收获机电气系统的功用是启动发动机、提供玉米收获机的夜间照明、工作监视、故障报警和行驶时提供信号及自动控制等。

玉米收获机电气系统由电源设备（蓄电池、发电机及调节器）、用电设备（点火、启动机、照明、信号、仪表及辅助工作装置）和配电设备（配电导线、接线板、开关和保险装置等）三部分组成。其基本电路按各部分的功用，还可以分为电源电路、启动电路、照明电路、信号和仪表电路，如图 4-120 所示。

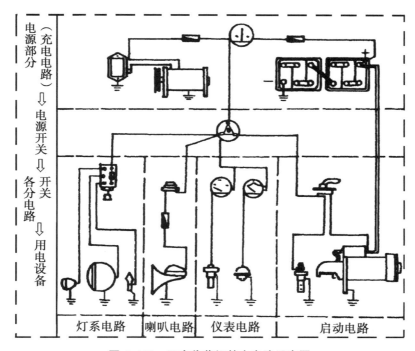

图 4-120　玉米收获机基本电路示意图

三、玉米收获机电路特点

1. 低压直流

电源电压一般为 12V 或 24V，直流电。

2. 采用单线制

即各用电设备均由一端引出一根导线与电源的一个电极相接，这根导线称为电源线，俗称火线。另一根则均通过玉米收获机的机体，与电源的另一个极相连，称为搭铁。

3. 两个电源

玉米收获机上有蓄电池和硅整流发电机两个电源，它们之间通过调节器连接。硅整流发电机输出的是直流电，用来给蓄电池充电和给其他用电设备供电。

4. 各用电设备与电源均为并联

即每一个用电设备与电源都构成一个独立的回路，都可以独立工作。凡瞬间用电量超过或接近电流表指示范围的，且用电次数较为频繁的电气设备，都并联在电流表之前，使通过这些设备的电流不经过电流表。凡灯系、仪表、电磁启动开关及预热器等用电设备，均接在电流表之后，并通过总电源开关与充电线路并联。

5. 开关、保险丝、接线板和各种仪表（电压表并联）采用串联连接

即一端或一个接线柱与火线相接，另一个接线柱与用电设备相接。当打开开关或某处保险丝熔断或接头松动接触不良时，该电路断开，不能通过电流。

6. 蓄电池供电与充电

当发电机不工作时，所有用电设备均由蓄电池供电，除启动电流外，其他放电电流基本上都经过电流表。当发电机正常工作时，发电机除向各用电设备供电外，同时还向蓄电池充电，这时除了充电电流通过电流表外，其他用电电流不经过电流表。

7. 搭铁接线

国家标准规定：采用硅整流发电机时，一般为负极搭铁；蓄电池若接成正极搭铁，则会烧坏硅整流发电机上的二极管，同时其他用电设备也不能正常工作。而使用直流发电机的，常以正极搭铁。对于负极搭铁的电路，电流表的"–"极接线柱接蓄电池的正极引出线，电流表的"+"极接线柱接电路总开关的"电源"接线柱引出线。正极搭铁的电路则与此相反。

四、电气系统主要部件结构和工作过程

（一）蓄电池

1. 蓄电池的作用

蓄电池是一种能将化学能转变为电能，又能将电能转变为化学能储存的装置。其功用是启动时蓄电池向启动电机、预热器供电；在发电机不工作或发电机工作电压低于蓄电池电压时，由蓄电池向各个用电设备供电，如启动、照明、信号等；在用电负荷过大超过发电机供电能力时，由蓄电池和发电机共同供电；在用电负荷小时，发电机向蓄电池充电，蓄电池将电能储存起来。

蓄电池是化学能和电能互相转化的装置，当蓄电池将化学能转变为电能供给用电设备使用时，称为蓄电池的"放电过程"；当蓄电池将电能转变为化学能储存时，称为蓄电池的"充电过程"。

2. 蓄电池的组成

玉米收获机所用蓄电池大多为铅酸蓄电池，均由3个或6个单格电池组成，额定电压分别为6V和12V。其结构主要由正负极板、隔板、壳体、电解液、连接条和极柱等部件组成，如图4-121所示。

（1）壳体　壳体是用来盛装极板、隔板和电解液，常用耐酸塑料或硬橡胶制成。

壳体有 3 个或 6 个单格，相邻两个单格之间有间壁隔着。各单格都用盖板封住，盖板上有 2 个极桩孔，中间有加液孔。封加液口的塑料小盖制有通气小孔，用于电池内的化学反应分解出的气体溢出。壳体的底部有突棱，用以支承极板组，并容纳从极板脱落下来的活性物质，以防极板短路。蓄电池一般在正极柱上涂有红色标志并铸有 "+" 号，负极柱不涂色铸有 "–" 号。

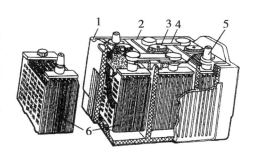

图 4-121　蓄电池的结构
1-外壳　2-盖　3-加液盖
4-连接条　5-极桩　6-极板组

（2）极板组　蓄电池的充、放电是靠正、负极板上的活性物质和电解液之间的化学反应完成。

极板由栅架和活性物质组成。栅架是极板的骨架，用来承载活性物质和传导电流，正极板的活性物质为二氧化铅，颜色为暗红色；负极板的活性物质为海绵状纯铅，颜色为青灰色。正负极板分别焊成极板组，负极板组的片数比正极板的片数多一片。一个单格电池内，不论正负极片数是多少，其平均电压为 2V，片数越多或面积越大，容量就越大。

（3）隔板　隔板是放置在正、负极板之间的绝缘板，其作用使避免正负极板不致短路。隔板的材料有细孔橡胶、细孔塑料、玻璃纤维等，隔板具有多个小孔，保证电解液的流通。

（4）防护片　防护片为硬橡胶或塑料薄片，并冲有小孔，置于极板组的上方，以防落入蓄电池内的杂质附在极板组上造成短路。

（5）电解液　电解液是用纯净硫酸和蒸馏水按一定比例配制而成，其密度在 25℃时一般在 $1.23 \sim 1.30 \mathrm{g/cm}^2$。电解液的密度对蓄电池的工作影响很大，适当增加密度，可以减少冬季结冰的危险，并可提高其容量；但密度过大，由于电解液黏度增加流动性差，反而会降低容量，并且还会降低极板和隔板的使用寿命。一般工业硫酸和非蒸馏水不能用来配制电解液，因为其含有有害杂质容易引起自行放电，并易损坏极板。

3. 蓄电池的型号

蓄电池的型号一般由 5 个部分组成：

第一部分数字表示单格电池的数量。

第二部分表示电池用途。如 "Q" 表示启动用蓄电池。

第三部分表示蓄电池特征。A 表示干荷电池，B 表示薄极板结构，W 表示免维护电池。

第四部分表示额定容量。即指在额定放电电流下能放电的时间与放电电流的乘积。

第五部分表示特殊性能代号。如 G 表示高启动率性能，D 表示低温启动性。

例如：6-Q W-70，6 表示蓄电池由六个单格蓄电池串联，额定电压为 12V。Q 表示启动用蓄电池。W 表示免维护蓄电池。70 表示额定容量为 70 安培小时（Ah）。

4. 蓄电池使用注意事项

现产玉米收获机常用免维护铅酸蓄电池又叫 MF 蓄电池，其特点是：①使用方便，可行驶 8 万（短途）~80 万（长途）不需维护，不需添加蒸馏水。②电桩腐蚀极轻或没有腐蚀。③使用寿命长，一般在 4 年左右，是普通蓄电池的 2 倍。④自行放电少，使用或储存时不需进行补充充电。

为了使蓄电池经保持完好状态，延长其使用寿命，必须做到如下几点：

①经常清除蓄电池盖上的污物和极柱及电缆线接头上的氧化物。保持通气孔畅通和外部清洁，防止因脏污而导致自行放电。

②安装应牢固可靠，与机身接触处应放减振垫。

③要注意蓄电池的极性，千万不能接错。拆卸或安装蓄电池的正负极电缆时，应先拆或后装上搭铁线，以防金属工具搭铁，造成蓄电池短路损坏。蓄电池正、负极判断方法如下：蓄电池的极柱上有正（+）、负（-）极标志；涂红漆为正极；面对铭牌，左上角为正极柱；若标志模糊不清时，正极柱颜色较深；在用蓄电池时，正极柱上的氧化物多于负极柱；用万用表测量其电压时，指针摆动方向指向负极柱。

④严禁大电流长时间放电。每次启动通电时间不得超过 5s，两次启动时间间隔应大于 30s，连续启动不得超过三次。

⑤普通蓄电池要定期检查电解液有无渗漏、液面高度和密度及蓄电池的存电量，避免长时间亏电。液面不足时应加蒸馏水调整；及时调整电解液密度，由秋季进入冬季时，应将电解液适当调浓，以防结冰；进入春季时，应将电解液密度调稀。

⑥发电机工作时，不准切断与蓄电池的接线。

⑦在对联合收割机进行焊修时，电焊机的接地线应尽量靠近焊接处，并拆下蓄电池的正极和发电机的正极。

（二）硅整流交流发电机和调压器

1. 硅整流交流发电机功用和特点

硅整流交流发电机的作用是发电，当发电机电压高于蓄电池电动势时，除向启动机以外的所有的用电设备供电，同时多余的电还能向蓄电池充电。

硅整流交流发电机具有结构简单，维修方便，使用寿命长；体积小、重量轻，比功率大；低速充电性能好；而且只配用电压调节器等优点。

2. 硅整流交流发电机的结构组成

硅整流发电机实质上是自励式三相交流同步发电机，发出的是三相交流电，使用三相桥式整流器变成直流电。硅整流交流发电机主要由三相交流发电机和整流器等组成，如图 4-122 所示。

由于硅整流发电机的输出电压既随发电机转速变化（转速升高，电压升高）又随负荷变化（负荷增加，电压下降），必须与调节器配合才能正常工作。

（1）三相交流发电机　该机为爪极型三相交流发电机，由定子、转子、机壳和端盖等组成。

定子由定子铁芯和三相定子绕组构成，铁心由硅钢片叠成，内侧有 24 个槽，槽内嵌上绕组，每 8 个绕组串为一相，分为三相，其相位差为 120°，三相绕组的尾端接在

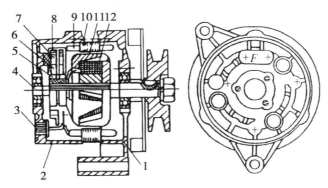

图 4-122　硅整流交流发电机

1-前盖　2-后盖　3-硅整流器　4-转子轴　5-集电环　6-电刷　7-电刷架
8-电刷弹簧　9-定子绕组　10-定子铁芯　11-磁极　12-激磁绕组

一起，称为中性点；三相绕组的首端分别与元件板和后端上的硅二极管相接。

转子是发电机的磁场部分，主要由激磁绕组、磁极、滑环和转子轴组成。在转子轴上压装一对磁爪极，每个爪极有 4 个爪指，两爪极的爪指互相嵌合，在两爪极间装有励磁线圈，励磁绕组的两条引线分别接在与转子轴绝缘的集电环或两碳刷上，通电后在转子外圈形成互相间隔的 8 个极。滑环是两个彼此绝缘的铜环，与装在碳刷端盖上的两碳刷接触，并用导线引到发电机外部。

交流发电机磁极的保磁能力很差，基本上没有剩磁，因此发电机在中、低速时，剩磁所建电压很小，以致难以通过硅二极管（对二极管施加正向电压时）输出供自激使用。为此须用蓄电池供给转子激磁电流以加强磁场，当发电机端电压超过蓄电池端电压时，激磁电流由发电机本身供给。

交流发电机在建立电压前是它激，即蓄电池供给激磁绕组电流电，以增强磁场，使发电机电压很快上升，当发电机转速达到一定值后，发电机达到正常电压，发电机转为自激，即发电机自身产生的直流电供给激磁绕组。

当交流发电机运行时，由定子线圈产生交流，整流器把交流电转换成直流电，直流电从发电机的 B+接线端子输出。励磁二极管接线端 D+输出与发电机正极相等电压的直流电通过电压调节器送到转子励磁线圈，进行励磁。

前后端盖分别装有轴承，用来支撑转子。伸出前端盖外面的转子轴上装有风扇和带轮。

（2）整流器　整流器的作用是将三相定子绕组产生的三相交流电变为直流电。整流器由六只硅二极管构成，三只外壳为负极的管子（2、4、6）压装在后端盖上，另外三只外壳为正极的管子（1、3、5）压装在与后盖绝缘的元件板上，元件板的一根引线接到发电机电枢接线柱上，为发电机正极。后端盖外有 3 个接线柱，其中"+"为电枢柱，"F"为磁场柱，"-"为搭铁柱。电刷装在后端盖上的电刷架内，靠弹簧的压力与集电环保持接触，其中一个电刷与"-"接线柱连接，另一个与"F"接线柱相连。

为了避免正负二极管装错而烧坏，通常在正极管上印有红色记号，负二极管上印有黑色记号，安装时应特别注意。

3. 硅整流交流发电机的工作原理

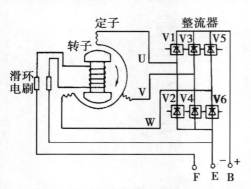

图 4-123　硅整流交流发电机工作原理

如图 4-123 所示，当柴油机启动后，发电机转子在水泵风扇皮带驱动下旋转。转子的永久磁铁 N 极和 S 极产生的磁力线在定子线圈中交替通过，其大小和方向不断变化，根据电磁感应原理，定子的三相绕组中产生大小和方向按一定规律变化的感应电动势，形成三相交流电。因为 A、B、C 三相绕组的结构和匝数是一样的，产生电动势的大小和规律相同，但因各相绕组的相位角相差 120°，所以各相电动势出现最大值相差 120°。

通过硅整流二极管时，当正极电位高于负极电位，硅整流二极管导通，而当正极电位低于负极电位时，二极管截止，即不导通，这样发电机输出的电流只有一个方向，使交流电变为直流电。发动机在启动和低速运转时，硅整流发电机激磁线圈的电流是靠蓄电池供应的，随着转速的升高，发电机输出的电压升高，当发电机电压高于或等于蓄电池电压时，发电机便开始向激磁线圈供电，实现自激。为保持发电机输出电压的稳定，硅整流发电机的磁场绕组接调节器的磁场接线柱，再由调节器的"+"接线柱与电源开关相连。

4. 电压调节器

（1）电压调节器的作用　是保证硅整流发电机输出端电压不受转速和用电量变化的影响，保持其输出电压稳定，满足用电设备的需要。硅整流发电机在工作时输出的端电压与发电机的构造、转速、励磁强度、用电设备阻值等有关，而发电机的转速随发动机转速的变化而变化，发电机转速的变化、用电量变化等因素必然引起发电机输出端电压的变化，所以硅整流发电机必须配备电压调节器。

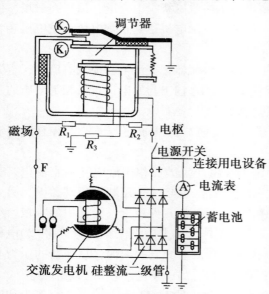

图 4-124　硅整流发电机与触点式电压调节器

（2）电压调节器的类型　电压调节器的类型较多，硅整流交流发电机常配用的电压调节器有：触点式电压调节器和电子式电压调节器两大类。

①触点式电压调节器。如图 4-124 所示，主要由触点 K_1 和触点 K_2、衔铁、磁化线圈、调节弹簧、触点支架、电阻和接线柱等组成。

触点式电压调节器以调节器磁化线圈为敏感元件，当发电机达到设定电压 U_1 时，调节器磁化线圈产生的磁力线克服触点弹簧力使触点 K_1 断开，R_1、R_2

串入励磁回路，励磁电流减小，使发电机的电压下降。若电压超过最高限压 U_2，线圈电磁力将 K_2 闭合，励磁绕组搭铁，励磁电流为零，发电机输出电压降低。将电压下降到下限时，电磁线圈的磁力减弱，在弹簧力的作用下，触点 K_1 又闭合。发电机输出电压变化时，磁化线圈所产生的电磁力发生变化，利用电磁力和调节弹簧的弹力的平衡控制触点开、闭的时间，改变励磁电路的电阻来改变励磁电流的平均值，达到调节电压的目的。

②电子式电压调节器。如图 4-125 所示，电子式电压调节器一般都由 2~4 个三极管、1~2 个稳压管和一些二极管、电阻、电容等元件同时制在一块硅基铁芯片上，然后用铝合金外壳将其封闭。与机械式电压调节器相比，它具有体积小，重量轻，电压调节精度高，反应灵敏，无触点烧蚀，使用寿命长等优点。玉米收获机目前最广泛使用其与交流发电机配套使用。

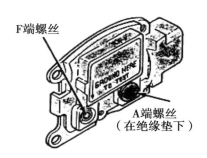

图 4-125　电子式电压调节器

电子式电压调节器常见其外壳有三个接线柱：B（+）为点火开关接线柱；F 为磁场接线柱，E（-）为搭铁接线柱。

电子式电压调节器以调节器内稳压二极管为敏感元件，当发电机输出电压变化时，通过稳压二极管控制大功率开关型晶体管的导通与截止，实现接通与切断励磁电路，改变励磁电流平均值，从而实现调节发电机输出电压平均值恒定的功能。

电子式电压调节器有内、外搭铁的区别，需与相应的内、外搭铁形式的发电机配套使用，而且与发电机的接线不同，使用前一定要判断其搭铁形式，并与发电机相应的接线柱正确连接。

（3）电压调节器的工作原理　工作时，发电机输出电压与发电机的磁通和转速成正比。因玉米收获机发电机转速是经常变化的，要使发电机电压一定，必须相应的改变磁通，而磁通的大小取决于激磁电流，显然在转速变化时，只要能通过电压调节器自动调节激磁电流，就能使发电机输出电压保持一定。电压调节器就是根据发电机转速变化时，利用自动调节磁场电流使磁极磁通改变这一原理来自动调节发电机输出电压，使之保持稳定，以防止发电机输出电压过高烧坏用电设备或使蓄电池过充电。

电压调节器安装在交流发电机后端盖上，用来控制发电机的输出电压，使发电机输出电压稳定。一般交流发电机的输出电压被调整在 13.4~13.8V。

硅整流发电机的调节器只有一个调压器，没有截流和限流器，这是因为硅二极管的单向导电特性，能阻止蓄电池电流向发电机倒流，以及交流发电机本身可以限制输出的最大电流。

（4）使用注意事项

①不允许用螺钉旋具或导线，使发电机电枢接线柱与外壳搭铁试火，否则，因瞬时大电流或感应产生的高压电动势会烧毁或击穿二极管。

②不允许用螺钉旋具或导线搭铁发电机电枢和磁场两接线柱试验，否则，发电机电压会立即升高，双级式电压调节器的磁化线圈磁力增强，致使 K_2 闭合，通过 K_2 电流很

大，很快使 K_2 触点烧坏。

③不允许用发电机磁场接线柱做搭铁试验，否则，蓄电池的大电流通过 K_1，会烧坏 K_1 触点。

④蓄电池搭铁极性必须和发电机搭铁极性相同，否则，蓄电池将通过二极管正向导通，当大电流通过时，烧坏二极管。

⑤柴油机熄火后，应立即将电门钥匙放到"O"位或取出，否则，蓄电池会长期向励磁线圈放电，造成蓄电池亏电。

⑥检查修理时，只可以用万用表，不可以用兆欧表，也不要用 220V 交流电源作用到二极管上，以免烧坏二极管。

⑦发动机工作（运转）时，不要将钥匙开关拧到"关闭"位置，也不要突然断开蓄电池电缆线，以免产生较高感应电压，将发电机或调节器击穿损坏。

（三）启动电机

1. 启动电动机功用

启动电动机（又称启动马达）装在发动机飞轮壳体的前端面上，其功用是将蓄电池储存的电能转变为机械能，启动机通入直流电后，其前端的齿轮与发动机飞轮上的齿圈啮合，带动发动机飞轮旋转，使发动机启动。

2. 启动电动机组成

启动机一般由串励直流电动机、传动机构、控制机构 3 部分组成。

（1）串励直流电动机　该机的作用是将蓄电池储存的电能转变为机械能，产生电磁转矩。它是根据磁场对电流的作用原理制成的，主要由电枢、磁极、端盖、机壳和电刷及刷架组成。电枢由电枢轴、电枢铁芯、电枢绕组和换向器组成，其作用是产生电磁转矩。磁极由铁芯和线圈组成，固定在机壳上，作用是产生磁场。端盖用于支承电枢轴，并与机壳一起密封机体。电刷固定于刷架后再安装在前端盖上，作用是引导电流。

（2）传动机构　传动机构作用是：启动时，使驱动齿轮沿启动机轴移出，与飞轮啮合，将直流电动机的电磁转矩传递给发动机的曲轴；启动后，当发动机的飞轮带着驱动机构高速旋转时，使驱动齿轮与启动机轴自动脱开，防止启动机超速。传动机构安装在启动机轴的花键部分，由驱动齿轮、单向离合器、拨叉、啮合弹簧等组成。

图 4-126 为滚柱式单向离合器的结构，驱动齿轮 1 与外壳 2 制作成一体，外壳内装有十字块 3，十字块与花键套筒 8 固定连接，在外壳与十字块间有四个宽窄不等的楔形槽，槽内分别装有一套滚柱及压帽弹簧 4、5。整个离合器总成通过花键套筒套在电枢轴的花键上，可随轴一起转动。在传动拨叉作用下，又可顺轴向移动。启动机通电转动时，花键套筒随电枢轴转动，带动其上的十字块一起旋转。在摩擦力作用下，滚柱从楔形槽的宽端滚向窄端被卡死，其转矩通过十字块、滚柱、外壳传到驱动齿轮，使发动机旋转。发动机发动后，飞轮齿圈带动驱动齿轮高速旋转，其转速大于十字块转速，在摩擦力作用下，滚柱被挤出楔形槽宽端而打滑，从而使转矩不致传递到电枢轴，避免了启动机超速飞转的危险。

（3）控制机构（又称电磁啮合机构）　控制机构的作用是通过控制启动电磁开关

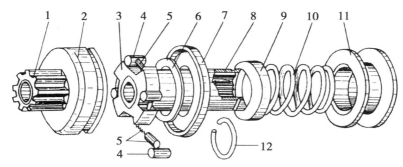

图 4-126 滚柱式单向离合器

1-起动机驱动齿轮 2-外壳 3-十字块 4-滚柱 5-压帽与弹簧 6-垫圈 7-护盖
8-花键套筒 9-弹簧座 10-缓冲弹簧 11-移动衬套 12-卡簧

及杠杆机构，实现启动机传动机构与飞轮齿圈的啮合与分离，并接通和断开电动机与蓄电池之间的电路。该机构安装在启动机的上部，主要包括吸拉线圈、保持线圈、静触点、动触盘和衔铁、铁芯、拨叉、操纵元件和回位弹簧等组成。

3. 启动机工作原理

如图 4-127 所示，启动时，启动开关闭合，接通启动电路，其电路是：蓄电池的正极启动开关—电磁开关接线柱 S 端，此时电流分为两路。一路是：S 端—吸拉线圈—M 端—激磁线圈—绝缘碳刷—换向器—搭铁碳刷—蓄电池负极；另一路是：S 端—保持线圈搭铁—蓄电池负极。此时保持线圈和吸引线圈均有电流通过，所产生的磁场力方向也一致。并使铁芯克服回位弹簧的弹力，带动触片向左移动，同时通过拉杆把小齿轮推向发动机

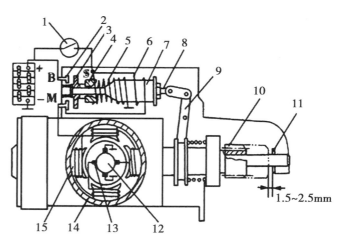

图 4-127 启动机组成示意图

1-启动开关 2-静触点 3-动角盘 4-衔铁 5-保持线圈
6-吸拉线圈 7-铁芯 8-拉杆 9-拨叉杆 10-驱动齿轮
11-限位圈 12-电枢 13-电刷 14-外壳 15-磁极

飞轮齿圈。由于电动机是与吸引线圈连成回路的，所以电枢线圈通入了小电流而使电枢轴慢慢转动；使小齿轮边旋转边移动。确保和飞轮齿圈较柔和地啮合。当小齿轮和飞轮齿圈完全啮合时，动触片和定触片接触，大电流经激磁线圈和电枢线圈，使电动机全力带动柴油机旋转。这时吸引线圈被短路失去作用，只有保持线圈使电磁开关保持闭合。

柴油机启动后，松开启动开关，线路断开，在最初瞬间，电流从蓄电池正极→定、动触片→吸拉线圈→保持线圈→搭铁→蓄电池负极。此时吸拉线圈流入了反向电流，使吸拉线圈与保持线圈所产生的磁场力相互抵消，铁芯在回位弹簧的作用下复位，同时带

动小齿轮复位，动触点和静触点分开，电动机停止工作。

五、玉米收获机总体电路

虽然各型号玉米收获机的总体电路繁简程度不同，但都是由电源电路、启动电路、照明及信号电路、仪表及故障报警等电路组成。

1. 电源电路

玉米收获机电源电路的作用是向各用电器供电。电源电路由发电机、调节器、蓄电池、电流表及电源开关等组成。

2. 启动电路

启动电路如图 4-128 所示，由蓄电池、启动机、启动继电器及电源开关等组成。根据启动要求，线路压降不能超过 0.2~0.3V，因此蓄电池连接启动机的导线和蓄电池搭铁线都用粗线，并应连接牢固和接触良好。为降低启动控制电路中流过

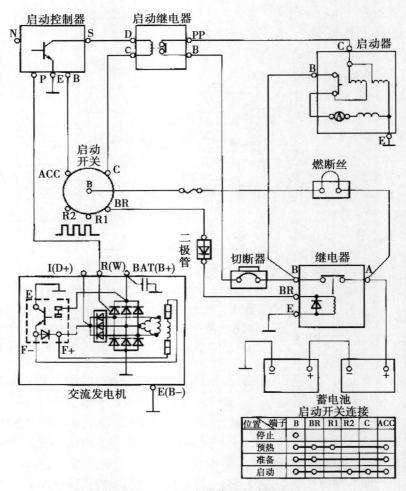

位置＼端子	B	BR	R1	R2	C	ACC
停止	○					
预热	○	○	○			○
准备	○	○				○
启动	○	○		○	○	

图 4-128 玉米收获机启动电路

的电流，部分玉米收获机启动电路中设有启动继电器。启动开关控制启动继电器线圈的通断，再由启动继电器线圈控制启动继电器开关触点的开闭，最终控制启动主电路的通断。

3. 照明及信号电路

照明及信号电路是为玉米收获机夜间作业及行驶而设置的。主要包括：前照灯、后照灯、工作灯、电流表、电源开关、灯开关和保险丝等（图4-129）。它们配置的原则是：同时使用的灯光接同一开关的同一挡，交替使用的灯光接在同一开关的不同挡位上。

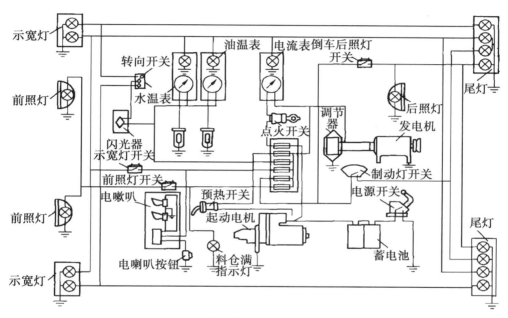

图4-129 玉米收获机照明及信号电气线路图

（1）照明灯系 主要有前照灯、后照灯、前小灯、后小灯、雾灯和转向灯闪光器等。照明灯在结构上采用光学组件，包括反射镜、配光镜、光源三个部分。

（2）信号设备 如①转向信号装置由转向灯和闪光继电器组成。其作用是在玉米收获机转弯时，显示明暗交替转弯信号，警示过往行人和车辆。②倒车警报装置是为玉米收获机倒车时，保证车后行人的安全而设置的。其主要部件有倒车灯开关，倒车指示灯、继电器、和电喇叭等。当变速杆位于倒车挡时，将电路接通，继电器触点不停地闭合断开，使倒车灯发出闪光并使喇叭发出音响信号，以示倒车。

4. 仪表及报警电路

仪表及报警电路的作用是通过驾驶台上的仪表或报警装置，使驾驶员能随时观察玉米收获机的工作情况。玉米收获机上常用的仪表较多，一般一个多功能彩色显示器，可以显示有水温、机油压力、机油温度、发动机转速、油位指示等，各仪表与相应的传感器采用串联连接，其火线经电源开关接电源。报警装置通常由传感器和红色报警灯组成，新型的电子式报警装置则将显示与报警功能结合在一起，如电子燃油量显示器，即可以显示燃油量的多少，又可以在燃油量过少时发出报警信号。

（1）电流表　接在发电机和蓄电池间的充电电路中，用来指示蓄电池的充电电流和放电电流的大小，并监视充电系是否正常工作。当蓄电池放电时，电流表指针向"−"方向偏转，当蓄电池充电时，指针向"＋"方向偏转。指针偏转的大小即为放电或充电电流的大小。

（2）机油压力表及油压过低报警装置　机油压力表用于检测发动机润滑系油压工作是否正常。它由装在仪表板上油压指示表和装在发动机主油道上的油压传感器组成。发动机工作时，随着油压传感器感受到的压力的增大，指示表上的指针偏转角度增加，显示的油压值增大。

报警装置由报警指示灯和报警开关组成。一般报警灯装在仪表板上，报警开关则安装在发动机的主油道上。当润滑油压力高于 0.2～0.4MPa 时，管形弹簧产生的弹性变形量大，使触点分开，将报警灯电路切断，报警灯不亮，则表示润滑系统工作正常。当发动机润滑系统机油压力降低到允许值时，报警灯即亮，提醒驾驶员引起注意。

（3）水温表及传感器　用来指发动机水套中冷却液的工作温度。它由装在仪表板上的水温指示表和装在发动机水套上的水温传感器组成。

（4）燃油表或燃油低液位报警装置　由装在仪表板上的燃油指示表和装在油箱中的传感器两部分组成。用于指示油箱中储存燃油量的多少。

燃油低液位报警装置类型多，它的主要作用是当燃油箱内燃油减少到规定值以下时，报警灯即亮，而引起驾驶员注意。

当燃油液面高时，负温度系数的热敏电阻浸在燃油中散热快，其温度低。这时，热敏电阻具有一定的电阻，通过的电流较小，触点处于张开状态，报警灯不亮。如果燃油液位低于规定值时，则热敏电阻露出液面，散热慢，温度升高，引起电阻值下降。通过的电流较大时，使触点闭合，接通了报警电路，使报警灯发亮。

（5）车速里程表　用于指示联合收割机行驶速度和累计行驶里程。

（6）转速表　用于指示发动机转速和使用时间。

5. 停车电路

装有电控发动机的玉米收获机其停车电路如图 4−130 所示，一般由启动开关、发动机停车电机、发动机停车继电器组成，其动作有发动机运转与发动机停车两种。

六、玉米收获机总体电路的识读方法

1. 看懂电路图

（1）熟悉电路图中的图形和符号等。

（2）先熟悉电路图中的"图注"，再进一步理清电气设备之间相互连线及控制关系。通过熟悉图注，可以了解整机装配了哪些电气设备，各电气设备的名称及基本性能。看图时，可以在图注中找到要查的电气设备名称，然后根据所标的数字在电路图中找到该电气设备。也可先在电路图中找到要查的电气设备，然后根据所标的数字在图注中找到该电气设备的名称。

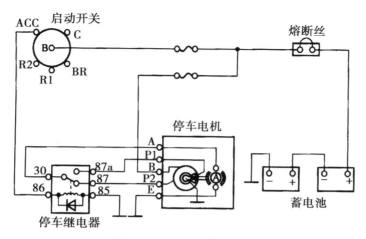

图 4-130　发动机停车电路

（3）了解电路图的特点　将电路图与玉米收获机上的实际电路联系起来。玉米收获机的电路图一般是根据各电气元件在收获机上的安装位置展开到平面上绘制的，图中所示各电气元件与实际安装位置基本相符。

（4）记住回路原则　任何一条完整的电路都是由电源、开关、熔丝、用电设备以及导线等组成。电流的流向必须从电源的正极出发，经过熔丝、开关、导线到达用电设备，再经过搭铁回到电源的负极，从而构成回路。

（5）查看电路时要从基本电路入手　一般应按电源→导线→开关→保险装置→用电设备的顺序查看电路图。查看时应先看电源开关与电源的连接，再看电源开关与各用电线路开关的连接。

2. 熟悉电路的方法

（1）首先应查看电源部分的充电电路，该电路是其他各电路的公用电源。

（2）查看开关部分与电源部分的连接方法。电源开关是电源通往其他各基本电路的总开关，电源开关均用一根导线接到电源的正接线柱上。电源开关与其他基本电路用电设备的连接方式有两种：一是通过分电路的"分开关"相连；二是通过保险装置与"分开关"相连。

（3）在玉米收获机上检查具体电气线路时，首先要熟悉各个电器在玉米收获机上的安装位置。其次要将各基本电路中各电器间的连接导线梳理清楚。由于导线都汇合成线束，只要根据导线的颜色或线的编号，分清线束的各抽头与什么电器相连即可。第三，要熟悉仪表盘的接线。因各基本电路中的开关或仪表大多集中装在驾驶台附近的仪表盘上，组成了电气电路的控制枢纽。仪表盘上的接线和抽头很多，但与某一基本电路有关的只有 1~2 个。从各基本电路入手，分清仪表盘上各开关、各抽头的接线关系，就可以弄清电路了。

第五节 液压系统

一、液压传动基础知识

1. 液压传动的概念及原理

液压传动是以液压油作为工作介质，利用液体压力来传递动力和进行控制的一种传动方式。

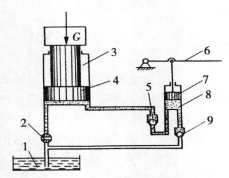

图4-131 液压千斤顶的工作原理
1-油箱 2-放油阀 3-大缸
4-大活塞 5-单向阀 6-杠杆手柄
7-小活塞 8-小缸体 9-单向阀

以液压千斤顶为例，简述液压传动的工作原理（图4-131）。它由手动柱塞液压泵和液压缸两大部分构成。液压千斤顶的工作过程如下：

当抬起手柄6，使小活塞7向上移动，活塞下腔密封容积增大形成局部真空时，单向阀9打开，油箱中的油在大气压力的作用下吸入活塞下腔，完成一次吸油动作。当用力压下手柄时，活塞7下移，其下腔密封容积减小，油压升高，单向阀9关闭，单向阀5打开，油液进入下举升缸下腔，驱动活塞4使重物G上升一段距离，完成一次压油动作。反复地抬、压手柄，就能使油液不断地被压入举升缸，使重物不断升高，达到起重的目的。如将放油阀2旋转90°，活塞4可以在自重和外力的作用下实现回程。

从上看出，液压传动的工作原理是以密封容积的变化建立油路内部的压力来传递运动和动力的传动。它先将机械能转换为液体的压力能，再将液体的压力能转换为机械能。

2. 液压传动的优、缺点

机器的传动形式归纳起来大致有：机械传动、电气传动、气压传动、液压传动等几种。液压传动与其他几种传动形式相比有以下特点：

（1）优点 ①结构紧凑、重量轻，反应速度快；②液压装置易于实现过载保护；③可进行无级变速；④振动小，动作灵敏；⑤可实现低速大扭矩马达直接驱动工作装置，减少中间环节。

（2）缺点 ①液压传动故障诊断和维修困难；②液压油容易泄漏，造成污染；③传动过程中能量损失较大、效率低，并易受液压油温的影响。

3. 液压传动系统常用的符号

液压系统无论是设计、制造，还是学习、交流都离不开原理图，实物图形绘制原理图太复杂、烦琐，为方便学习、交流，国内外都广泛采用液压元件的图形符号（可查阅有关的手册）绘制液压系统原理图。液压传动系统的图形符号脱离元件的具体结构，只表示元件的职能，使系统图简化，原理图简单明了，便于阅读、分析、设计和绘制，按照规定，液压元件图形符号应以元件的静止位置或零位（中位）来表示。图4-132即是用液压元件符号绘制的液压系统工作原理图。

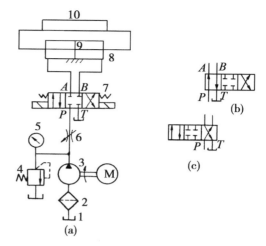

图4-132　液压传动系统原理图（用图形符号绘制）
1-油箱　2-滤油器　3-液压泵　4-压力表
5-溢流阀　6-节流阀　7-换向阀
8-液压缸　9-活塞　10-工作台

二、液压传动系统的组成

液压传动系统一般由动力元件、执行元件、控制调节元件、辅助元件和工作介质5个部分组成。

1. 动力元件

动力元件即液压泵，它是将原动机输入的机械能转换为液压能的装置。其作用是为液压系统提供压力油，它是液压系统的动力源。图4-132中3即是液压泵。

2. 执行元件

执行元件即是液压油缸和液压马达，它是将液压能转化为机械能的装置，其作用是在压力油的推动下输出速度和力（液压马达输出力矩和转速），以驱动工作部件。图4-132中8即是液压油缸。

3. 控制调节元件

控制调节元件是指各种控制阀，如溢流阀、节流阀、换向阀等。其作用是控制液压系统中油液的压力、流量和方向，以保证执行元件完成预定的工作运动。图4-132中6即是液压控制阀。

4. 辅助元件

辅助元件指油箱、油管、管接头、滤油器、压力表、流量计等。其作用分别是贮油、输油、连接、过滤、测量等，以保证液压系统正常工作。图4-132中的1、2即属此类。

5. 工作介质

工作介质即传动液体，通常为液压油。其作用是实现运动和动力的传递。

三、液压传动系统主要部件的结构和工作过程

（一）液压泵

1. 液压泵的种类

它是将发动机输入的机械能转换为液压能的能量转换装置。液压泵的种类很多，根据结构不同，可分为柱塞泵、齿轮泵、叶片泵、螺杆泵等；按压力油的出口方向能否改变，可分为单向泵和双向泵；按输出的流量能否调节可分为定量泵和变量泵；按输出压力的高低可分为低压泵、中压泵和高压泵三类，液压泵的图形符号如表4-4所示。

表4-4　液压泵的图形符号

特性 名称	单向定量	双向定量	单向变量	双向变量
液压泵	⟠	⟠	⟠	⟠

2. 齿轮泵的结构原理

齿轮泵是最常用液压泵，有内啮合和外啮合两种。现以外啮合齿轮泵为例，外啮合齿轮泵主要由泵体和两个互相啮合转动的齿轮所组成。齿轮的顶圆、端面和泵体及端盖之间的间隙很小。泵体两端和前后端盖封闭的情况下，内部形成密封容腔。容腔分为吸油腔和压油腔。在相互啮合过程中所产生的工作空间容积变化来输送液体的动力。

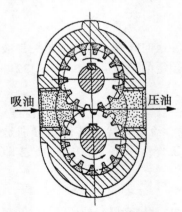

吸油　压油

图4-133　外啮合齿轮泵工作原理

当齿轮泵主动齿轮转动，吸油腔齿轮脱开啮合，齿轮的轮齿退出齿间，使密封容积增大，形成局部真空，油箱中的油液在外界大气压的作用下，经吸油管路、吸油腔进入齿间。随着齿轮转动，吸入齿间的油液被带到另一侧，进入压油腔。这是齿轮进入啮合，使密封性逐渐减小，齿轮间部分的油液被挤出，形成了齿轮的压油过程。齿轮啮合时齿向接触线把吸油腔和压油腔分开，起配油作用。当齿轮泵的主动齿轮有电机带动不断转动时，齿轮脱开啮合一侧，由于密封容积变大，则不断从油箱中吸油，轮齿进入啮合的一侧，由于密封容积减小则不断地排油，形成一个不断循环的过程，见图4-133。

外啮合齿轮泵结构简单，制造方便，价格低廉，工作可靠，自吸能力强，对油液污染不敏感。但噪声大，且输油量不均。由于压油腔的压力大于吸油腔的压力，使齿轮和轴承受到径向不平衡的液压力作用，易造成磨损和泄漏。齿轮泵多用于低压液压系统（2.5MPa以下）。

（二）液压控制阀

液压控制阀是液压系统的控制元件，用来控制和调节液压油的方向、压力和流量，从而控制执行元件的运动方向、输出力或力矩、运动速度、动作顺序，以及限制和调节液压系统的工作压力，防止过载，对整个系统的液压元件起保护的作用。根据用途和工作特点的不同，控制阀又分为方向控制阀、压力控制阀和流量控制阀三类。

1. 方向控制阀

方向控制阀是用来控制液压介质流动方向以改变执行机构的运动方向。它分为单向阀和换向阀两大类。

（1）单向阀　单向阀作用是允许油液按一个方向流动，不能反向流动。其工作状态只有通、断两种。

（2）换向阀　换向阀作用是利用阀芯和阀体相互位置的改变，控制油液流动的方向，接通或关闭油路，从而改变液压系统的工作状态。换向阀又分换向滑阀和换向转阀两种。

换向阀按阀芯的工作位置和通油口，可分为有两位两通、二位三通、二位四通、三位四通、三位五通等；图形符号如图4-134所示，其中方框表示工作位置、箭头表示液压油通路及流向，"┴"和"┬"表示油路在此工作位置被阀芯堵死；根据改变阀芯位置的操纵方式不同，换向滑阀可分为手动、机动、电磁、液动、电液动等，图形符号如图4-135所示。

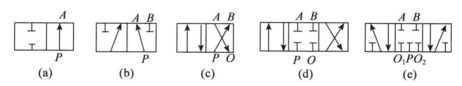

图4-134　换向阀的位数和通路符号
（a）二位二通阀　（b）二位三通阀　（c）二位四通阀　（d）三位四通阀　（e）三位五通阀

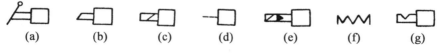

图4-135　换向阀操纵方式符号
（a）手动　（b）机动　（c）电磁　（d）液动　（e）电液动　（f）弹簧　（g）定位

下面以三位四通滑阀为例，说明换向滑阀是如何实现换向的，见图4-136。三位四通换向滑阀有三个工作位置和四个通路口。三个工作位置是指滑阀阀芯处于阀体的中间、左端及右端三个位置，四个通路口是指P口（压力油口"）、O口（回油口）及通向执行元件的A、B两个工作油口。由于阀芯相对于阀体做轴向移动，使得有的油口由封闭变成打开，有的油口由打开变成了关闭状态，从而改变了压力油的流向，实现了执行元件的不同动作。

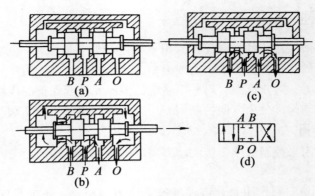

图 4-136　换向滑阀的工作原理图

（a）换向阀阀芯处在中间位置　　（b）换向阀阀芯处在右端位置

（c）换向阀阀芯处在左端位置　　（d）职能符号

（3）液压多路换向阀　液压多路换向阀是将各执行机构的液压控制阀做成一个整体，用于集中控制各执行机构动作，简称液压多路阀。目前多路换向阀结构、型号繁多，归纳起来，分为整体式和组合式两类。

①整体式多路换向阀。整体式多路阀的滑阀和各种阀类元件都装在同一个阀体内。它的结构紧凑，重量轻，压力损失比较小，但是阀体铸造工艺复杂，通用性比较差，所以适合于在大批量生产和联数比较少的时候采用整体式。

②组合式多路换向阀。组合式多路阀由进油前盖，回油之后盖和多个单路阀体拼装组成的，可以按照不同的使用要求组装不同的通路数量。特点是通用性强，但是各联之间容易漏油而且体积大。这种组合式多路换向阀是为了减少拼装的阀体数，将会在第一路阀体和进油前盖，末路阀体和回油后盖分别制成整体结构，相对减小了组合式多路换向阀的外形尺寸，又保持了拼装组合的灵活性。按照各联换向阀之间的油路连接方式可以并联、串联、串联和复合等种类。

2. 压力控制阀

该阀作用是控制系统的工作压力，以确保液压系统的安全运行。常用的压力控制阀有溢流阀、减压阀、顺序阀和压力继电器等。溢流阀在液压系统中起溢流和稳压的作用，当系统压力超出设定的安全压力时才打开的溢流阀称为安全阀。系统设定的安全压力是系统所能承受的最高工作压力。所以在系统中，溢流阀的开启压力不能随意调整，必须在液压试验台按系统要求调定好。

溢流阀的工作原理：如图 4-137 所示，当活塞底部 S 所受推力小于弹簧 2 的压紧力时，阀芯在弹簧力的作用下下移，油道口 3 关闭，系统不溢流；当活塞底部 S 所受推力大于弹簧 2 的压紧力时，阀芯在弹簧力的作用下上移，油道口 3 打开，系统溢流，部分压力油直接流回油箱，系统压力不再继续升高，并使系统压力 P 保持在 F/S（弹簧力 F、活塞底部 S），从而起保护作用。通过调节螺母 1 可以改变弹簧力 F，从而调节液压泵向系统的供油压力。

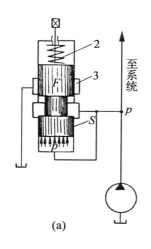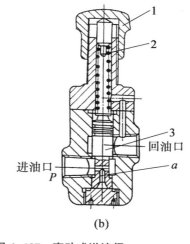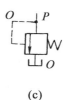

图 4-137 直动式溢流阀

（a）原理图　（b）结构图　（c）职能符号

1-调节螺母　2-弹簧　3-阀芯

3. 流量控制阀

流量控制阀是靠改变工作油口的大小来控制通过阀的流量，从而调节执行机构（液压油缸或液压马达）运动速度的液压元件。它的工作原理是：油液通过小孔、夹缝、毛细管时，会遇到阻力，阀体过流面积越小，油液通过的阻力就越大，因而通过的流量就越少。流量阀就是通过这个原理制成的。常用的流量阀有普通节流阀、调速阀、温度补偿调速阀及这些阀与单向阀、行程阀等组成的各种组合阀。

流量控制阀节流口的形式有轴向圆锥面、轴向三角槽轮等。图 4-138 为普通节流阀的剖面图，液压油自进油口流入，经孔 b 和阀芯 1 左端的节流柄 c 进入孔 a，再从出油口流出。调节手柄 3

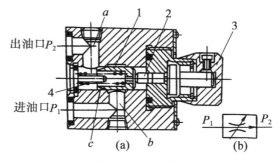

图 4-138 普通节流阀工作原理示意图

（a）结构图　（b）职能符号

1-阀芯　2-推杆　3-调节手柄　4-弹簧

即可利用推杆 2 和压紧弹簧 4 使阀芯 1 做轴向移动，以改变节流口面积，从而达到调节流量的目的。

4. 液压缸和液压马达

液压油缸和液压马达都是执行元件，液压油缸输出的往复直线运动，液压马达输出的是旋转运动。液压油缸按结构分为活塞式、柱塞式和摆动式 3 种，其中以活塞式应用较好；按作用力分为单作用式和双作用式两种。单作用液压油缸主要用于割台升降、还田机升降等。油缸的柱塞（或活塞）靠油液压力外伸，靠工作部件重力或其他外力回缩。双作用油缸的柱塞运动都靠油液压力来实现，主要用于导向轮转向等。

活塞式液压油缸的基本结构由缸筒、缸盖、活塞、活塞杆和密封件等几部分组成。

液压缸活塞杆表面磨损或划伤时，一般采用电镀方法修复，然后再磨削到标准尺寸。

液压缸活塞杆的常见缺陷是磨损、划伤和弯曲。当活塞杆弯曲不太严重时，可进行冷校直，其直线度要求一般是每100mm长不得大于0.05mm。

四、液压传动系统在玉米收获机中的应用

液压传动具有结构紧凑、操纵省力、反应灵敏、作用力大、动作平稳、便于远距离操纵和实现自动控制等优点，因而玉米收获机中的割台和秸秆还田机的升降、翻转粮箱卸粮、液压转向、行走无级变速和部分机型的离合及制动都采用了液压传动技术，见图4-139。

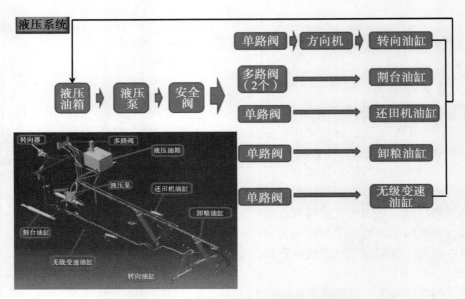

图4-139　玉米收获机的液压系统组成示意图

玉米收获机的液压传动是由工作部件和转向机构两个各自独立的液压系统组成。转向液压系统用来控制转向轮的转向，工作部件液压系统用于控制割台升降、液压驱动无级变速、还田机的升降和粮箱的翻转卸粮。

（一）主要液压元件

玉米收获机中主要液压元件有：双联齿轮泵、液压油箱、多路换向阀（或称分配器）、全液压转向器、阀块、割台油缸、行走无级变速油缸、还田机升降油缸、卸粮油缸、转向油缸、离合器油缸等。

1. 齿轮泵

玉米收获机应用较多的是采用单联或双联齿轮油泵，双联大排量油泵向多路分配阀供压力油，小排量油泵向全液压转向器提供压力油。还有部分玉米收获机采用双联齿轮

油泵同时向操纵系统、全液压转向系统供油，为保证齿轮泵油量发生变化时能向全液压转向器输入恒定流量的压力油，在油泵与全液压转向器之间装有单路稳定分流阀。

双联齿轮泵额定压力为16Mpa，装在发动机前的齿轮室右侧，由发动机直接驱动。油泵下端的"进油口"通过耐油胶管与液压油箱连接；油泵上端的"出油口"分二路：一路经高压油管连接多路阀，另一路经高压油管连接液压阀块与液压转向器。

2. 液压油箱

液压油箱装在驾驶室左后侧，具有贮油、过滤和散热的功能，安装有"三滤"：

（1）注油口滤清器　保证加油时对液压油的初过滤，并使油箱与大气相连，过滤外界进入的空气。同时也避免箱内液压油的外溅。

（2）回油滤清器　位于油箱的上盖。两个油口分别与手动换向阀和全液压转向器的回油口相连。能将系统流回来的油液进行过滤。如滤清器的滤网被堵塞，应及时清洗或更换。

（3）出油口网式滤清器　位于液压油箱的内部，可取出清洗污物，能有效防止油箱中杂质进入油路，对油泵起到保护作用。

3. 多路换向阀

手动换向阀安装在驾驶台的右侧位置。操纵手柄直接进入驾驶室，控制着相应的油路。该阀的进油口"P"与齿轮泵相连接。进油通道内装有溢流阀（即称安全阀）用于控制系统工作压力，（注意：出厂时已调好工作压力，用户不要随意调整），单向阀用于防止油液倒流。当各操纵手柄处于中立位置时，溢流阀处于卸荷状态，油液经换向阀的中间通道流回油箱。

玉米收获机最常用的是手动多路换向阀，它安装在驾驶台的右后侧位置，五个操纵手柄直接进入驾驶室，控制着相应的油路。该阀的进油口"P"与齿轮泵相连接。进油通道内安装溢流阀（也称安全阀），用于控制系统工作压力（注意：出厂时已将安全阀调好工作压力，并用铅封，用户不可随意调整），过量溢流和防止液压系统过载。单向阀用于防止油液倒流。当各手柄处于中立位置时，溢流阀处于卸荷状态，油液经换向阀的中间通道流回油箱。当任一组换向阀换向时，溢流阀的卸荷口被切断，溢流阀处于工作状态（关闭状态）；系统的压力油经单向阀、换向阀，至执行机构元件。

玉米收获机手动换向阀一般有五路（图4-140）。其手柄从前往后依次排列一般如下：

第一个手柄（从右端起）用来控制割台的升降。割台下面装有二只升降油缸，在油路中装有一个单向液压锁，用来防止割台自行下降。在发动机熄火时，即是扳动手柄，割台也不会自行下降，用户使用比较安全。

第二个手柄用来控制行走无级变速。主动和被动无级变速盘是靠一条异型带传动的，在同一挡位时，其带轮直径变化，行走速度也随之发生变化，即行车的快慢取决于行走无级变速油缸的拉动位置。在工作状态中，驾驶员调整好行进速度是不允许自由变动的，为此在油缸的前端装有一个单独的双向液压锁来锁定油缸的位置，满足工作要求。

第三个手柄用来控制秸秆切碎还田机的升降。两只油缸分别装在机架槽钢的内侧，通过链条拉动还田机的上下运动。

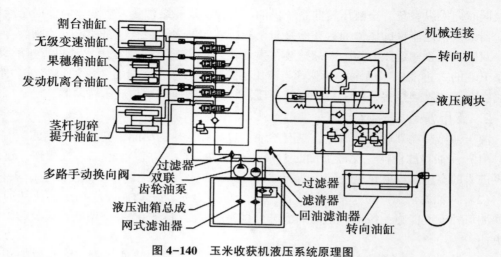

图 4-140　玉米收获机液压系统原理图

第四个手柄用来控制发动机的工作部件离合器的分离和结合。

第五个手柄用来控制果穗箱（粮箱）的升降。两只油缸分别装在粮箱的前后两侧。活塞杆顶出时，粮箱通过连杆机构使其做翻转运动，达到卸粮的目的。

随着玉米收获机技术的发展，电液控制技术的广泛应用，上述手动动作也可采用电动按钮控制多路换向阀的完成，操作省力，更加符合人机工程的需要。玉米收获机液压油缸分布（图 4-141）。

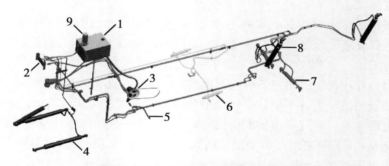

图 4-141　玉米收获机液压油缸分布图

1-液压油箱　2-多路阀　3-齿轮泵　4-割台油缸　5-行走无级变速控制
6-还田机升降油缸　7-转向油缸　8-卸粮油缸　9-液压油滤清器

（二）割台液压升降

割台液压升降是通过操纵手柄来控制割台的升降，割台下面装有两个油缸，在油路中装有一个单向液压锁，是用来防止割台沉降。在发动机熄火时，即使扳动手柄，割台也不会自行下降，用户使用起来比较安全。

割台液压升降由液压油泵、手动控制阀、液压油缸、滤清器、油箱等组成。其液压系统操纵一般有：中立、提升和下降三个工作位置。

1. 割台中立

当割台操纵手柄处于中立位置不动时，手动阀芯处于中位。油泵来油经手动阀的中位直接回油箱。割台升降油缸的油液既不进油也不排油，油缸不动，割台高度保持原位不变。

2. 割台提升

当割台操纵手柄向后扳动时，手动阀芯处于左位，油泵压力油顶开单向阀经 P 到 B 后，进入油缸后腔，推动柱塞上移，割台提升。

3. 割台下降

当割台操纵手柄向前扳动时，手动阀芯位于右位，油泵来油经 P 到 A 后回油箱。同时，割台自重使油缸柱塞下移，油缸后腔油液经回油道 O 也流回油箱，割台下降。

（三）粮箱液压翻转卸粮

两只卸粮液压油缸分别装在粮箱的前后两侧。驾驶员通过操作卸粮操作手柄向后拉，控制换向阀芯从中立位置移动到右端，油泵压力油经 P 到 B 后，进入粮箱两侧的液压油缸，油缸活塞伸出，支起粮箱通过连杆机构使其绕转轴向机器左侧做翻转运动，实现卸粮。卸粮后操作液压手柄向前推，控制换向阀芯移动左端，活塞回缩，粮箱归位。中立时，粮箱固定在需要的位置上。

卸粮时注意：一是一定要切断发动机动力输出离合器；二是应加大油门，卸粮缸才能顺利举起。

（四）秸秆还田机升降

还田机两只升降油缸分别装在机架的内侧或两侧，通过油缸伸缩控制还田机的上下运动。工作原理同割台升降。

（五）液压动力转向

玉米收获机上广泛使用全液压式转向装置，即用全液压式转向器又称方向机代替了机械式转向器。由于液压动力转向的操纵是全液压式，也就是说在转向柱和转向轮之间没有机械连接。该装置主要由方向盘、转阀式全液压转向器、液压油泵总成、液压油缸、油箱和软管等组成，其液压转向系统液压图见图4-142。

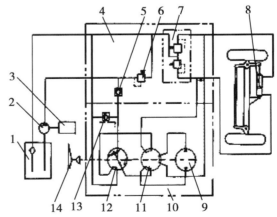

图4-142 全液压转向系统液压图

1-油箱 2-齿轮泵 3-发动机 4-溢流阀体
5-单向止回阀 6-限压溢流阀 7-双向缓冲阀
8-转向油缸 9-双向内转子泵 10-全液压转向器
11-配油阀 12-分配器 13-单向阀 14-方向盘

1. 全液压转向器的组成

全液压转向器是全液压式转向装置中的关键部件，采用转阀式的。它与双联齿轮泵之一出油口经高压油管与阀块相连接，阀块与全液压转向器安装在驾驶台的下面，与方向盘的转向轴相连接。全液压转向器由溢流阀、配油阀（转阀）和转子油泵等组成，如图4-143所示。

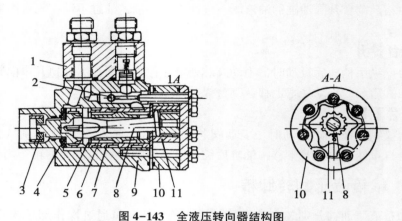

图 4-143 全液压转向器结构图

1-溢流阀体 2-钢球 3-接头 4-弹簧片 5-拨销 6-阀杆
7-阀套 8-联轴器 9-阀体 10-定子 11-转子

（1）溢流阀 由装在溢流阀体1内的单向止回阀、双向缓冲阀和安全阀所组成。单向止回阀可防止在特殊情况下，转向油缸内的油压大于油泵油压时造成油液反流。双向缓冲阀的作用是当转向油缸某一腔的油压大于弹簧张力时，阀门打开，使高压油经阀门流到回油孔，避免油液激烈冲击而保护油路。安全阀限制溢流阀进油孔与回油孔之间的压力差，起溢流作用，使多余的油液流回油箱。

（2）配油阀 由装在阀体9内的空心阀杆6和阀套7等组成，阀杆装在阀套内，用拨销5连接，用弹簧片定位。阀杆上的销孔比拨销的直径大。阀杆上端通过接头3与方向盘连接。转动方向盘时，阀套7在阀体内转动，同时阀杆相对阀套产生较小转动后也随阀套一起转动。当停止转动方向盘时，阀套也停止在阀体内转动，同时阀杆靠弹簧片的作用恢复与阀套原来的相对位置，使下端的十八对小孔重合。

阀块的功能在转向系统中是起防止过载的作用，避免压力冲击，用于保证转向性能稳定，安全可靠。

（3）转子油泵 由转子11和定子10组成。转子有六齿，定子有七齿，转子的齿在定子的齿上做圆周滚动。转子沿定子滚动一周，转子所有的齿与定子相应的齿都啮合一次，油腔进行六次吸油和排油，油泵起泵油作用。转向时，还起计量马达的作用。计量马达可根据方向盘转动方向不同，而向液压油缸活塞腔或连杆腔分别供油，转向油缸活塞的移动量取决于方向盘转角或转动的圈数。

2. 全液压转向器的工作过程

当方向盘转动时，阀杆随着转动，阀套开始时并不转动，因此使阀杆与阀套下端的第三环槽内十八对小孔全部封闭，而将阀套下端第三环槽上能够通过阀体侧壁上的孔与转子泵相通的十二个孔全部打开。这十二个孔相互间隔，有六个能够将高压油送入转子泵，有六个能够把转子泵的油送入转向油缸，但不是一起送，是在阀套与阀杆一起转动时，才能有三个孔把高压油送入转子泵，同时有三孔把转子泵里的油送入转向油缸。依次循环使油缸柱塞移动。同时转向油缸柱塞另一端的油则从阀套的第一或第二环槽内的孔进入阀体上端的回油槽流回油箱。方向盘转动越多，转向油缸柱塞移动距离愈大，机器转向角度越大；方向盘停止转动，油缸也停止移动；方向盘反转，转向油缸柱塞向相反方向移动。

全液压转向器的工作过程可分为中立位置、左转弯、右转弯和人力转向四种。

（1）中立位置 当按原方向进行直线行驶，方向盘不转动时，阀杆和阀套没有相对转角，在回位弹簧的作用下，阀套下端的第三环槽内的十八对小孔与阀杆上的十八对小孔重合，即处于中立位置。此时，从齿轮泵进来的压力油推开溢流阀体内的单向止回阀，并在油的压力作用下推动钢球，流入方向机的进、回油孔中，在油液压力的作用下，单向阀的钢球关闭进、回油孔的通路，压力油进入阀套下端的第三环槽，从环槽内的十八对重合小孔进入阀杆内腔，由阀杆上端的拨销孔、长回油槽，再经阀套的回油环槽和回油孔进入阀体上端的回油室，从回油孔流出，油液经溢流阀总成返回油箱。而配流阀向转子泵配油油路及转向油缸输油油路都被阀杆所封闭，高压油不进入转子油泵也不与转向油缸相通，转向油缸柱塞保持不变，所以机器仍按一定方向行驶（图4-144）。

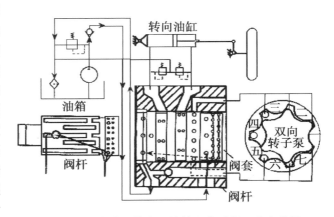

图4-144 全液压转向系统的工作过程—中立位置

（2）左转向位置 向左转向时，方向盘反时针转动，此时方向盘通过十字接头带动阀杆相对阀套逆时针转动一个角度，当转角为2.4°时，配油孔道开始开启；转角为3.6°时，十八对小孔中的直径为1mm的小孔相互错开而关闭；转角为7.2°时，各配油孔道全部开始开启，十八对小孔中的直径为2mm的六个小孔则全部错开关闭。

从油泵泵出的压力油，经溢流阀总成进入方向机阀体进油孔，通过阀套进油环槽和环槽内的六个进油孔，流入阀杆的进油环槽和短进油槽，再经过与短进油槽相通的阀套上单号进油孔和阀体一、二、三配油孔及配油盘，进入双向转子泵的一、二、三油腔。接着压力油推动转子沿定子内齿滚动，五、六、七油腔的油被挤压，经阀体五、六、七配油孔和阀套双号配油孔，通过阀杆的中输油槽和阀套环槽的六对油孔，从阀体通往油缸的油孔输出，经溢流阀总成压入转向油缸一腔，推动活塞移动，完成左转向。由于活塞的移动，将油缸另一腔的油压出，经溢流阀总成和阀体与油缸相通的另一油孔，通过阀套环槽的六对油孔及阀杆的长回油槽，再经过阀套回油环槽和回油孔流入阀体上端的回油室，从阀体回油孔流出，经溢流阀总成返回油箱，完成一次工作循环。

方向盘停止转动，由于随动作用及回位弹簧片对阀杆的作用，使阀杆相对阀套反转2.4°（随动作用剩余转角），阀杆的长槽孔与阀套的槽口对齐，回到中立位置。

（3）右转向位置 向右转向时，顺时针转动方向盘，方向盘通过十字接头带动阀杆相对阀套顺时针转过一个角度，关闭十八对小孔。阀杆短进油槽对准阀套双号配油孔，给转子油泵五、六、七油腔配油，一、二、三腔油液被压出，经中输油槽和阀套环槽的油孔给转向油缸的另一油腔输油。油缸活塞杆带动转向轮偏转一个角度，将收获机向右转向。油缸另一端的油经阀套环槽、阀杆长回油槽及阀体回室等油路返回油箱（图4-145）。

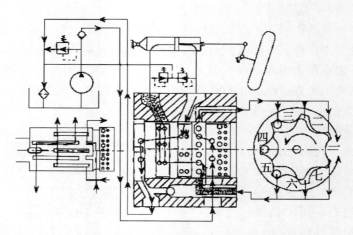

图4-145 全液压转向系统的工作过程—右转向

（4）人力转向 只有在发动机熄火时或齿轮泵不转动的情况下，才进行人力转向，但转动方向盘时的用力会加大。当人力转动方向盘时，通过转向器内的十字接头带动阀杆转动，压迫回位弹簧片变形，直到阀杆锥形阀拨销孔与拨销接触后，才带动阀套、联动器和转子同步转动。此时，阀杆相对于阀套转动9.7°的转角，关闭十八对小孔，开启各配油孔道，给双向转子泵和转向油缸配油。由于没有压力油进入方向机，单向阀钢球靠自重落下，把阀体进、回油孔联通。双向转子泵的转子沿定子内齿滚动，转子一侧油腔经配油孔道（与动力转向相同）和单向阀、阀体回油室等从油缸的一腔吸油，而转子泵的另一侧油腔向转向油缸的另一腔压油，形成闭式循环油路（图4-146）。此时

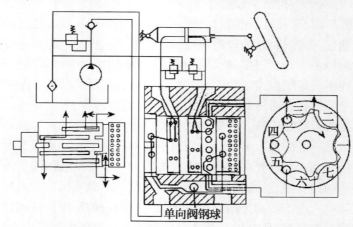

图4-146 全液压转向系统的工作过程—人力转向

双向转子泵依靠人力转动实现吸油和排油，计量泵变成为手动泵。当方向盘停止转动时，在回位弹簧片弹力的作用下，使阀杆反向转动，阀杆与阀套转角消除，回到中立位置。

（六）离合、制动液压控制系统

部分机型设有离合、制动液压控制系统见图4-147。

该系统采用机械与静液压联合作用，通过制动总泵和分泵的增力，作用于夹盘式制动器，完成制动目的，左、右制动泵结构相同。有些机型带有后制动系统，使制动更可靠。

本系统还设有手制动装置，刹车带和制动鼓在非工作状态时应保持1~2mm自由间隙。

制动系统的使用调整如下：

（1）检查储油杯中油面是否达到80%的容积，否则应补充JG3机动车制动液。

（2）当管路中有气体时，制动无力，此时应打开放气螺栓，用脚反复踏制动脚踏板排出气体，直到脚踏感到费力为止（无气泡），装好放气螺栓。

（3）调整制动分泵调节螺栓及制动器总成螺栓，使制动夹盘的自由间隙保持在0.5~1mm。

（4）调整制动拉杆，使制动踏板有10~15mm自由行程。

图4-147　离合制动液压系统
1-离合泵　2-制动泵　3-制动油壶
4-制动油缸　5-离合油缸

（七）液压驱动无级变速

随着现代收获机技术的发展，液压驱动行走技术逐步取代现有的行走无级变速器机构。采用液压驱动行走系统的收获机无离合器，降低了驾驶员疲劳度的同时大大提高了行走系统的可靠性。

液压驱动无级变速分为液压助力皮带无级变速装置、HST液压驱动无级变速装置和HMT液压齿轮混合变速装置三种型式。现以HST液压驱动无级变速装置为例。

1. HST液压驱动无级变速装置配置方式

HST液压驱动无级变速装置采用的液压油泵和油马达均为柱塞式，因它们产生的油压高、流量大，输出的功率大，能满足行走装置工作的要求。按油泵与油马达的配置方式，有整体式和分置式两种。整体式是油泵与马达装配成一箱体（图4-148）；分置式是将油泵与马达制成二个箱体，安装在机体的不同位置，二者之间用液压油管连接（图4-149）。

2. HST液压驱动无级变速装置的组成和功用

（1）结构组成和功用　HST液压驱动无级变速装置主要由变速箱、输油泵、变量柱塞油泵、柱塞式液压马达、油冷器、HST滤芯、高低压溢流阀、单向溢流阀、液压油箱和控制系统等组成。变量柱塞泵和液压马达是HST主变速箱中的主要部件。变量柱塞泵由发动机飞轮端皮带轮驱动，其流量随配流盘角度的变化而改变。而配流盘角度

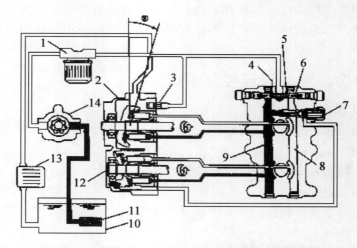

图 4-148　整体式 HST 液压无级变速装置结构示意图

1-滤芯　2-变量柱塞泵　3-低压溢流阀　4-节流孔 A　5-节流孔 B
6-单向中立阀或单向溢流阀　7-高压溢流阀　8-通路 B　9-通路 A　10-油箱
11-吸油滤网　12-液压马达　13-油冷器　14-输油泵

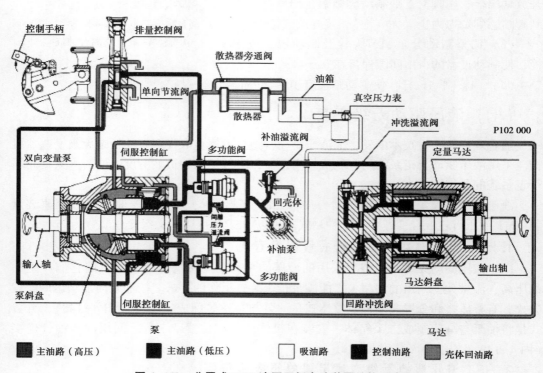

图 4-149　分置式 HST 液压无级变速装置结构示意图

受主变速手柄控制。变量泵采用的是一种限压式轴向柱塞泵。柱塞泵吸入低压油,排出高压油,将机械能转化为液压能;而液压马达则吸入高压油,排出低压油,将液压能还原为机械能,并通过输出轴将扭矩传递给系统。输油泵(补油泵)在行走中立、减速慢行和空挡位置时起冷却油泵的作用，而在加速换挡时向油泵、油马达内部循环补充液压油。

（2）柱塞泵工作过程　可分为泵油和变量两种工作情况：

①泵油过程。多个柱塞安装在缸体内均匀分布在斜盘上，斜盘与输入轴成一定的倾角，当输入轴在发动机的驱动下旋转时，柱塞在缸体内做往复运动，当部分柱塞向外运动时，柱塞于缸体等形成的密封空间容积增大，其内压力降低形成部分真空，油液进入缸体孔内，即是吸油过程；当部分柱塞被斜盘推入缸体内孔时，柱塞与缸体等形成的密封空间容积缩小，其内压力增加，油液被柱塞推出进入液压系统内，即是压油过程。

缸体每转一圈，各柱塞往复运动一次，完成一次吸、排油，随着输入轴的连续旋转，油泵就连续完成吸、排油过程，向液压系统连续供油，高压油会沿高压油管输入给定量马达，推动马达的斜盘带动输出轴转动，马达输出轴直接与变速箱相连，从而达到驱动行走系统的目的。

②变量（变速）过程。油泵的排量随着斜盘倾角的改变而改变。斜盘倾角变大时，油泵排量将随之增加，反之减少。斜盘最大倾角一般为17°。安装在驾驶室内的行走控制手柄控制斜盘的倾角实现控制行走的目的。

3. HST 液压驱动无级变速装置的工作原理（如图 4-150 所示，以前进为例）

（1）行走中立（主变速手柄的位置不变）

当主变速手柄的位置不变时，变量柱塞泵的吸油管与液压马达 4 的出油管相连，而柱塞泵的出油管与柱塞马达的进油管相连，这样液压油在油泵和油马达内部循环。此时液压油在油泵和油马达内部达到平衡，柱塞马达向行走系统输出扭矩和转速不变动力，驱动收获机以在稳定的速度行走。

输油泵 8 和变量柱塞泵一样由发动机飞轮皮带轮驱动，从油管经吸油滤网 9 吸油，产生的压力油经 HST 滤芯 7 的滤清后，到达低压溢流阀 6 和单向溢流阀 5。

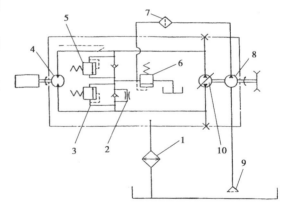

图 4-150　HST 液压无级变速装置工作原理图

1-油冷器　2-节流孔　3、5-单向溢流阀
4-液压马达　6-低压溢流阀　7-滤芯
8-输油泵　9-吸油滤网　10-变量柱塞泵

当 HST 液压无级变速装置处于行走中立位置时，输油泵输出的低压油打开低压溢流阀 6，而进入 HST 主变速箱箱体，在箱体油管内部循环后将热量带走，经油冷器 1 冷却后回到油箱，从而保证 HST 液压无级变速装置能在合适的温度条件下工作，此时输油泵起冷却油泵的作用。

（2）换挡（改变主变速手柄的位置）

①加速　当机器需加速时，主变速手柄前移，变量柱塞油泵配流盘背离中立方向倾斜，角度增大，此时变量柱塞油泵输出流量加大，破坏了油泵和马达之间已建立的平

衡，单向溢流阀一侧的油压降低，单向溢流阀两侧产生的压力差使单向阀开启补充液压油，油泵、马达内部建立新的平衡。马达以更大的扭矩、转速输出动力，驱动机器以更快的速度前进。

②减速　当机器需减速慢行时，主变速手柄后移，变量柱塞油泵配流盘倾斜角度变小，变量柱塞油泵输出流量减小，油泵、油马达内部又建立新的平衡，液压马达以较小的扭矩、转速输出动力，驱动收割机低速慢行。

（3）HST液压驱动无级变速装置空挡　当收获机主变速手柄位于空挡位置时，变量柱塞泵配流盘处于中立位置，在油泵高低压腔间无压力差，液压马达停止工作，玉米收获机停止行走。

收获机倒车时，HST主变速箱的工作过程与前进时相同。

4. HST液压驱动无级变速装置使用注意事项

（1）进行变速换挡时应柔和，严禁猛烈地加速、刹车。

（2）经常清扫油冷器上的积尘，防止油温过高。

（3）按规定时间更换HST滤芯。

（4）严禁将不同型号的液压油混合使用。

（5）柴油发动机转速在2 000rad/s以上才能操作主变速手柄。

（6）变速时，必须将主变速手柄置于空挡（中立）位置后，才能移动副变速手柄到所需挡位。

五、识读液压回路图

从液压回路图中可以看出，液压系统回路的识读方法：

（1）查看液压泵，落实油路来源方向。

（2）查看控制阀，确定有多少条回路。

（3）查看油缸所在工作回路，确定该油缸的工作用途。

（4）查看其他液压元件，注意各元件在系统中的用途。

第五章　玉米收获机作业准备

第一节　玉米收获机的选购

一、玉米收获机的选购原则

玉米收获机由于经济效益、生态效益和社会效益明显以及国家政策的支持，近年来发展迅速。现阶段，农民购买玉米收获机主要是为了经营挣钱，玉米收获作业占整个玉米生产劳动量的 55%，劳动强度大，是玉米生产的主要环节。一台不对行全幅玉米收获机投入机收作业，每年如果作业 20 天，作业 800~1 000亩，年收入可达 4 万~8 万元；如一台五行玉米机，年作业 3000 亩以上，年纯收入可达 10 万元以上。目前国内生产自走式玉米收获机的企业就有好多家，型号也很多，选购哪个厂家生产的何种类型的玉米收获机，要从机具性能、类型、购买者和购买行为、使用条件等方面综合考虑，按如下原则选择经济适用、称心如意的玉米收获机。

1. 机具类型及功率选择

目前，玉米收获机既有进口机型（主要是玉米籽粒收获机），也有国内生产机型；既有中大马力、自走式、智能化机型，也有以中型拖拉机为主要动力的背负式、配置一次可收获一至四行的机型，其中自走式是主流机型，功率从 36.8~176kW，收割的行数有 2~8 行，功能由一次完成摘穗、输送、集果穗、自动卸果穗增加到剥皮、脱粒清选和秸秆处理（粉碎还田和切段青贮）等作业。根据作业功能、作业量和作业田块等选择机具类型及功率。

2. 玉米收获机的性能选择

（1）适应性　所选机型和性能必须满足农艺对作业质量的要求，机械尺寸和联结方式要满足当地的地块和动力配套要求。是摘穗收获，还是直接收成籽粒，是否需要剥皮等，在选购时应综合考虑。

（2）实用性　根据经营规模和生产任务来选择，并应考虑动力机具作业机械的配套性，以充分发挥机具性能和提高利用率。

（3）经济性　主要指机具的购买费用和使用费用。在选购机具时不但要考虑机具的购置价格，还应考虑使用期间的各种费用支出。如只考虑价格便宜，而不考虑购入后所支出的一切费用，如油料费、维修费等，则可能导致机具在其整个寿命周期的使用费大大增加，其结果反而是不经济的。

（4）可靠性　包括无故障性、维修性和耐久性等，要求机具能在规定时间内，在规定的使用条件下无故障并且能可靠地工作，使用寿命要长。对机具进行维修和排除故障时，易于拆卸、易于检查、零部件的通用化和标准化程度高、互换性好等。

（5）安全性　是指农机具对生产安全和环境保护的性能，是选型的重要条件之一。要求机具能安全作业，机具的噪声和排放的有害物质对环境的污染及对人体的危害，应在国家标准范围内。

（6）舒适性　在价格相差不多的情况下建议购买舒适性比较好的机具。

3. 购买者（或操作者、机手）条件要求

（1）购买者的技能条件　在选择购买时，要根据自己技能条件选择适合自己的机型。对机械知识、电控知识、液压知识的掌握较好，对设备的操控能力和简单故障的判断排除能力较强的，应选择功能多、智能化的机型；否则，应选择结构简单、易掌握，操作性能方便，收获性能好的机型。

（2）购买者的经济实力　一般四行以上自走式玉米收获机功率在 140 马力以上，体型庞大，价格较贵，投资回收期较长，适用于农场、较多土地规模经营及人少地多（人均 20 亩以上）的村组等；三行以下自走式玉米收获机、含四行以下互换玉米割台的小麦收获机及背负式玉米收获机，价格较低，一次投资相对较少，作业效率也不低，投资回收期较短，作业的机动性和操作性都较好，适应我国广大农村年作业量一般的种植地块。但互换玉米收获机专用割台、背负式机型需反复拆卸安装才能作业。

购买者经济实力强，作业量大，可购买功率大、功能多、收获行数多的机型，如收获四行以上的带剥皮或脱粒清选装置的大型收获机；否则购买功率小的、功能少、收获行数少的机型，如背负式的或四行以下的中小型收获机。

（3）动力配套　购买背负式玉米收获机割台，必须选择与自己现有拖拉机动力相匹配的机型，应该避免"小马拉大车"或"大马拉小车"的现象，实现拖拉机与收获机的合理匹配。如 36.8kW 的拖拉机，可与 2 行玉米收获机相配套；而拥有 73.5kW 以上拖拉机的农户，可以选择不对行机型或者 3、4 行的玉米收获机，并且可收集果穗及秸秆还田同时进行。

购买自走式机型，如 2 行自走机玉米收获机进行摘穗和秸秆还田作业，配套发动机功率不能低于 36.8kW；如果再加上果穗剥皮等功能，配套发动机功率不能低于 45kW。3 行自走机进行摘穗和秸秆还田作业，配套发动机功率不能低于 88kW；如果再加上果穗剥皮等功能，配套发动机功率不能低于 95.59kW。4 行自走机进行摘穗、剥皮和秸秆还田作业，配套发动机功率不能低于 102.9kW。

二、玉米收获机的选购方法

1. 多方咨询农机技术人员或老师傅

选购玉米收获机时，多方咨询、调查，选择产品质量满意度高的产品。要先咨询当地的农机技术人员或老师傅的意见，也可以到现场观看机械的作业状况。对产品的使用性能、可靠性以及适用范围做详细的了解，如板式摘穗结构相对啃伤玉米现象少、果穗损失小；辊式摘穗机构动力消耗小、结构简单、维修方便，但对果穗挤压和冲击力大，果穗易损失。最后再确定哪种机型最适合，投资最合理。

2. 查看农机购置补贴目录

目前，国家对玉米收获机采取鼓励支持政策，绝大多数玉米收获机都在购机补贴目

录中，但补贴的额度不同，需要认真查阅。优先购买享受农机购置补贴的机型。

3. 了解生产企业和机型

购买时要明确要求，弄清产品生产企业和销售单位的情况，货比三家，综合考虑产品价格、质量和服务，千万不要听信一面之词，不要只图便宜。

在产品质量上，应该选购技术成熟的定型产品，并经过当地农机推广部门试验示范后，确认适合本地使用的机型，并进行大力推广的定型产品。选择具有"农机推广许可证、生产许可证、质量检验合格证"的产品。

在售后服务质量上，一是要考察生产厂和经销商是否具有完善的"三包"服务体系、技术服务能力和能否及时供应零配件。二是"三包"服务是否及时、有效，态度好。

4. 选择适合本区域玉米种植特点的机型

（1）首先要确认作业区域玉米的种植方式和主流收获方式　如是否籽粒直收、果穗剥皮作业还是不剥皮作业。如一年两茬种植区，生产周期短，秋季为抢种冬小麦，基本上是在秸秆青绿、玉米籽粒在腊熟期收获果穗，此时收获玉米的断茎率和掉杂率很低，不需要安装除杂装置。而一年一茬的单季作物，多以垄作为主，种植密度大，茎秆既高又粗，穗大、产量高，基本上都是在完全成熟的情况下收获果穗，秸秆和叶子已枯黄变脆，此时收获的玉米断茎率和掉杂率相对较高；作业时，应选择喂入能力强、摘穗台强度高且高度可调和安装除杂装置的机型。

（2）然后确认玉米种植行距　可从播种机播种行距确认，尽可能保证主机足够的作业面积，可考虑跨区作业。玉米机割台行距和轮距要与农艺匹配。

不对行玉米收获机适应各种不同的玉米种植行距，不需要人工开辅助割道，可以从田间不同位置进入作业，作业效率高，适用于跨区机收，一般是用户的首选机型。

（3）最后根据当地用户需求　如玉米秸秆是粉碎还田，还是回收用于养殖业的需要，对主机功能附件进行选配秸秆粉碎还田机、茎秆回收装置和割台底刀等。

5. 认真观察产品的外观情况

检查整机有无因运输而造成外部机件的碰伤、变形、损坏及丢失等，检查铅封、标牌是否齐全；检查油漆是否光亮均匀，表面无划痕、起皮、脱落等现象，检查机具零部件是否无损、无误，安装是否规范。

6. 进行开机检验

通过开机运行，检查其性能是否良好，运转是否平稳，声音、信号、仪表等是否正常，操作部件是否灵敏可靠等。

7. 索取相关票据

购机时必须索取"国家财税部门统一监制的票据（发货票）"、"产品合格证和三包凭证"和"产品使用说明书"。

第二节　背负式玉米收获机安装与调整

以大丰王4YW-3背负式玉米收获机的安装与调试为例，见图4-1所示，该机配套动力为东方红-70拖拉机。

一、安装条件

整机安装前应检查收获机各部件在运输或保管中是否丢失或损坏，与本机配套的拖拉机的技术状况是否良好，检修处理完毕后方可安装；检查配套拖拉机的机型是否一致，对于不同型号的拖拉机，悬挂器件和安装方法是不相同的。必须按要求选择配套拖拉机，否则可能影响机器作业性能及使用寿命。

二、安装前的准备工作

在拖拉机上安装玉米收获机，由于各工作部件体积和重量较大，在安装过程中既要保证人身安全，又要保证收获机和拖拉机上各部件完好，便于安装工作的实施。准备工作如下：

（1）准备挂接使用的吊装设备。

（2）准备割台安全支架或垫块等。

（3）先拆下拖拉机的前配重和前护罩。

（4）拆下拖拉机右侧储气罐、倒车镜和排气管。

（5）拆下拖拉机左侧脚踏板、电瓶及电瓶座。

（6）卸下拖拉机左右侧的前挡风玻璃。

（7）拆下拖拉机后轮挡泥罩和后部装有转向灯的小挡泥板。

（8）拆去拖拉机动力输出轴防护罩、牵引横梁。

（9）根据本地区情况调整拖拉机轮距。

（10）将半轴壳上的黄油嘴注满黄油后拆去。

三、安装的步骤和方法

（1）先安装前连接架。利用4件M16×1.5×40的螺栓把前连接架固定在拖拉机前架上。再把2件侧连接架分别与拖拉机的侧面和前连接架连接好。

（2）安装前左右支撑架。

（3）安装前活动架。

（4）装配二级传动轴，并安装在拖拉机的左侧。

（5）把右拉杆座安装在拖拉机右侧的工艺孔上。

（6）装配一级传动轴，并安装在拖拉机的下面。

（7）安装好左右中支架焊合。

（8）安装左右下梁焊合件。

（9）安装左右前拉杆。

（10）安装后粮仓支架。

①把拖拉机末端的6件螺栓卸下。用6件M16×1.5×130的螺栓将粮仓支腿安装好。

②利用 4 件固定螺栓 M16×340 把粮仓上下支管焊合固定在拖拉机后半轴上，长支撑管在半轴的上面。

③利用 2 件 M16×130 的螺栓把横连接支架焊合与左右粮仓支腿连接好。

④分别用 4 件 M16×120 的螺栓把粮仓底盘与横连接支架焊合连接好。

⑤用 4 件 M16×110 的螺栓把左右粮仓斜支撑分别与粮仓底盘和粮仓长支撑管连接好。

⑥安装好粮仓底盘后斜拉杆。

⑦安装粮仓左拉杆。

⑧安装粮仓右长拉杆。

（11）液压系统的安装。

①安装卸粮油缸。

②安装割台油缸。

③用 2 件 M8×45 的螺栓把阀座板和阀固定在拖拉机右侧的扶手上。

④把拖拉机右边齿轮泵上的"T"型高压接管卸下后用"T"型高压胶管（凸台内带槽的）安装好，"O"型圈用原车的。然后高压胶管的另一头接阀的进油口。

⑤用"T"型高压胶管（凸台不带槽的）和"O"型圈与原车的"T"型高压接管连接好。然后高压胶管的另一头接阀的外输出油口。

⑥把 18-20 的接头体安装在卸粮油缸上，把 18-18 的缓降接头体安装在割台油缸上，把回油管接头体安装在拖拉机的末端处。

⑦用 L=2 800 高压胶管一头接割台的缓降接头体，一头接阀的割台出油口接头体。

⑧用另一件高压胶管把阀的粮仓出油口接头体与卸粮油缸的接头体连接好。

⑨用回油管把阀的回油管接头体与拖拉机回油管接头体连接好。

（12）安装割台。先将割台平行升起，使割台的支撑板嵌入前活动架的支撑座内，然后用割台拉板及螺栓将割台顶上的挂耳与前活动架顶部的挂耳连接好（图 5-1）。

（13）安装粮仓。先把粮仓平行升起，用 2 件 20×60 的销轴与粮仓底盘安装好，用 1 件 20× 90 的销轴与卸粮油缸连接好。

（14）安装大输送槽。把输送槽升起后，上端固定在横连接支架的两方管内，下端用 4 件 M12×40 的螺栓与前活动架固定好。

安装割台，输送槽，粮仓时请使用吊车，以防造成对机具和人员的伤害。

（15）安装秸秆切碎还田机。

①把带有链轮焊合的后万向节一端装入到拖拉机后花键轴内。

②把后万向节的另一端装入到还田机的花键轴内。

③安装后万向节时一定使万向节 4 个销孔在统一平面内。

④把拖拉机的提升臂装入还田机的下支撑内。

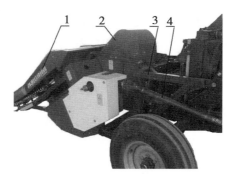

图 5-1 割台安装及传动
1-割台 2-小输送槽
3-前活动架 4-前传动轴

⑤将拖拉机的中央拉杆与还田机的上悬挂点连接好。

按要求正确安装万向节传动轴，保证万向节的4个销孔在同一平面上，否则可能造成部件损坏。

（16）安装前传动轴。安装在二级传动轴与割台主传动箱中间（图5-1）。

（17）安装后传动链，并张紧好链条张紧轮。

（18）安装二级传动链，并张紧好链条张紧轮。

（19）安装大输送槽传动链，并张紧好链条张紧轮。

（20）安装粮仓接板。

（21）安装好粮仓后挡板焊合。

（22）将割台左右挡板分别安装在割台下机架处。

（23）最后安装拖拉机的排气管。

四、整机调整部位和方法

1. 割台高度的调整

升降割台油缸，可调节割台高度。玉米结穗高度较高时，提高割台可提高生产效率；反之，玉米结穗高度较低时，降低割台可减少损失率。

2. 摘穗辊间隙的调整

两对摘穗辊中，外侧的高辊是可调的，调节机构在割台架子的前部。松开锁紧螺母，转动调节螺母即可改变割道间隙，改变后仍需拧紧锁紧螺母。在收获茎秆平均直径在20mm左右的玉米时，摘辊间隙一般调到6~8mm，最大不超过12mm。间隙过小，茎秆挤断的较多，摘辊容易堵塞；间隙过大，籽粒挤掉、挤碎的较多，摘辊同样容易堵塞。以上两种情况的调整要根据作物的实际生长状况而定。

3. 传动链和传动带张紧度的调整

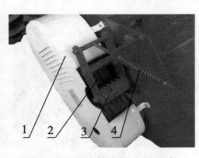

图5-2　传动带张紧度的调整
1-防护罩　2-三角带
3-张紧轮　4-张紧弹簧

在安装完还田机三角带后一定把张紧轮安装好，在安装时三角带不要过紧或过松。还田机弹簧张紧轮的压簧适当压紧，让三角带有10~30mm的弹性量为好。安装好传动链条后，分别安装好链条张紧轮并调整好链条张紧度（图5-2）。

4. 秸秆切碎还田机调整

还田机上有两处调整点，一处是还田机后部接触地面的长辊子—地轮，它控制锤爪或甩刀离地高度，出厂前已调整好，用户可直接使用。调整的标准是使玉米茎秆切碎后留茬高度控制在50~80mm，留茬太低会出现锤爪或甩刀打土现象严重，使锤爪或甩刀磨损加剧，发动机功率消耗加大；留茬太高茎秆切碎质量差。另一个调整点是压带轮：如果皮带打滑（闻到橡胶味、见到橡胶末），可适当压紧压带轮压紧弹簧。注意绝不能把弹簧全部压紧。

5. 两个小输送槽的调整

两个小输送槽被动轮处有一个张紧装置，出厂前已经调好，在使用过程中如发现输送链条太松，可以适当调节被动轮处的张紧螺栓。大输送槽张紧链条的方法也是调节被动轮处的张紧螺栓。调整时两边同步调整。

6. 拨禾链自动张紧弹簧的调整

此处出厂时已经调好，如果发现不能自动张紧，首先检查张紧轮滑道是否卡死，如果卡死可来回活动几下，加些机油，即可排除。张紧弹簧压缩量不超过 10mm，太紧会加快拨禾链条磨损。并且链条上要经常加注润滑油。

7. 粮仓翻转不得与大输送槽交接处粮仓接板碰撞

要确保粮仓翻转时不得与粮仓接板相碰，确保接板的最下端应高于粮仓角钢的上平面。

五、安装调整后的试车方法

1. 整机转动试验

启动发动机，用小油门试车，慢慢接合主离合使摘穗辊和还田机滚筒旋转一周以上，检查是否有卡碰的部位和不正常的声音，如有应立即停车检验．如无异常视为一切正常。

2. 检查各部位是否有松动现象，并及时调整

各部位确定无故后把安全防护罩安装好。把割台左、右护罩安装好。

六、试运行

收获机运行前，必须要求收获机附近，尤其是还田机后面人员全部离开，否则可能会造成伤害。

1. 确保安全运行

收获机运行前，必须要求收获机附近、尤其是还田机后面人员全部离开，否则可能会造成伤害。

2. 正确启动运转

启动发动机，先低速运转收获机，如无异常声响，再逐步升到高速，30min 后，如无其他异常声响视为正常。在机器运转时要细致观察机器的各运转部位。

3. 检查工作部件和液压系统运行情况

启动发动机，待机器正常运转后分别操作各液压手柄，看各工作部件的升降是否正常．割台和还田机在操作手柄的控制下能快速升起，缓慢下降为正常，粮仓能快速升起快速回落为正常。分别接合各工作部件，检查其作业性能是否符合技术要求。

第三节 玉米收获机作业条件和作业准备

一、玉米收获机作业条件

（1）玉米果穗下垂率不大于15%。

（2）玉米最低结穗高度不低于350mm（悬挂式玉米收获机不低于500mm）。

（3）果穗收获籽粒含水率为15%~35%，籽粒收获玉米籽粒含水率15%~25%。玉米青贮收获，秸秆含水量≥65%。

（4）玉米植株倒伏率应<5%，否则会影响作业效率，加大收获损失。

（5）符合农艺要求。玉米种植行距与玉米收获机要求的行距应相适应，行距偏差不宜超过50mm。否则将增加田间损失和降低工作效率。行距越小适应范围越小，割台收获行数越多适应范围越小，如四行650行距割台一般在±50mm范围内，五行550行距割台一般在±30mm范围内。

（6）作业田块坡度要求小于12°18′。

二、玉米收获机作业准备

1. 作业人员和机组的准备

（1）玉米收获机作业人员和机组应按上述第二章第四节四、安全生产要求进行准备。

（2）玉米收获机作业前的检查与调整：

①按照使用说明书的规定对玉米收获机进行使用前保养，并加足燃油、冷却水和润滑油。

②检查玉米收获机的各工作部件是否紧固、可靠，都符合技术要求。

③检查防护装置是否安装齐全、牢固。

④根据实际情况，正确检查调整割台高度、摘穗辊（或摘穗板）等间隙以及秸秆粉碎还田机的作业高度等符合技术要求。

⑤启动发动机，检查升降悬挂系统是否正常，各操纵机构、指示标志、照明及转向系统是否正常。

⑥接合动力，轻轻松开离合器，检查机组各工作部件是否正常，有无异常响声等。

2. 做好作业组织工作

协调好收获作业机组与运输车辆，使收获能力与运输能力均衡，减少等待粮食运输车辆时间，提高作业效率。

应有专人及时为机组联系作业地块，确保玉米收获机能连续作业，提高收获效益。

联系作业地块时，要尽量联系几个农户地块相连的地域作业，减少转移地块的时间，提高作业效率。

3. 合理制订作业计划

为防止玉米收获机频繁转移地块，导致空行程过多，应合理制定作业计划和作业路线，减少辅助工作时间，才能提高作业效率和经济效益。

机手应遵守当地有关收费标准规定，确定合理的收费标准，不得随意定价和乱涨价。

4. 玉米收获机作业前田块准备

（1）检查玉米种植行距、行间垄高、结穗高度、果穗大小、植株高度及茎秆粗细、成熟度、倒伏情况等生长状态是否符合玉米收获机收获的条件。如不符合机收获条件，应向农户讲清楚为什么不能机械收获。

（2）了解田块地形、坡度、地界、面积和是否有陷车的地方，平整好进地道路。对地块中影响作业通行的田埂、沟坑等进行平整，对不能移动的障碍物如水井、木桩、大石块、电线杆及拉线等安装好明显标记，以利于安全高效作业。

（3）将预收的地头，割出不少于6m的作业辅助区，或摘取不少于6m宽的作业辅助区内的玉米果穗。防止因收获机转弯时的碾压，造成收获损失。

（4）检查田块中有无砖头瓦块、卵石、铁丝等异物，如有应捡拾排除。

（5）合理制定作业路线，正确的选择和使用运粮工具，减少辅助工作时间，提高作业效率。

5. 作业道路准备

检查了解作业行驶道路的宽度、路面、路基虚实等情况和桥梁的可通过性，检查排除道路两侧妨碍玉米收获机通过的树木等。

6. 随车装备的准备

作业前，特别是跨区作业要配备足够的油料、易损皮带等常用配件、皮尺、扳手、钳子、锤子、毛刷等常用工具和机器使用技术资料、工作日记本、毛巾、口罩等辅助用具。

第四节　玉米收获机技术状态检查

一、玉米收获机技术状态检查的目的

新的或大修的玉米收获机，其互相配合的零件，虽经过精细加工，但表面仍不很光滑，如直接投入负荷作业，就会使零件造成严重磨损，降低机器的使用寿命。玉米收获机投入生产作业后，由于零件的磨损、变形、腐蚀、断裂、松动等原因，会使零件的配合关系逐渐破坏，相互位置逐渐改变，彼此间工作协调性恶化，使各部分工作不能很好地配合，甚至完全丧失功能。柴油、润滑油（脂）、液压油、冷却液等工作介质也会逐渐消耗或变质。

机具检查的目的是玉米收获机在使用前和使用过程中，及时维修、保证作业性能良好和安全可靠。使机器始终保持正常技术状况的预防性技术措施，以延长机器的使用寿命。

二、玉米收获机作业前技术状态检查的方法

玉米收获机驾驶员在每天出车前，应围绕机器一周，巡视检查整机及各个机构和间隙的技术状态是否正常，检查是否有漏油、漏水、漏电等情况，密封是否良好，按照玉米收获机使用说明书对机器进行正确的日常保养，以减轻发动机的磨损，增加机具安全可靠性，并延长使用寿命。检查方法主要是眼看、手摸、耳听和鼻闻。

三、发动机技术状态检查

（1）检查水箱是否有足够的冷却液，不足时应添加软水等冷却液到水箱的上刻线。

（2）冷机并保持在水平状态停机检查油底壳机油液面的高度是否在上限和下限刻线之间偏上处。如果油位接近下限刻线，应立即加注符合要求的机油，且尽可能使油位接近上限刻线，如油面超过上限刻线则应从油底壳螺塞放出多余机油。

（3）检查柴油箱的燃油是否足够，不足时应加注符合要求的柴油。

（4）清洁防尘网、散热器上和空气滤清器中的灰尘。

由于收获作业的环境十分恶劣，柴油机工作时，会吸入大量的草屑和灰尘等附着在防尘网、散热器上和空气滤清器中，容易引起散热器堵塞，造成散热不好，水箱易开锅；或进气不足，使发动机功率下降，轻者冒黑烟；重则使发动机启动困难，工作中自动熄火。因此，必须经常清洁防尘网、散热器和工作 4h 以上清洁空气滤清器滤芯。另外多准备 2 个滤芯，必要时快速更换，或适当加高滤清器风筒管，以减少灰尘吸入。

（5）查看油路、水路和气路各管路系统是否有漏油、漏水和漏气现象。

四、底盘技术状态检查

（1）检查轮胎气压是否符合技术要求。一般驱动轮充气压力为 0.15~0.30MPa，转向轮胎充气压力为 0.35~0.4MPa。

（2）检查各操纵装置手柄等操作部件是否操作灵活轻便，动作灵敏可靠。

（3）检查离合器、制动器间隙等技术状态是否符合技术要求，动作是否灵敏可靠。

（4）检查轴是否弯曲，检查各轴承间隙是否正常、轴与轴承的安装固定是否正确、转动是否灵活等。

检查时，可先扳住轴上的皮带轮进行上下、左右摇晃，看是否有径向和轴向窜动。如径向轴向间隙不大，可用手转动部件，如能轻快转动又无撞击和擦碰，则说明转动部件和轴承安装正确。最后用锤头敲击轴头，如轴不窜动说明轴与轴承内圈的安装定位可靠。

（5）检查各传动部件是否符合技术要求；检查传动皮带和传动链条的张紧度是否符合表 5-1、表 5-2 的要求，损坏的应更换新的部件；检查传动件外围安全防护罩是否有和可靠。

表 5-1　皮带传动及张紧度要求

序　号	部　位	要　求
1	无级变速皮带	1. 两皮带轮对应槽应在同一平面内，误差不大于传动轴中心距的 0.5%
2	割台传动皮带	
3	风机传动皮带	2. 张紧后，用 4~5kgf 按压皮带松边中部，挠度为两带轮中心距的 1.6%。过松易打滑；过紧易造成传动轴弯曲、断裂
4	秸秆切碎还田机传动皮带	

表 5-2　链条传动及张紧度要求

序　号	部　位	要　求
1	拨禾输送链条	1. 链条张紧后，保证链条与托链板滑块轻松接触 2. 链条内、外链板均不能与分动箱、链轮毂等咬啃
2	升运器刮板链条	1. 刮板链条张紧时，一定要保证主、从动链轮轴与升运器侧壁垂直 2. 两链条张紧度应一致 3. 用手提起刮板链条中部，提起高度 60~80mm 为宜
3	割台传动链条	1. 链条传动回路要在同一平面，误差不大于两轮中心距的 0.2% 2. 链条张紧要适度，垂度不大于中心距的 1% 3. 采用开口锁片连接链条时，锁片开口方向必须与链条运动方向相反

（6）检查各连接部位螺栓是否连接牢固，安全可靠。拧紧扭矩是否符合表 5-3 中 8.8 级螺栓的扭矩要求。如驱动轮毂、转向轮毂、发动机底架、升运器、剥皮机、滚筒纹杆等固定螺栓拧紧扭矩。

表 5-3　8.8 级螺栓的扭矩要求

序　号	1	2	3	4
螺栓规格	M8	M10	M12	M16
扭矩（N·m）	25±5	50±10	90±18	225±45

（7）检查机械的润滑和密封性是否良好，润滑部位与润滑油是否符合表 5-4 的要求。检查变速箱中润滑油数量和质量是否符合技术要求，如不符应添加或更换；检查变速箱通气孔是否堵塞，若堵塞应疏通。

（8）检查所有安全防护罩（板）是否安装完好，确保安全。

（9）检查调节安全离合器弹簧压力是否符合技术要求。

表 5-4　润滑部位与润滑油

序　号	部　位	润滑油规格	容　量
1	液压油箱	HM-68 耐磨液压油 或 CC-15W/40 柴油机机油	在油缸缩回后加至油尺刻线之间
2	行走变速箱	18 号双曲线齿轮油	3.5L

（续表）

序　号	部　位	润滑油规格	容　量
3	秸秆切碎还田机变速箱	18 号双曲线齿轮油	至油位孔
4	主离合分离轴承	高速耐高温>150℃锂基润滑脂	一般应注入约 1/2 空腔的润滑脂
5	主离合器后座轴承	高速耐高温>150℃锂基润滑脂	
6	秸秆切碎还田机刀轴轴承	高速耐高温>150℃锂基润滑脂	
7	分动箱	18 号双曲线齿轮油与钙基润滑脂的混合比例为 1：2	加至通轴的下表面
8	无级变速轮	钙基润滑脂	一般应注入约 1/2 空腔的润滑脂
9	割台挂接轴轴承		
10	割台中间轴轴承		
11	割台安全离合器轴承		
12	行走中间轴		
13	拉茎辊导锥固定轴承		
14	秸秆切碎还田机地辊轴承		
15	行走驱动轮毂	钙基润滑脂	一般应注入约 1/2 空腔的润滑脂
16	导向轮毂		
17	刹车油		0.5kg

五、玉米收获机割台和输送系统及秸秆切碎还田机技术状态检查

作业前要仔细对割台等工作部件装置进行细致的检查，以 ZOOMLION CA40 系列玉米收获机为例。注意检查前要切断动力和电源，避免伤害。

（1）检查拉茎辊和清草刀刀片的磨损情况及玉米收获机割台上的间隙等是否符合表 5-5 的技术要求。

表 5-5　玉米收获机割台技术状态检查项目和技术要求

序　号	检查项目	技术要求
1	对刀式拉茎辊-对刀间隙 六棱式拉茎辊-拉茎辊中心距离	1. 对刀最小间隙 1~3mm 2. 平行对中，中心距离 L＝85~90mm
2	清草刀间隙	间隙 1~3mm
3	摘穗板间隙	1. 摘穗板中心线与拉茎辊中心线重合 2. 摘穗板间隙前端 30mm，后端 35mm
4	拨禾链张紧度	ZOOMLION CA40 系列割台强制喂入结构，弹簧调节长度 L 为 118~122mm
5	搅龙叶片与底板间隙	最小 20mm

（2）检查玉米收获机输送系统是否技术符合要求（表5-6）。

表5-6　玉米收获机输送系统技术状态检查项目和技术要求

序　号	检查项目	技术要求
1	过桥链耙张紧度	用手提起链条刮板，此时链条刮板距离隔板的高度值为（60±5）mm，两侧张紧度一致
2	升运器链耙张紧度	用手在中部提起时，链条离隔板的高度在30~60mm范围内，两侧张紧度一致
3	升运器安全螺栓	是否有备用安全螺栓（ZOOMLION CA 系列）

（3）检查秸秆切碎还田机刀片是否磨损和连接是否牢靠，无松动，保证动刀与定刀不相碰。

（4）检查传动带、传动链条的张紧程度是否符合表5-1、表5-2的技术要求。

（5）定期加油润滑拨禾链和各个润滑点，并符合表5-4的要求。

（6）查各部位防护罩安装是否可靠；是否有工具或无关的物品留在收获机工作部件上。

（7）启动发动机，无负荷运转2~5min，检查升降系统是否正常，各操纵机构、指示标志、仪表灯光、转向系统是否正常，检查各运动部件，工作部件是否正常，有无异常响声等。如有异常，应立即关闭发动机进行仔细检查，发现故障及时修理，直到可以正常运转为止。

（8）作业前，应平稳的操作各手柄，结合工作部件的离合器，检查操作部件是否转动灵活，动作灵敏可靠；油门由小逐渐加大到底，使割台、切碎滚筒等、从低速增到额定转速，观其有无异常响声。

（9）检查剥皮装置的技术状态是否正常。查看压送器和剥皮辊是否磨损、间隙是否正常，剥皮辊张紧度是否适宜，对损坏的零部件进行及时的调整和修理（表5-7）。

表5-7　剥皮装置技术状态检查

序　号	检查内容	技术要求
1	摆动辊张紧弹簧间隙（摆动辊张紧度）	平铺式：弹簧压缩后长度58~61mm 高低辊式：弹簧露出套管长度25~30mm
2	压送器星轮与剥皮辊间隙	平铺式：3mm；　高低辊式：15~30mm
3	星轮及橡胶辊的磨损情况	星轮轮齿断裂超过30%后，应立即更换。橡胶辊磨损严重应立即更换
4	振动筛胶套磨损情况	磨损严重应立即更换

（10）检查脱粒清选系统技术状态是否正常。脱粒清选系统技术状态的检查内容和要求以 ZOOMLION 8000 系列双滚筒联合收割机收获玉米状态为例（表5-8）。

表 5-8　脱粒清选系统技术状态的检查内容和要求

检查项目	检查内容	技术要求
脱粒装置	脱粒间隙	干燥：进口间隙 40mm、出口间隙 25mm；潮湿：前 35mm、后 25mm
	滚筒转速	检查滚筒传动皮带是否张紧，无级变速是否工作正常。工作转速设置如下： 干燥：400~500RPM，潮湿：500~650RPM
清选装置	筛子开度	鱼鳞筛：上筛 11~16mm、下筛 11~16mm（下筛冲孔筛孔径 16mm）
	清选筛传动	检查传动链条或皮带是否张紧、胶套是否老化，老化要及时更换
	风扇转速	检查风扇传动皮带是否张紧，无级变速是否公正正常。工作转速设置如下： 干燥：1 000RPM，潮湿：1 100RPM

六、电气系统技术状态检查

（1）检查蓄电池电解液的储存状态及电量是否亏盈、电压是否稳定正常。

（2）检查电路接线是否正确，接头是否牢固无松动，检查电路线是否绝缘良好。

（3）检查安全保险装置是否灵敏可靠。

（4）检查仪表板、指示灯、转速表的指示是否正常有效，喇叭是否鸣响、照明灯能否照明。

七、液压系统技术状态检查

（1）检查液压系统油管及接头连接是否良好；在油管连接处是否有渗油或漏油现象。

（2）检查液压油箱中的油面位置。缩回玉米联合收割机各液压油缸，割台放至地面上，液压油面要在检视孔的中心。如果液压油量不足时，应给予补充；加油时，将油箱加油孔周围擦干净。

（3）检查所有液压换向阀和液压油缸的伸缩活动处是否有渗油或漏油现象。

第六章 玉米收获机作业实施

第一节 玉米收获机作业调试

一、玉米收获机收获正常长势条件下的作业性能检查与调试

玉米收获机作业质量以及使用寿命都与具体的田间使用条件和适当的调整维护有密切的关系，玉米收获机收割正常长势条件下的作业性能检查与调试如下：

（一）割台作业性能检查与调试

1. 摘穗台高度的检查与调整

摘穗台高度过高，玉米穗在摘穗辊前端被摘下，造成丢穗现象；如过低，玉米穗在摘穗辊后端才能被摘下，易堵塞摘穗辊或造成果穗箱中杂余太多。

摘穗台高度的调整要求是：应能使大多数玉米穗在摘穗辊中部被摘下，并且保证玉米秸秆能够被摘穗辊全部拉下。

调整方法：是通过操纵多路阀手柄使摘穗台油缸伸缩来控制其高度。

2. 分禾器的调节

收获正常长势的玉米时，分禾器应调为平行地面，离地面 100～300mm。收获倒伏作物时，分禾器要贴附地面仿形。收获地面土壤松软或雪地时，分禾器要尽量抬高防止石头或杂物进入机体内。调整方法：是通过调整分禾器调节支架角度来调节其高低。

3. 橡胶挡板的调节

橡胶挡板的作用是防止玉米穗从拨禾链内向外滑落，造成损失。当收获倒伏玉米或在此处出现拥堵时，要卸下挡板，防止推出玉米。卸下挡板后，与固定螺栓一起存放在可靠的地方保留。

4、拨禾链调节（又称喂入链调节）

收获正常长势条件下玉米，拨禾链上的翼型板（A）应交错排列。当果穗严重"下垂"、玉米茎秆倒伏、果穗断裂且运行不规则时，调整喂入链使翼型板（B）互相对正。

拨禾链的张紧度是由弹簧自动张紧的，弹簧压缩量决定着拨禾链的张紧度，如图 6-1 所示。如 ZOOMLION CA40 系列割台强制喂入结构，弹簧调节长度 L 为 118～122mm。

喂入链张紧度的调节见图 6-1，可通过调节螺杆 E 来实现。

5. 摘穗板调节

为把玉米穗从茎秆上摘下，摘穗板调整原则是：前小后大，前端间隙小于后端

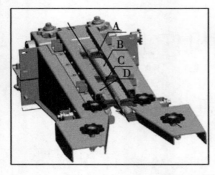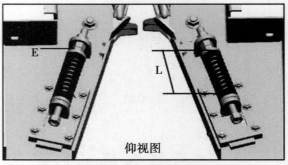

图 6-1　拨禾链翼型板和张紧度调整

A-翼型板　B-摘穗板　C-中心线　D-喂入链导板　E-调节螺杆

5mm 左右；摘穗板中心线与拉茎辊中心线重合（图 6-3）。一般出厂安装间隙：前端为 30mm，后端为 35mm；摘穗板 8 开口尽量加宽，以减少杂草和断茎秆进入机器。调节方法是通过移动紧固螺栓在其椭圆形孔的位置进行的（图 6-2）。

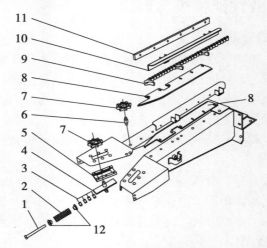

图 6-2　喂入链、摘穗板的调节

1-调节螺杆　2-张紧弹簧　3-螺母　4-链轮板　5-张紧轮滑道　6-齿轮轴　7-链轮
8-摘穗板　9-输送链条　10-右挡链板　11-托链板　12-弹簧座

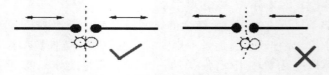

图 6-3　摘穗板调整

注意：根据不同的玉米品种和不同田间条件，摘穗板间隙需要及时调节。

6. 清草刀与摘穗辊间隙和一对拉茎（摘穗）辊间隙的调整

清草刀也叫切草刀，在摘穗台底部摘穗辊的两侧，其固定孔为长孔，可用来改变切草刀与摘穗辊之间的间隙。此间隙过大，会使摘穗辊缠草，降低摘穗能力；其间隙过小，会磨损摘穗辊凸筋。一般此间隙为 1~3mm。

拉茎辊也叫摘穗辊，是成对使用，起拉引玉米茎秆作用。拉茎辊位于摘穗架的下方，平行对中，中心距离 L=85~90mm，可通过调节手柄 1 或（CA 系列的 A），调节拉茎辊之间的间隙如图 6-4 所示。拉茎辊间隙调节前，首先要调节清草刀与摘穗辊间隙为 1~3mm，目的是让开拉茎辊位置。

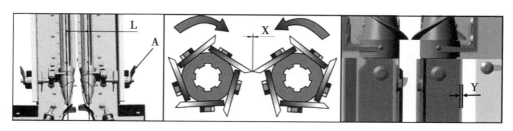

图 6-4　拉茎辊和清草刀的间隙调整
A-拉茎辊间隙调节手柄　L-拉茎辊间距　X-刀片间隙　Y-清草刀间隙

拉茎辊的间隙可通过手柄或垫片调整。茎秆粗、密度大、含水量高时，间隙应适当大些。为保持对称，必须同时调整一组拉茎辊，调整后拧紧锁紧螺母。

拉茎辊间隙过小，摘穗时容易掐断茎秆；拉茎辊间隙过大，易造成拨禾链堵塞。

7. 割台搅龙的检查与调整

为了顺利、完整的输送，割台搅龙叶片应尽可能地接近割台低板，此间隙一般为 20~40mm。过大易造成果穗被啃断、掉粒等损失；过小刮碰底板。

（1）割台搅龙的检查　①检查搅龙叶片有无变形、脱焊。②检查搅龙与割台底板之间的间隙是否正确。

（2）割台搅龙间隙的调整　为了适应作物不同产量和改善割台的喂入性能，割台搅龙叶片与割台底板的间隙是可以调整的。当作物产量高且喂入量大时，为防止搅龙堵塞，割台搅龙叶片与割台底板的间隙应加大，反之应减小。

调节搅龙叶片与割台底板间隙可通过松开割台两侧壁上的锁紧螺母，移动两侧壁上的调节板位置进行调整。

8. 安全注意事项

（1）在没有切断主离合和关闭发动机之前，绝对不要用手清理或调整玉米割台。

（2）在启动发动机或传动玉米割台时，必须让每个在场人员知道。

（3）进入割台底部时，除锁定割台高度操纵杆外，还要放下割台油缸安全护罩（图 6-5A）。割台安全警示标志见图 6-5B。

①提升割台油缸到最高位置，关闭发动机取出钥匙；

②在升起的割台或过桥下面安放支撑枕木；

③并拆下锁销 B；

④将油缸安全护罩 A 的一端卡在油缸柱塞的台肩上，并安装锁销 B。

⑤作业之前，要把割台油缸安全护罩 A 固定在存放位置。操作步骤是：

拔下油缸安全护罩 A 上的锁销 B，拉起油缸安全护罩 A，插上锁销 B 锁紧。

图 6-5A　割台安全护罩

A-油缸安全护罩　B-锁销　C-油缸

图 6-5B　割台安全警示标志

（二）倾斜输送器性能检查与调试

倾斜输送器性能检查主要是输送链耙的张紧度和一致性。

1. 输送链耙的张紧度检查

打开倾斜输送器壳体上盖部的观察盖（又叫活门），在输送器中部用 250~300N 的拉力向上提起链条刮板，此时链条刮板与下部隔板的间隙应为（50±15）mm。同时检查两侧链条松紧度应保持一致，平稳传动。

2. 输送链耙张紧度的调整

输送链耙张紧度的调整是通过调节输送器两侧的调节螺栓长度来实现（图6-6），调节螺栓 4 位于调节板 1 与固定座 3 之间，其长度 X 值出厂时推荐为（52±5）mm（各机型有异）。链条磨损后应及时调整。

调整方法：松开过桥两侧的调节杆锁紧螺母，用扳手将紧固于固定板

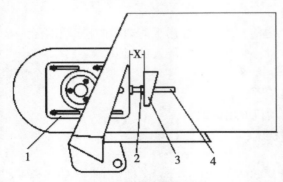

图 6-6　输送链耙的调整

1-调节板　2-螺母　3-固定板　4-调节螺栓

（C）两侧的调节螺母（B）旋入或旋出以减少或增加 X 值的数值，改变从动链轮轴的位置，调整后拧紧锁紧螺母。调整后左右侧长度值 X 应保持一致。若调整至极限位置时，输送链仍较松，则须去掉一个或两个链节，再同步调整两侧调节螺杆，使两侧输送链张紧度一致，并符合技术要求。

3. 割台传动轴安装位置

过桥装配时，链接轴承座 2 的螺栓 1 的初始位置位于长圆孔 5 的中间位置，联轴器 4 与割台连接时，根据需要对轴承座 2 位置进行适当的上下调整，见图 6-7 以保证割台传动轴 3 与割台两侧轴保持同心。

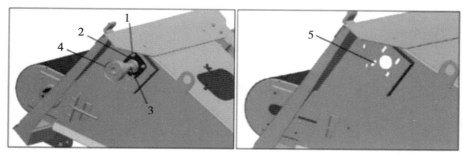

图 6-7　割台传动轴安装

1-方根螺栓 M12×40　2-轴承座　3-割台传动轴　4-割台传动联轴器　5-12×35 长圆孔

（三）升运器的检查与调整

1. 检查升运器链条张紧度

检查升运器链条张紧度时，应该用手（250N 拉力）在中部提起链条，链条离底板高度为 30~60mm。

2. 调整升运器链条张紧度

升运器链条松紧度是通过调整升运器主动轴两端调节板的调整螺栓来实现的，如图 6-8 所示。调整时，拧松 4 个六角螺母 1，拧动张紧螺母 2，改变调节板 3 的位置来改变链条张紧度。主轴两侧的调节螺母应同步进行调整，并使得升运器两链条张紧度应该一致。调整完成后拧紧所有螺栓。使用一段时间后，由于链节拉长，通过螺杆已经无法调整时，我们可将链条卸下几节。

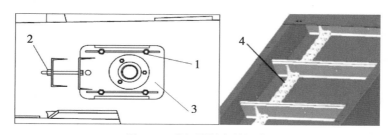

图 6-8　升运器链条的调整

1-螺母　2-张紧螺母　3-调节板　4-输送链耙

有些机型的升运器在主动轴处设有张紧调节机构，在被动轮处设有一个弹簧自动张紧；调整时首先调整主动轮上的拉紧螺栓，如发现自动张紧失灵时可适当压紧弹簧。

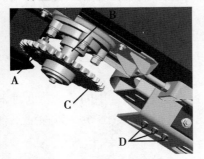

图6-9　升运器安全螺栓的更换
A-安全螺栓　B-升运器上轴
C-传动链论　D-备用安全螺栓

3. 升运器安全螺栓更换

升运器上轴右侧传动链轮处设置有安全螺栓（A），起过载保护作用，当安全螺栓断裂后，取下备用安全螺栓（D）更换（图6-9）。注意：机器运转时禁止靠近和维护。

4. 升运器下轴与轴承的维护

如图6-10所示，维护时，打开活门1，转动链耙7使链条连接节到达升运器活门中部，使用工具打开链条连接节，然后松开升运器下部所有螺母3，打开所有锁座4，拆去活动板5、6，将升运器从动轴8自缺口处慢慢拉出，进行维修或轴承维护。维护之后将从动轴从缺口处安入，按照上述方向安装下部活动板和链耙，然后关闭活门。

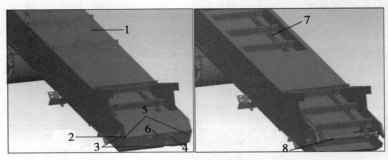

图6-10　升运器下部的维护
1-升运器活门　2-下轴轴承　3-螺母　4-锁座
5、6-下部活动板　7-升运器链耙　8-升运器从动轴

5. 二次拉茎辊调整

浮动式二次拉茎辊采用链条传动，链条伸长后可通过拧松中间轴（A）轴承座锁紧螺母，向上调节中间轴来张紧链条，张紧后拧紧螺母（图6-11）。两侧应同时调整并一致。

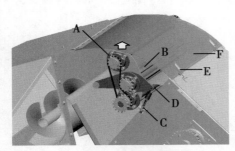

图6-11　浮动式二次拉茎辊的调整
A-中间轴　B-浮动辊　C-调节螺母
D-下拉茎辊　E-锁座　F-上盖板

浮动辊的张紧力可通过螺母C调节。打开锁座（E）翻开上盖板（F），可清理堵塞茎秆。排茎上盖板在机器运转和作业时必须关闭。

6. 升运器二次粉碎装置调整

升运器二次粉碎装置的高低位置可调，通过二次粉碎侧壁安装孔与升运器侧壁孔的上下搭配，可实现二次粉碎装置整体上移或下降，尽量多地将从升运器排出的断秸秆切碎后还田。向上调，排茎效果减弱；向下调，排茎效果增强，但果穗易碰下排茎辊造成啃穗。

二次粉碎装置的维修保养应注意以下问题：

（1）经常检查动刀片与刀座的固定情况，防止动刀松动。杜绝造成动刀飞出后伤人。将动刀固定螺栓拧紧，并将固定螺母焊死或将动刀与刀座焊死。

（2）动刀因长期使用出现弯曲变形后要及时进行更换，更换时要注意刃口方向。严禁使用 2 片或 1 片动刀工作，防止动刀轴震动引起机具事故或人身伤害。

（3）及时检查动刀轴传动链条的工作情况，出现链条丢失活节或变形时及时要补齐活节或更换链条，并保证链轮传动平面不超差。

（4）工作中要注意二次粉碎装置的排茎情况，应做到排茎辊不堵塞，不漏排且升运器抛出的果穗不能飞至排茎辊上，造成啃穗。否则要适当调整二次粉碎装置的高低位置。

（5）若作物品种断茎秆严重，或作物稠密断茎秆严重，经常造成二次切碎装置故障，机具调整无明显改善时，可暂将二次粉碎装置摘下。此时仓内秸秆可能多些，但不影响其他工作。

7. 清选风扇风量调节

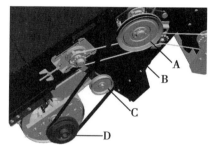

通过改变风扇从动皮带轮的直径大小，来调整风扇转速，从而得到适合于作物收获的风量。如要提高风扇转速，可使风扇皮带盘的工作直径变小；如降低转速，可将风扇皮带盘的工作直径变大。

拧松风扇皮带轮（D）上的顶丝，松开张紧轮（C），拆下皮带轮（D）反装，调整传动面，拧紧顶丝锁紧，张紧张紧轮（C）（图6-12）。

图 6-12　风扇转速调整
A-风扇传动主动轮　B-传动皮带
C-张紧轮　D-风扇传动从动轮

（四）剥皮系统的性能调整

1. 剥皮机调整与维护

（1）星轮和剥皮辊之间间隙的调整　通过调整调节螺栓（图6-13），使星轮和剥皮辊处在合适的工作间隙。出厂时，平铺式剥皮机星轮和剥皮辊之间间隙为 3mm，调整范围为 3~30mm；高低辊剥皮机这一工作间隙为

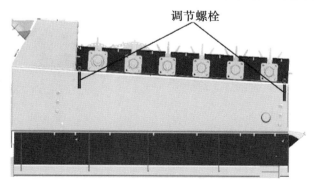

调节螺栓

图 6-13　星轮和剥皮辊间间隙调整

15~30mm。

（2）剥皮辊间隙的调整　通过调整外侧一组螺栓（A）（图6-14），改变弹簧压缩量 X，实现剥皮辊之间距离的调整。出厂时压缩量 X 为61mm。X＝58～61mm（平铺式剥皮机），L＝25～30mm（高低辊剥皮机）。

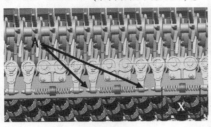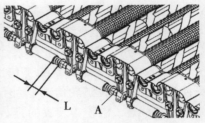

图6-14　剥皮辊间隙的调整

A-调节螺栓

（3）抛送辊的调整　抛送辊采用皮带传动，它将果穗送入粮箱，其高度通过调节螺栓（A）实现调节（图6-15），抛送辊位置调高，果穗抛送距离远；反之近些。

（4）辅助辊传动　辅助辊的作用是防止茎秆在剥皮辊末端的堆积堵塞，并将秸秆拽进筛箱，提高剥净率。调整见图6-16。

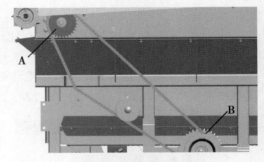

图6-15　抛送辊的调整

A-调节螺栓　B-抛送辊总成　C-传动皮带

图6-16　辅助辊的调整

A-辅助辊链轮　B-中间轴链轮

（5）齿轮保养　要经常对开式齿轮进行保养，打开左右活门均匀涂抹黄油（图6-17），保证齿轮传动平滑顺畅，降低噪声，减轻磨损。

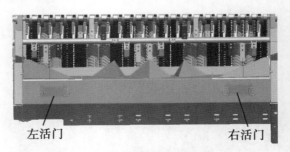

图6-17　剥皮机齿轮保养

（6）星轮保养　星轮轮齿断裂超过30%后，应立即更换。

（7）橡胶辊保养　橡胶辊容易磨损，当出现下列情况需要及时更换：

①橡胶辊磨损严重，一组剥皮辊之间间隙过大，导致剥皮效率下降。

②因异常原因，出现较多橡胶辊破损、撕裂。

更换摆动辊和固定辊上的橡胶辊时，按图6-18、图6-19所示从橡胶辊端依次进行拆卸；更换完成后，按顺序装回，后拆的先装。

（8）铁辊保养　剥皮机在工作一段时间后，需要经常清理铁辊及铁辊槽里的杂物，以便获得较好的剥皮效果。

（9）护罩检查　检查安全护罩的安装是否牢固。手、脚和衣服远离剥皮机传动部件。当机器运转时不要对剥皮机进行润滑和调整。

2. 籽粒回收装置调整

（1）摆臂与支撑杆胶套更换　更换摆臂与吊杆胶套时，要使连杆位于中立位置。根据使用情况定期更换胶套。

中立位置按下列方法确定：用手转动链轮，直到连杆中心线与曲柄中心和筛箱传动轴中心连线成90°时为止，见图6-20。

（2）籽粒筛角度调整　籽粒

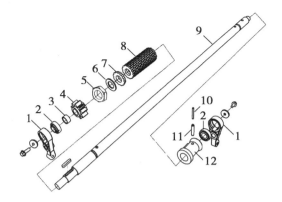

图 6-18　摆动辊装配
1-摆动轴承座　2-轴承　3-间管　4-齿轮
5-薄螺母　6-垫圈　7-胶辊　8-橡胶辊
9-管轴焊合　10-销　11-销　12-摆动锥套焊合

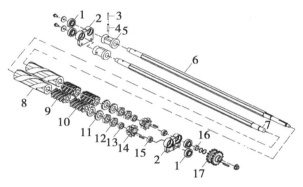

图 6-19　固定辊装配
1-轴承　2-固定轴承座　3-销　4-销　5-固定
锥套焊合　6-主六方轴　7-六方轴　8-螺旋橡
胶辊　9-四槽铸铁辊　10-二槽铸铁辊
11-橡胶卷辊　12-M36薄螺母　13-间管
14-齿轮　15-间管　16-间管　17-链轮

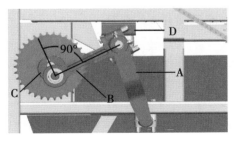

图 6-20　振动筛调整
A-摆臂　B-连杆　C-曲柄　D-调整座

筛倾斜角度可通过调整座（D）调整（图6-20）。安装调整座为出厂状态，筛面略向下倾斜。拆下调整座，可使筛面向上倾斜，降低籽粒损失。

（五）脱粒清选系统的性能调试

1. 脱粒系统的性能调试

（1）调试前首先要确认该脱粒系统是否为收获玉米而配置　一般收获玉米的滚筒、凹板、下筛和滚筒上盖板的导流条角度不同于收获其他作物。

（2）作业前和作业中的调整　应根据不同作物品种、收获条件和作物含水率等，参照产品使用说明书对脱粒间隙和滚筒转速进行调整（表6-1）。

表6-1　凹板间隙及转速参考对照表（ZOOMLION 8000系列）

作物状态		滚筒直径（mm）	转速（RPM）	脱粒间隙（mm）		风扇转速（RPM）
				进口间隙	出口间隙	
玉米	正常	480	400~600	35~40	25~30	1 000~1 100
	干燥		400~500	40	25	1 000~1 100
	潮湿		500~550	35	30	1 000~1 100

（3）调试技巧

（A）首先选择和调整脱粒间隙。如果未脱净率高时，可适当减小脱粒间隙，但不能增加谷粒破碎率和碎茎秆。

（B）当脱粒间隙调整适当后，再调节滚筒转速来获得最佳的作业效果。但要平衡好损失率。如果破碎率过大，适当降低滚筒转速，不要增大凹板间隙，玉米收获时的凹板间隙对破碎率影响很小。

（4）调试原则　收获小籽粒和一般谷物：滚筒转速调高，脱粒间隙调小；收获大籽粒作物：滚筒转速调低，脱粒间隙调大。

作物潮湿：增加滚筒转速或减小凹板间隙。作物干燥：降低滚筒转速或增大凹板间隙。

2. 清选系统的性能调试

清选系统整原则：是在保证不跑粮的前提下粮箱里杂余越少越好。它包括清选风扇风量的调整、风向的调整、鱼鳞筛开度的调整。

（1）风量和风向调整

风量大小的调整原则是在保证籽粒不被吹走的情况下，风量尽可能大些。调整有两种方法：一是调节风扇转速；二是改变进风口面积大小。增加进风口面积和提高风扇转速，风量变大；反之风量变小。

①调节风扇转速　通过改变风扇从动皮带轮的直径大小（拆下从动皮带轮进行反装，调整传动面），来调整风扇转速，从而得到适合于作物收获的风量。如要提高风扇转速，可使风扇皮带盘的工作直径变小；如降低转速，可将风扇皮带盘的工作直径变大。

参见图6-12，拧松风扇皮带轮（D）上的顶丝，松开张紧轮（C），拆下皮带轮（D）反装，调整传动面，拧紧顶丝锁紧，张紧张紧轮（C）。

在调节风扇转速之前，要根据不同的作物把上筛和下筛开度调整至说明书推荐的最大开度（鱼鳞筛-玉米），然后，从低速逐渐提高风扇转速，直至无籽粒吹出或无籽粒吹入杂余滑板为止。风量的调节应该使颖壳和断茎秆等杂物处于漂浮状态，以便减小清选损失。风量过大会吹走籽粒，过小会降低清选效果。

②改变进风口面积　通过改变进风口挡风板阻挡的面积来改变进风口面积。拧松挡风板上的紧定螺栓，转动挡风板，当进风口面积增大时，进风量增加；反之进风量减少。

③风向的调节　风向的调节是通过机器左侧的导风板调节杆来改变气流的方向和风在筛箱中的分布情况。调整时要保证筛箱的各个部位都有风，特别是前部，如前部无风或风量少，杂余就会在筛子的前半部经粮食滑板进入到粮箱中，从而造成粮箱中的粮食混杂。如果没有导风板，风扇吹的风会沿涡壳方向吹到筛子的后部，而前部无风。要求导风板应与风扇涡壳成一定的角度（让风向筛的前部吹）。它是通过左侧的调整手柄来完成，将导风板的手柄向上调时，风扇的风向筛子的前部吹；当导风板的手柄向下调整时，筛子前部无风，风全部吹到筛子的后部，粮箱中的杂余量会很多。在导风板调整手柄的右侧是一回位弹簧，它是保证导风板的位置不变。

注意：上述的调整方法是针对玉米等大籽粒作物，但对于油菜等小籽粒作物，导向板应尽力向前调整，否则，会造成籽粒被风吹走，因为小籽粒的作物较轻。

（2）清选筛调试

清选筛多为可调鱼鳞筛。鱼鳞筛开度调节要适当，应该使籽粒在通过鱼鳞筛的过程中从筛上落下。如果上筛开度过大，就会增加下筛负荷。如果清选筛开度不够，一些籽粒就会落到杂余滑板上，使破碎增加，而另一些籽粒就会被抛落到机器的后面，造成清选损失。

如风量或清选筛的开度太小，在粮食上面有一层破碎玉米芯等杂物层，说明是脱粒过度必须调整滚筒和凹板间隙，以减轻过度脱粒；同时需要增大风量使筛面上的杂物悬浮起来，或稍微增加清选筛的开度，而使籽粒能够通过筛子下落。在进行下一步调整之前要检查前一次的调整结果（图6-21）。

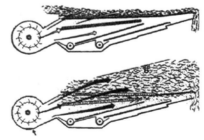

图6-21　鱼鳞筛开度检查与调整

调整清选筛时，首先要增加筛子的开度，直到粮箱出现了较多的杂质为止；然后，略微减小筛子开度，直到粮箱内样品的清洁度达到被认可的程度为止。

一般情况下，鱼鳞筛上筛的开度比下筛的开度大些，尾筛的开度要比上筛的开度大些，而且每个筛子的后部都有一个调节手柄，当调整手柄顺时针转动时，筛子的开度变小；当逆时针转动调整手柄时，筛子的开度变大。

清选机构调整时，要将风量、风向、鱼鳞筛开度综合起来进行调整，可以得到一个最佳的清选效果。

（六）秸秆切碎还田机的性能调整

1. 秸秆切碎还田机水平调整

秸秆切碎还田机与拖拉机联接后，调节拖拉机悬挂机构的左右斜拉杆，使还田机左右水平；调节拖拉机上拉杆使其纵向接近水平。

2. 秸秆切碎还田机留茬高度调整

秸秆切碎还田机留茬高度即是刀片最低离地高度，它是通过改变地辊（轮）支臂前端与切碎还田机壳体的两侧连接位置来实现。调整的要求是使玉米茎秆切碎后留茬高度控制在 50~80mm 范围内，且刀片不打土。

3. 秸秆切碎还田机高度调整

它是通过操纵多路阀手柄使秸秆切碎还田机油缸伸缩，来改变其高度。须注意的是，需将摘穗台高度确定在合适高度后，再调整秸秆切碎还田机的高度。

4. 传动皮带松紧度调整

皮带张紧度的调整是通过调整秸秆切碎还田机左端的张紧轮来实现。皮带过松可把张紧轮架上的螺帽向内调整；皮带过紧，螺帽向外调整。

5. 变速箱齿轮啮合间隙的调整

可通过增加或减少调整垫片的方法进行调整。

二、玉米收获机收获非正常长势条件下（倒伏、果穗下垂和断裂）作业性能调整

（1）调整加大摘穗板间隙，使果穗自由通过拉茎辊进入机器。调整宽度为一般情况下摘穗板前端为 32~35mm，后端为 35~38mm。

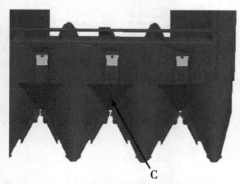

图 6-22 分禾器橡胶板

（2）拆卸中心护罩，卸下割台分禾器上的橡胶挡板，防止推出玉米。

橡胶挡板（C）的作用是防止玉米穗从拨禾链内向外滑落，造成损失（图 6-22）。当收割倒伏玉米时，玉米茎秆倾斜，在此处容易出现茎秆推出现象，无法正常作业，因此需要卸下挡板。卸下挡板后，与固定螺栓一起存放在可靠的地方保留。

（3）重新调整喂入链（拨禾链），使翼型链板由交错状态变更为互相对正状态。

正常条件下喂入链上的翼型板（A）应交错排列。当果穗严重"下垂"、玉米茎秆倒伏、果穗断裂且运行不规则时，调整喂入链使翼型板互相对正（图6-23）。

（4）清除搅龙堵塞物，调整搅龙与底板间隙。

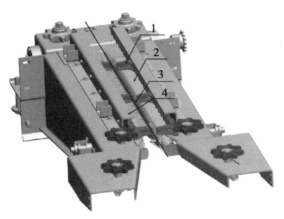

图6-23　喂入链条调整

1-翼型板　2-摘穗板　3-中心线　4-喂入链导板

第二节　玉米收获机试割和田间作业路线

一、进入田块的方法

机器的结构不同，机器作业的方向也不同。卸粮台在右侧的玉米收获机，考虑到卸粮方便，要求机器左转弯作业。相反，卸粮台在机器左边则要求右转弯收割。

对于左转弯作业的玉米收获机，从田块的右角进入，沿地块的右边收割；对于右转弯作业的玉米收获机，则从田块的左角进入，沿地块的左边收割。

二、试割

左转弯作业的玉米收获机从田块的右角垂直进入，调整机器分禾器尖对准玉米行距中间后，压下割台液压操纵手柄，使其降低到合适高度。挂上低速挡，加大油门，达到额定转速后，接合离合器，使机组边前进，边观察割茬高度，调节液压升降手柄和秸秆还田机高度及各部件和工作情况情况。前进30~50m后，停机熄火，检查作业情况和调整相关的间隙等参数。

割第一趟时，机器多数是靠近田埂作业，要注意及时提升割台，防止分禾器等插入田埂，造成机具损坏。

三、玉米收获机田间作业路线

制定合理作业路线，可减少玉米收获机作业空行程过多而消耗的时间，提高作业效率。玉米收获作业路线常用的有纵向收获法和分区收获法。

1. 纵向收获法

作业时，机器从田块右边角进入，只沿田块的长方向收割，机器割到地头后，绕过已割的田头至另一侧收割，如图6-24所示。此收法比较简单，适用于狭长地块；机组虽走了横向空行程，但不用倒车，因而对于狭长田块，时间利用率高，生产效率也比较高。

2. 分区收获法

分区收获法适用于较大作业面积的田块，可先在中间开出割道，将田块分成2块以上进行纵向收割，可以提高收割效率。收获前先划出比机组收获幅宽4~5倍的小区，往复一次跨两个小区，这种收法速度高，转弯容易，减少地头转弯时间，生产效率高。

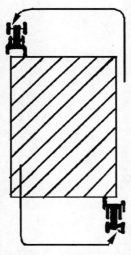

图6-24 纵向收获法

第三节 玉米收获机基本操作

一、玉米收获机的启动、起步行走、变速和停车

1. 玉米收获机的启动

（1）设有电源总闸的收获机应先合上总闸开关。

（2）操作者坐在驾驶员座椅上，再分离离合器，将其踏板完全踩下；将变速杆和动力输出轴操纵杆及前驱动手柄置于空挡位置；将手油门应放在中速位置，把钥匙插入主开关。

（3）启动 常温下启动（气温在5℃以上时），将钥匙顺时针转至通电位，接通电路；然后旋转钥匙至启动位置约5s，发动机启动后，应立即松手，让钥匙自动弹回到通电位置，以防止启动机损坏。低温启动（如气温低于-5℃时），应将启动开关拧至预热位置，并持续30~40s，然后再拧到启动位置，减压启动。发动机启动后中速运转3~5min，检查无异常声音等，再将油门踩到额定位置。

（4）启动发动机时应注意的问题：

①当玉米收获机停机较长时间后再启动时，应先排除燃油系统管路内的空气。放气的方法是：拧开高压油泵上的放气螺钉，用手压动输油泵手柄，待油路中空气排尽后，再拧紧放气螺钉。

②如长时间未启动的，应用摇把转曲轴数十圈，进行润滑，减少磨损等。

③带涡轮增压的发动机，启动前应向增压器倒入少许机油，延长其寿命。

④启动时油门不易过大，以免空转转速过高，发动机磨损过大。

⑤每次启动通电时间不得超过 5s，如不能启动，应停歇 2 ~ 3min 后再作第二次启动。

⑥一次连续启动不能超过 3 次，否则应进行以下检查，排除故障后再启动。一看电源总闸接触是否可靠，电机线有无虚接或短路现象；二看发动机油泵是否泵油，连续按压手油泵数次，使发动机启动时能连续泵油；三看启动电机接线是否正确可靠，启动电机是否损坏；四看综合开关是否有故障或损坏。

⑦严禁发动机启动后，不松钥匙而损坏启动机。

2. 玉米收获机的起步行走

发动机启动后，在中速时运转 5 ~ 10min，待发动机冷却液温度高于 40℃后，再按下述步骤进行起步。

（1）玉米收获机起步、转弯和倒车时要先鸣喇叭，并观察机组周围有无障碍物，确保人、机安全。

（2）观察割台、茎秆切碎机是否升起，果穗箱是否回位，转动方向盘，后轮是否随动，无级变速（行走）是否低速；发动机动力输出是否在分离状态。

（3）踩下离合器踏板并将换挡操纵杆挂到 I 挡位置。玉米收获机起步时，一定要用低挡位（I 挡）起步，否则容易损坏相关功能部件。

（4）松开停车制动器（手刹）。

（5）操作脚油门踏板逐渐增高发动机转速并缓慢地松开离合器踏板，使玉米收获机平稳起步。

3. 换挡变速

玉米收获机的行进是靠换挡操纵手柄来实现的，操纵换挡手柄可获得 4 个前进挡和 1 个倒退挡。在同一个挡位上可实现不同的行驶速度，当驾驶员操纵无级变速液压手柄时，无级变速主动轮动盘做轴向移动，其轮的工作直径发生变化，无级变速皮带挤压（变速箱）增扭器上的无级变速动盘横向滑动，其工作直径也发生变化。即无级变速轮工作直径变大时，增扭器上的皮带盘工作直径变小；而无级变速轮直径变小时，增扭器上的皮带盘工作直径变大。达到变速目的。向前推减速，向后拉增速。

（1）挡位选用　玉米收获机在行驶中，遇到行驶阻力较大（如起步、上坡或道路情况不好）时，应选用低速挡；在转弯、过桥、一般坡道、会车或路况稍差时行驶常选用中速挡；在转移地块的道路行驶中常选用高速挡。

（2）换挡方法　变速时，首先踏下行走离合器踏板。然后再扳动换挡变速杆至合适挡位。操纵变速杆时必须配合协调，达到快捷、平稳、无声，决不允许硬挂、猛碰。

①低速挡换高速挡。先适当加大油门，提高发动机转速；然后在松开油门的同时踏下离合器踏板，挂入高一级挡位，再缓慢松开离合器踏板，加大油门，机器就能平稳提高行驶速度。

②高挡换到低挡。从高挡换到低一挡一般采用两脚离合法，首先松开油门，再踏下离合器踏板，将变速杆换入空挡；然后松开离合器踏板，踏一下油门，再迅速踏下离合

器踏板，将变速杆换入低一级挡位；一边慢松离合器踏板，一边逐渐加大油门，机器就能平稳地降低速度行驶。

③换挡注意事项。（A）换挡时，一手握稳方向盘，另一手轻握变速手柄，两眼注视前方，不要左顾右盼或低头看变速杆，以免分散注意力。（B）变速应逐级进行，不能越级换挡，但在特殊情况下可越级换挡。（C）改变前进或后退方向时，必须先停车，后进行换挡。

4. 转向

转向要低速转大弯，严禁高速急转弯。转向前应"减速、鸣号、靠右行"，当玉米机驶过弯道、机头接近新的方向时，再将方向盘及时回正，方向盘回正的速度与角度，应根据转弯的形式和路面的情况确定，一般转大弯、缓弯，方向盘应慢转、少转、少回正；转小弯、急弯，方向盘应快转、多转、多回正。

左转弯时，如前方无来车时，可适当偏左侧行驶；在窄道上左转弯应先靠向右边再左转，以保证有余地。

右转弯时，要等玉米收获机完全驶入弯道后，再完全驶向右边，不宜过早靠右行驶，以免后轮偏出路面。

5. 制动

（1）减速制动　即通常所说"点刹"，当玉米收获机在行驶中需要降低车速时，首先要抬起油门踏板，然后间歇再踏下制动踏板，使行驶速度达到要求。

（2）预见性制动　是指预先了解道路与交通情况的变化，提前做好减速和刹车准备。方法是先减小油门，降低车速，在需要停车的地方，踩下离合器的同时踩制动踏板。

（3）紧急制动　是指在行驶中遇到紧急情况时，驾驶员迅速使用制动装置，在最短的时间内将车停住，避免事故发生。此法是在万不得已的情况下使用。方法是：握紧方向盘，立即松开油门，同时迅速踩下离合器踏板和制动踏板，必要时，同时拉起手制动杆。

6. 倒车

（1）注视后视镜倒车　驾驶员注意观察左右后视镜，确认安全后倒车。

（2）注视后侧方倒车　驾驶座在左侧时，打开左车门，右手握住方向盘上部，左手扶车门，身体上部斜伸出驾驶室，两眼注视左后方倒车。

7. 停车和熄火

（1）行驶中需要停车时，一般要采用预见性制动，降低车速，减小油门，逐渐靠右行驶，临近停车地点踩下离合器踏板，轻踏行驶制动器踏板，平稳停车。

（2）拉上玉米收获机停车制动杆（手制动），将变速杆挂入Ⅰ挡，然后松开离合器踏板和行驶制动器踏板。停车制动是防止收获机停止时发生滑移。

（3）拉动熄火拉线，使喷油泵停止供油，发动机立即熄火，使拉线处于拉出锁定状态，并取下启动开关钥匙。

（4）停车较长时，打开电源总闸开关，关闭电源。

二、玉米收获机进库、移库和出库技术

1. 场内式样行驶路线

场内式样行驶路线图 6-25 所示。

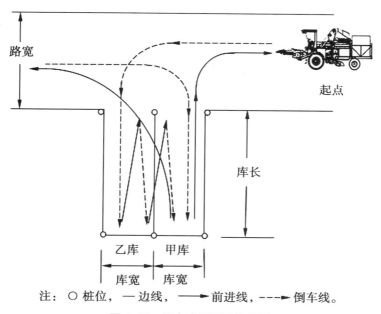

注：○ 桩位，— 边线，━━► 前进线，---► 倒车线。

图 6-25 场内式样行驶路线图

2. 场地尺寸

（1）起点：距甲库外边线 1.5 倍车长；

（2）路宽：车长的 1.5 倍；

（3）库长：二倍车长；

（4）库宽：收获机宽 1.5 倍。

3. 行驶路线

从起点倒入乙库停正，再二进二退移位到甲库停正，前进穿过乙库至路上，倒入甲库停正，前进返回起点。

4. 驾驶方法

（1）采用倒车入库。

（2）侧方移位。侧方移位是收获机在两库相连的车库内，由甲库移至乙库（或由乙库移至甲库），要求两进两退完成移位，而且停放端正。

5. 驾驶要求

（1）必须按规定路线行驶。

（2）由起点倒入乙库后的停车，以及通过两进两退移入甲库后的停车，均须停放端正。

（3）起步须平稳，不得出现前后闯动现象。

（4）不得在车辆未动时，原地硬打转向盘。

（5）前进、后退时驾驶姿势必须保持端正。

（6）前进、后退均应平稳行驶，不得中途加速、熄火。

（7）驾驶车辆不得使离合器处于半接合状态。

（8）前进行驶变为后退或反之，须将车停稳后，再进行换挡。

（9）整个前进、后退过程中，不应擦杆、碰杆、或压线；车身的任何部位均不得超出划线。

6. 操作要领

（1）冷静沉着驾驶；

（2）低速慢行；

（3）进库略偏右、出库中间行驶；

（4）掌握转向时最佳时机；

（5）库内停车到位；

（6）按考核要求操作。

三、玉米收获机道路驾驶要领

1. 转移地块时的操作要领

（1）选择易于行驶的路线，行经堤坝、便桥、涵洞时，应先确认其载重能力，了解道路宽度、路面情况和桥梁的通过性能及涵洞的空间、高度是否能通过等，注意道路两侧的树木是否妨碍玉米收获机通过。

（2）进入田块，跨越沟渠、田埂以及通过松软地带，应使用具有适当宽度、长度和承载强度的跳板。

（3）从田间道路驶上公路时要先观察公路上的来往车辆，确认安全后再驶上公路。

（4）由公路驶入田间路时，应先减小油门降低速度后，再换低速挡进行转弯。转弯前应开启转向灯或下车观望，确认安全后方可驶入田间路。严禁高速转弯。

2. 道路行驶时的操作要领

（1）道路行驶时，应注意交通标志，严格遵守交通法规外，玉米收获机上要插明显标志。

（2）会车时要减速慢行，必要时靠边停车，等来车通过后再行驶。

（3）超车时要观察路况，严禁强行超车。

（4）上、下坡时，应直线行驶，不得急转弯、横坡掉头。下坡时，不得空挡或分离合器滑行。

（5）坡道上停机时，应锁定制动器，并采取可靠防滑措施。

（6）在道路宽、视野好时行驶速度以中速行驶为好。转弯时必须先减速再转弯。

3. 行经渡口时的操作要领

行经渡口时应服从渡口管理人员指挥。上下渡船应低速慢行，在渡船上停稳后应锁定刹车，并采取可靠的稳固措施。

4. 通过铁路道口时的操作要领

通过铁路道口时，应按照交通信号或者管理人员的指挥通行。没有交通信号或者管理人员的，应观察左右是否有火车，在确认安全后用较低挡位行驶通过。

5. 行经漫水路或者漫水桥时的操作要领

行经漫水路或者漫水桥时，应先察明水情，确认能安全通行后，用较低挡位行驶通过。

6. 倒车时的操作要领

倒车时应察明联合收割机后方情况，确认安全后方可倒车，同时开启倒车报警位置。不得在铁路道口、交叉铁路、单行路、桥梁、急弯、陡坡或者隧道中倒车。

第四节　玉米收获机田间作业操作技术

一、玉米收获机收获正常长势条件下的田间作业

1. 分区作业

在大地块作业时，可先分成几个作业区域，确定机器行走的作业路线。将机器驾驶到作业路线正前方预备区内。

2. 对行收获

作业时坚持对行收获，调整机器使割台分禾器对准在玉米行间内，见图6-26才能确保对行收获。如出现偏离时，宁可少收一行也应坚持对行收获，否则有关部件易产生堵塞或果穗会卡住拨禾链造成脱链、将会增加损失，影响收获效果。

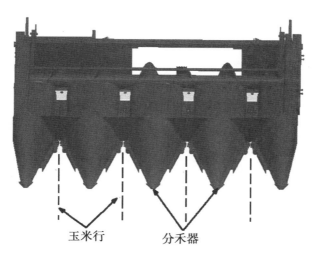

玉米行　　　分禾器

图6-26　对行收获

3. 将割台和秸秆切碎还田机升降手柄放到适当高度的位置

一般割台离地高度为 100mm 左右、秸秆切碎还田机离地高度为 100mm 左右。割茬高度一般控制在 80~100mm，90% 以上的被粉碎物长度不超过 100mm。调得太低刀具易打土，会导致刀具磨损过快、动力消耗大、机具寿命降低。

4. 正确操作油门离合器和挡位

玉米收获机在作业前应踩行走离合器踏板，分离行走离合器，平稳结合工作部件离合器，油门由小逐渐加大，达到额定转速后，方可踩下行走离合器，挂上需要的前进挡，缓慢松开行走离合器，开始试收获作业。

5. 试割

试割 30~50m，停机熄火，检查作业情况和各部件是否有故障现象，进行必要的调整和维修。

6. 选择合适的收获前进速度

（1）开始收获时采用低速收割，再逐渐增加前进速度，一般为 3.5~5.5km/h 为宜。保持前后轮胎行驶在行间内。注意倾听离合器和其他非正常的声音，以防止机器出现故障。

（2）作业中，要依据玉米秸秆密度、产量、含水量等长势情况，选择合适的前进速度、割台的高低和喂入量，不要超负荷作业。作业速度过高或喂入量过大，将导致作业质量差、堵塞、损坏机件。作业速度或喂入量过低，导致效率低。应及时观察割台摘穗部位和搅龙部位是否有堵塞现象，如有要及时清理。

7. 作业中适当调整割台分禾器顶尖的离地高度

根据玉米最低结穗高度、秸秆倒伏、折弯情况，适当调整割台分禾器顶尖的离地高度，目测低于果穗根部 200mm 左右是最佳的割台收获高度。收获倒伏玉米时，分禾器顶尖距地面可调低些，但不允许撞地。

8. 作业中要定期检查收获质量和留茬高度及粉碎质量

作业中要定期停车检查摘穗状况、收获损失、留茬高度和秸秆粉碎质量，检查调整摘穗辊间隙、切草刀间隙、割台高度、作业速度和锤爪高度等是否符合作业要求。如摘穗板之间的工作间隙过大，则籽粒损失大；间隙过小会使大量的玉米叶、茎秆碎段混入玉米果穗中，引起堵塞。

9. 作业中要定期检查剥皮质量

判断苞叶剥净的质量是以不露籽粒而剩 1~2 片苞叶为最佳，否则会导致落粒、籽粒破损或剥叶不净，同时造成剥皮辊缠绕和剥皮辊橡胶辊磨损加速，影响作业质量。胶辊表面凸缘磨平后需要立即更换。无皮裸露籽粒的光果穗，也易产生掉粒和籽粒破损。当收获玉米秸秆含水率高、苞叶剥净率较低时，要检查：①压送器距剥皮辊的距离；②是否有缠绕现象；③剥皮胶辊是否磨损；④压送器上的胶板是否磨损。由于收获季节前期玉米须潮湿，易缠绕剥皮辊，请及时清理，避免影响剥皮效果；在收获后期，即茎秆干枯、果穗下垂得较多时，将胶挡板安装在分禾罩的前端。

10. 秸秆切碎还田作业

作业时要空负荷低速启动，待发动机达到额定转速后，方可进行作业。

（1）应先将秸秆切碎还田机提升至锤爪离地面 200～250mm 高度（提升位置不能过高，以免万向节偏角过大造成损坏），接合动力输出轴，转动 1～2min，当确认机组四周无人时，按规定发出起步信号。

（2）挂上作业挡，缓慢放松离合器踏板，同时操作液压升降调节手柄，使秸秆切碎还田机逐步降至所需要的留茬高度，随之加大油门，投入正常作业。

（3）作业中合理选择作业速度，地头留 3～5m 的机组回转地带。

（4）作业时禁止锤爪或甩刀打土。若发现锤爪或甩刀打土时，应调整地轮离地高度或拖拉机上悬挂拉杆长度。

（5）转弯时，应提升秸秆切碎还田机，转弯后方可降落作业。

（6）使用注意事项：

①秸秆切碎还田机的切碎刀片严禁打土块、石块、木桩等异物，行驶或作业过程中要及时清除缠草（机器应熄火），避开土埂、树桩等障碍物。

②如果秸秆切碎还田机出现异响或振动现象，应立即停机熄火检查。如刀片丢失或断裂会造成动平衡破坏引起振动现象，若有应更换与其对面同样重量和高度的刀片。否则，易引起整机振动，从而导致机架或轴承的损坏。

③秸秆切碎还田机提升、降落时，应注意平稳。作业中禁止倒退，路上行走应切断其动力输入。

④作业中要定期检查粉碎质量和留茬高度小于 100mm，根据情况随时调整割台高度。

11. 籽粒直收作业

籽粒直接收获要根据收获条件和作物含水率，作业前对机器进行必要的调整；作业过程中要随时观测粮箱清洁度和破碎情况，及时对滚筒转速、脱粒间隙、风扇转速和清选筛开度做出对应调整。

（1）调节原则：

①滚筒转速高，脱粒间隙小，脱粒效果好；但脱粒间隙过小则易破碎。

②滚筒转速低，脱粒间隙大，破碎率小；但脱粒间隙过大则造成脱不净。

③小籽粒和一般谷物：滚筒转速调高，脱粒间隙调小。

④大籽粒作物：滚筒转速调低，脱粒间隙调大。

⑤作物潮湿：增加滚筒转速或减小脱粒间隙。

⑥作物干燥：降低滚筒转速或增大脱粒间隙。

（2）脱粒效果的判定应注意下列各点：

①被脱茎秆或果穗状态；

②玉米收获机后部的粮食损失；

③粮箱内籽粒的清洁度和破碎率；

④杂余情况。

12. 地头或转弯作业

（1）收获机到地头时，不要立即减速停机，应继续高速前进一段距离，以便秸秆能完全粉碎，并停驶 1～2min，让工作部件空运转，以便从工作部件中排除掉所有果穗、籽粒等余留物。

（2）当玉米收获机转弯时或遇横沟时，应把割台及茎秆切碎机升到安全位置。转弯时行驶速度要放慢，可通过操纵无级变速来调整解决，但不能降低发动机转速，否则易引起工作装置堵塞和秸秆切碎还田机故障而损坏机器。

13. 粮箱卸粮操作

收获作业过程中要随时观测粮箱的充满情况，装满后卸入接粮车，以 ZOOMLION CA 系列玉米收获机为例，卸粮操作如下：

（1）分离主离合　选择合适的位置停车，分离主离合 A（主离合操作应慢结合快分离），如图 6-27 所示。操纵杆抬起—主离合结合，操纵杆落下—主离合分离。

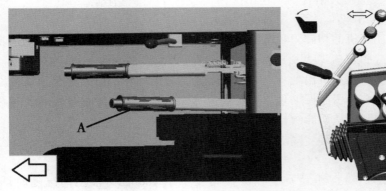

图 6-27　主离合与卸粮操作

（2）卸粮操作　卸粮前鸣笛警示，当接粮车停稳后，驾驶员将卸粮操作手柄向后拉（图 6-27）—粮箱升起卸粮。此时控制粮箱两侧的液压油缸中的活塞伸出，支起粮箱向机器左侧翻转实现卸粮。卸粮完成后，将卸粮操作手柄向前推—油缸活塞回缩，此时粮箱回落归位。要在发动机达到额定转速时，平稳结合主离合继续作业。

（3）卸粮注意事项：

①卸粮时应停止作业，不允许收割机在粮箱悬出时行走；粮箱回位后，方可继续作业。

②不要在高压线下停车或进行卸粮作业。

③卸粮时玉米收获机卸粮口下方禁止站人。

④机器运转状态禁止人员爬入果穗箱助推果穗，防止意外伤人。

⑤卸粮应一次完成，禁止中途停机，防止搅龙损坏。

14. 停机操作

停机前空转 1~2min，须将摘穗台和果穗升运器里的玉米果穗全部送进集穗箱，保证割台和各部件上没有残留的玉米果穗物。

二、玉米收获机收获非正常长势条件下的田间作业

1. 收获倒伏的玉米

（1）降低割台高度，分禾器顶尖距地面可调低些，但不允许撞地。

（2）进行对行收获（图6-28）。

（3）根据玉米倒伏程度应沿作物倾倒方向的相反方向沿垄向选择单向收获，以便扶禾。

（4）收获时降低作业速度，可将速度降低至正常收获速度的三分之一，且保持拨禾链速度与作业速度匹配。

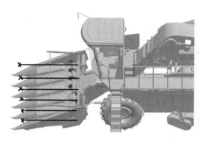

图6-28　非正常长势条件下的对行收获

2. 收获果穗下垂率高的玉米

应根据玉米果穗下垂的程度，适当降低割台高度。收获一季种植的玉米，秸秆含水量较低，易折断挂在扶禾杆上造成堵塞，此时可将扶禾杆拆除；在开始收获时，果穗损失要大一些，还田机不能放低，待人工捡拾完果穗后再粉碎。果穗含水量也较低，易造成籽粒损失，此时应加上摘穗辊护板，并调整到合适的位置，可有效降低损失率。摘穗辊间隙调小些，有利于秸秆的抓取。

图6-29　坡地驾驶

3. 收获坡地上的玉米

（1）玉米收获机可在坡度小于18°的田地上进行横向收获作业（图6-29）；沿斜坡上下作业，坡度可到25°。禁止在更陡的坡地上作业，因为低侧的行走轮负荷过大会陷入土中，有翻车的危险！

（2）坡地作业时，只要坡度超过10°，建议喂入量按正常条件的50%为宜，否则损失率增大。

（3）沿斜坡上、下作业时，尾筛、茎秆筛和指状筛都要进行调整（图6-30）。上坡要调陡些（开度调大），下坡要调平些（开度调小）。

（4）在坡地作业时玉米收获机不准挂空挡。

4. 收获秸秆含水量高的玉米

含水量高易断茎，造成堵塞，收获时，要将割台放到最低位置，这样有利于摘穗辊拉茎，并提高作业效率。同时摘穗辊间隙应适当放大一些。

图 6-30　坡地作业时清选筛开度调节

5. 作业时应保持对行收获

作业时，宁可少收一行，也要确保割台分禾器在玉米行间内对中收获，防止果穗卡住拨禾链造成脱链；不对行作业时有关部件易产生堵塞。保持前后轮胎行驶在行间内，认真驾驶。

6. 正确操作油门离合器和挡位

玉米收获机在作业前应平稳结合工作部件离合器，油门由小逐渐加大，待到额定转速后，方可开始收获作业。开始收获时采用低速收割，再逐渐增加前进速度。

7. 根据作物生长情况适当降低作业速度

根据作物生长的状况，适当降低作业速度。保持拨禾链速度与作业速度匹配。割台工作时不要超负荷，超负荷可能引起堵塞和部件损坏。

8. 作业时防堵塞操作

当发现割台有堆积现象或在玉米收获机进行长时间收获作业时，应使玉米收获机停驶 1~2min，保持发动机的额定转速，让工作部件继续运转，以便果穗和籽粒等杂物从工作部件中排出后再恢复正常行走速度。当工作部件堵塞时，应及时停机熄火后清除堵塞物。

三、作业注意事项

1. 正确驾驶和操作

（1）要细心地驾驶玉米收获机，使割台始终保持在玉米行间内循行收获，不要超负荷作业，否则易引起机器损坏。

（2）始终保持玉米收获机在额定转速下作业，禁止小油门或中油门作业，否则，宜造成作业速度慢、发生堵塞故障等，影响作业效率。

（3）开始作业时，最好采用低挡速度收割，然后逐渐增加到所希望的前进速度。

（4）要注意各工作机构的工作情况，不允许工作部件堵塞。

（5）当搅龙、升运器、剥皮器和茎秆切碎装置等发生缠绕或堵塞时，应及时停机、切断动力，熄火后清除堵塞物。

（6）严禁以控制离合器踏板的位置来控制行驶速度。

2. 循着玉米行间的方向进行收获

保持对行收获，收获速度尽量均匀，不能时快时慢，收割几圈后，停下机器，关闭发动机，检查所有轴承的过热情况和所有紧固件的扭矩以及链条皮带的张紧程度，进行调整。

3. 发生堵塞倾向时的操作

作业中如果玉米收获机开始出现堵塞倾向时，要保持发动机的额定转速，降低行走速度，直到堵塞现象消失再恢复到正常行走速度。当发现有堆积现象或负荷过重时应立即踩下行走离合器踏板，使玉米机停止前进 1~2min，让各工作部件继续运转，以便排出果穗和其他物料，待工作部件转速稳定后，再前进，切不可减小油门。特别是在收获到地头时应注意，其工作部件容易造成阻塞。作业时还应注意，未收区的茎秆上端会有已收区排出茎秆的堆积，会出现二次喂入现象，容易造成工作部件阻塞。

4. 做到"六看、两听、一闻、三不收"

六看：一看前方有无障碍；二看割台上作物的拨送和喂入情况；三看割茬高低；四看粮箱情况；五看剥皮机剥皮（脱粒清选）情况；六看仪表指示是否正常。

两听：一听发动机运转声音是否正常；二听工作装置部分运转声音是否正常。

一闻：注意嗅闻有无传动带因打滑产生高温而发出的气味。

三不收：一是水分过高不收；啃粒（破碎）严重不收；损失过大不收。

 小经验

降低玉米收获机油耗的八个方法

1. 及时保养空气滤清器

经常保养空气滤清器，不用布或其他物件包裹空气滤清器，保持滤清器进气流畅，以减少进气阻力。

2. 不改变排气管方向和降低其高度及减小排气管直径

不要随意改变排气管方向和降低其高度及减小排气管直径，以免增加排气阻力，使发动机的油耗增加。

3. 定期检查调整气门间隙

气门间隙要定期检查调整。如果发动机因齿轮凸轮轴磨损而引起配气相应角减小，要适当减少气门间隙，以弥补配气相位角的减小。凸轮轴严重磨损应及时更换。

4. 检查调整各传动装置的张紧度和传动部位的间隙

正确检查调整玉米机各传动皮带、传动链条等装置的张紧度和传动部位的配合间隙，以减少传动系统的动力消耗，从而降低燃油消耗和生产成本。

5. 不超负荷作业、减少空行程

正确选择作业速度和宽度，做到不超速、不超负荷作业、不跑空车。

6. 保持合适的冷却水温

发动机应在最佳的水温状态下工作，因水温过高或过低都会使耗油量增加，增加生产成本。

7. 正确使用刹车

玉米收获机在行驶时尽量少用刹车。因不正确的刹车不但会增加机件的磨损，而且还会增加动力消耗，增加油耗。

8. 经常检查维护，疏通并保持各箱体通气孔道的畅通，堵塞跑、冒、滴、漏，防止"漏水、漏油、漏气、漏电"。

第五节　玉米收获机田间作业质量检查

一、玉米收获机作业质量要求

1. 作业条件

收获机在标定持续作业量、籽粒含水率为 25%～35%（适用于果穗收获）、籽粒含水率为 15%～25%（适用于直接脱粒收获），植株倒伏率低于 5%、果穗下垂率低于 15%、最低结穗高度大于 35cm 的条件下收获时，其主要性能指标应符合表 6-2 的规定。

2. 作业质量要求

在符合规定的作业条件下，玉米收获机作业质量应符合表 6-2 的规定。

表 6-2　玉米收获机田间作业质量要求一览表

序号	检测项目名称		质量指标要求	分类
1	籽粒损失率		≤2%	A
2	果穗损失率		≤5%	A
3	籽粒破碎率		≤1%（籽粒收获≤5%）	A
4	苞叶剥净率	剥皮型	≥85%	B
5	留茬高度	茎秆切碎还田型	≤110mm	B
6	秸秆切碎长度（100mm）合格率	茎秆切碎还田型或回收型	≥85%	B
7	穗茎兼收茎秆切断长度合格率		≥80%	B
8	油污染	果穗、籽粒、穗茎兼收茎秆无油污染		A

二、作业质量检查项目

玉米收获机田间作业质量检查有 A 类和 B 类 2 大类。其中 A 类检测项目包括籽粒损失率、果穗损失率、籽粒破损率；B 类检测项目包括苞叶剥净率、留茬高度、秸秆切碎长度合格率和穗茎兼收茎秆切断长度合格率。检测时，当 A 类项目全部合格、B 类项目不多于 1 项不合格时，判定该作业质量为合格，否则为不合格。

三、作业质量检查方法

1. 作业质量检查方法规定

（1）按 GB/T 5262 规定，在作业地块中采用五点法确定检测点。

（2）在作业地块检测点中确定作业试验区。试验区由准备区、测定区和停车区组成，其中准备区长度应不小于 10m，测定区长度应不小于 20m，停车区长度应不小于 10m，试验区宽度为机器的一个工作幅宽。

（3）一个试验工况中不应换挡和改变作业速度，也不应进行调整。

（4）检查前，清空集穗箱内所有的果穗及籽粒；清除准备区和停车区内的果穗；清除测定区内断离植株、不可收获的倒伏植株和结穗高度在 400mm 以下的果穗；清点测定区内的果穗总数并记录。

（5）试验时，机器应以正常工作状态依次通过准备区、测定区，并停在停车区内。

2. 籽粒损失率的检查

籽粒损失率检查方法：在测定区和清理区（已割地和未割地 2~4 行）内，收集机械收获中途落地籽粒和小于 50mm 长的碎果穗，脱净后称重，再除以收获籽粒总质量即可得出。收获籽粒总重量=平均穗粒数×测定区穗数×百粒重/100。平均穗粒数：随机抽取果穗箱内 30 个玉米穗，全部脱净后称重，计算平均穗粒数。百粒重：从脱下的籽粒中随机抽取 100 粒称重，连续 3 次，取平均值计算百粒重。

3. 果穗损失率的检查

果穗损失率检查方法：在测定区和清理区（已割地和未割地 2~4 行）内，收集机械收获中漏摘和落地的果穗（包括 50mm 以上的果穗段），脱净后称重，再除以收获籽粒总质量即可得出。

4. 籽粒破损率的检查

籽粒破损率检查方法：在测定区内，从果穗升运器排出口或接粮口接取不少于 2 000g 的样品，脱粒清净后，拣出机器损伤、有明显裂纹及破皮的籽粒，分别称出破损籽粒质量及样品籽粒总重量，用破损籽粒质量除以样品籽粒总重量即可得出籽粒破损率。

5. 苞叶剥净率的检查

苞叶剥净质量以不露籽粒，保留 1~2 片苞叶为最佳，否则会导致落粒、籽粒破损或剥叶不净，同时造成剥皮辊缠绕和剥皮胶辊磨损加速，影响作业质量。

苞叶剥净率检查方法：在测定区内，从升运器中接取的果穗中捡出苞叶不少于 3 片（超过三分之二的整叶算一片）的果穗，计算剥净果穗数，再除以总果穗数即可得出苞叶剥净率。

6. 留茬高度的检查

留茬高度检查方法：在测定区的作业幅宽内，等间隔取 3 个测点，相邻测点间隔距离不小于 5m，测点应避开地边和地头，每个测点内连续取割茬不少于 10 株，测量地面以上的割茬长度，取平均值即为该测点处的留茬高度，再求 3 个测点的平均值。

7. 还田秸秆切（粉）碎长度合格率检查

沿机具前进方向等间隔取 3 个测点，相临测点间隔距离应不小于 5m，每个测点取宽为机具作业幅宽、长为 1m 的区域，收集该区域内所有秸秆并称其质量。从中拣出切（粉）碎长度不合格的秸秆称其质量，得出合格的秸秆质量，除以测点秸秆总质量的百分数，即为切（粉）碎长度合格率，再求 3 点的平均值。秸秆的切（粉）碎长度不包括其两端的韧皮纤维。

四、填写工作日记

玉米收获机应由专人负责使用管理。在收获作业过程中，为充分发挥机器的使用效率，一台机器往往由 2~3 名驾驶员交替操作。为便于机器的使用与管理，驾驶员换班作业时，应做好交接手续。机器交接的主要内容包括：机器的技术状况和当班作业情况。

驾驶员换班作业或一天作业结束后应填写工作日记。它是记录机器每天的作业情况和机器技术状态的原始资料，是进行经济核算，做好维修保养计划的重要依据。工作日记填写内容应包括作业项目、工作时间、完成作业面积、柴油和润滑油消耗、作业质量、实际收费、机车技术状态、事故和故障等。要求做到准确、及时，当班记录。交接班时，应作为一项重要交接内容。工作日记参考表 6-3 样式。

表 6-3 玉米收获机工作日记

年　　　月　　　日　　　　　　　　驾驶员

服务单位或农户		
班次工作时间	开始	
	结束	
	中途停机时间（h）	
	纯工作时间（h）	
本机使用至今累计工作时间（h）		
作业项目	完成作业面积（公顷）或（亩）	
收费价格（元/亩）	实际收费（元）	
油料消耗（kg）	柴油　原存	
	加入	
	结存	
	消耗	
	润滑油消耗	
保养内容		
记事		

第六节　新驾驶员应克服的不良操作习惯

一、换挡时主变速杆不挂空挡、副变速直接换挡

换挡时主变速杆不挂空挡，移动副变速杆直接换挡，此时听到齿轮打齿声和挂不上挡，会增加齿轮磨损甚至断齿现象。

二、启动通电时间过长

启动时，通电时间过长，启动机线圈易烧坏。

三、起步猛抬离合器和猛踩离合器

起步猛抬离合器会使玉米收获机猛地向前一冲，这样会加剧工作部件、离合器总成及其他传动件的磨损。

换挡或停车时，用脚下猛蹬离合器踏板。这样做会使离合器传动件及分离杠杆承受过大的冲击载荷，极易折断分离杠杆。

四、眼睛看着变速杆换挡

加挡或减挡时，应一手有效地掌握转向盘，一手去扳动变速杆到需要的位置，两眼注视前方，切不可低头去看变速杆。

五、运行中把脚放在离合器踏板上

这种行为容易使离合器产生半联动状态，尤其是路面不平时更为明显。这样做有两个坏处：一是车速不易控制；二是加剧离合器分离轴承和分离杠杆及摩擦片的磨损，摩擦片发热后产生烧蚀和硬化；在高温下压盘挠曲变形，弹簧退火变软，从而造成离合器打滑。

六、握转向盘的姿势与位置不对

长时间一只手握转向盘或双手并在一起握住转向盘正中都不正确。正确的握法是：双手握转向盘，根据变速杆的位置确定左右手靠上还是靠下。如变速杆在右侧，握转向盘的位置为：右手处在相当于钟表三、四点的位置，左手处在九、十点的位置。如变速杆在左侧，握转向盘的位置为：左手处在七、八点的位置。

七、猛踩或猛抬油门踏板

油门踏板的操作应该是轻踏缓抬，但有些驾驶员不是这样，经常猛踩或猛抬加速踏板。猛踩加速踏板时，一没必要；二浪费油料；三加速机件磨损。过量的燃油燃烧不完全，会增加燃烧室及喷油嘴的积炭和有关配合件的磨损。人们常说："脚下留情"，道理就在于此。猛抬加速踏板时，怠速运转的发动机会消耗掉车辆的惯性动能（发动机制动除外），这些都会增加油料消耗，是不经济的。

八、接近人、车才鸣喇叭

行车中发现前方有人或车辆，应提前鸣号，警告前方避让。若待临近才鸣号，车辆或行人来不及避让，有时行人还会因突然鸣号而受惊，反而酿成车祸。

九、以开快车（轰油门）当喇叭

以开快车（轰油门）当信号让行人让路，由于猛踩加速踏板使排气声忽大忽小，不可避免地要冒浓烟，这样不只对车辆有害，还会污染环境，引起行人的不满。

十、作业中不注意观察后视镜

后视镜是帮助驾驶员了解和掌握后面来车或倒车时后面等情况，若行驶中不注意观察后视镜，低速车在前常常会压住高速车无法超车，有时引起双方不必要的争执。若倒车时不注意观察后视镜，会发生损物伤人等事故。

十一、玉米收获机发生异响还坚持作业

驾驶中听到玉米收获机发出异常响声时，应立即停车，查明原因，予以排除，千万不要抱侥幸心理坚持运行，否则可能导致事故发生，造成不应有的损失。

十二、超负荷作业

有些机手为了抢收获速度，作业中挂高速（行走）挡，发动机直冒黑烟，进行超负荷作业，引起堵塞和部件损坏。作业中要依据作物产量情况正确选择前进速度和喂入量，不要超负荷作业。

如果机器负荷过重出现堵塞倾向时，要保持发动机的额定转速，切不可减小油门，踩下离合器使机器停止前进，直到堵塞现象消失后再恢复正常行走速度。严禁以离合器踏板的位置来控制行驶速度。

当机器出现工作部件堵塞等异常现象时，必须在机组停车、熄火后进行检修或清除

堵塞和缠绕物等。未停机时，严禁直接将手伸入摘穗辊（板）、链轮与链条间、皮带轮与皮带间、搅龙、升运器、剥皮器和茎秆切碎装置等部位排除堵塞。

十三、拍挡

一些驾驶员在换挡时漫不经心，不是用手心去握变速杆手柄，而是用手掌拍挡，这样做容易挂错挡，也容易造成换挡打齿；同时拍挡后因齿轮啮合深度不足，会造成啮合齿轮的早期磨损和自动跳挡。

十四、停车后不制动

有些驾驶员，临时停车而不制动机车，往往造成机车自动滑行，发生意外事故。

十五、离合器未完全分离扳变速手柄换挡

离合器踏板未踩到底，摩擦片处于半分离状态，此时扳变速手柄换挡，变速箱内齿轮会有打齿声，易撞坏齿轮。变速换挡时应将离合器踏板踩到底，离合器摩擦片完全分离后，将变速手柄换到适合的挡位，平稳结合离合器，油门逐渐加大，待到额定转速后，方可开始收获作业。

十六、关闭手油门行车

有些驾驶员为节油，关闭手油门，用脚油门控制车速。这样，当松开脚油门并紧急制动时，极易造成发动机熄火。熄火后再启动往往会贻误紧急避险时机；同时，若停车位置不当，还会给再次启动操作带来困难。正确的做法应该是将手油门固定在小油门位置，保证停车时不熄火即可。

十七、排除故障时停车不熄火

有些驾驶员排除故障时，停车不熄火，易造成人员伤残等意外事故。

十八、停车熄火后不拔下钥匙

有些驾驶员停车熄火后不拔下钥匙，人离开玉米收获机，易造成别人或小孩突然启动机车，发生意外事故。

此外，如溜坡启动、不摘挡停车、空挡熄火溜坡、冬季低温起步、熄火前猛加油门、高温下立即熄火放水等均属不正确操作方法。

温馨提示

使用柴油共轨系统的安全提示

1. 没有接通蓄电池不要启动发动机。

2. 发动机运行时，不要从车内电路网拆卸蓄电池。

3. 蓄电池的极性和控制单元的极性不能搞反。

4. 发动机不能使用快速启动装置，只能采用蓄电池辅助启动。

5. 给车辆蓄电池充电时，需拆下蓄电池。

6. 控制线路的各种插头只能在断电状态（点火开关关闭状态）进行拔插。

7. 应遵循制造商的要求使用合适的设备进行故障诊断；故障诊断时，诊断设备应与发动机机体接地。

8. 不能用传统的方法进行新型电控柴油发动机的故障诊断。

9. 诊断设备与发动机的控制单元的连接接插应合适。

第七章 玉米收获机故障诊断与排除

第一节 诊断与排除故障的基本常识

故障是指零件之间的配合关系破坏，相对位置改变，工作协调性破坏，造成玉米收获机出现功能丧失或性能失常等现象。任何机械故障都有其变化规律和特征，只要掌握其内在的因素和变化条件，就能迅速准确判断和排除故障。

一、故障表现的一般征象

玉米收获机发生故障时，都有一定的规律性，并通过以下的征象表现出来：

1. 声音异常

表现为在正常工作过程中发出超过规定的异常响声，如敲击、爆震和摩擦噪声、零件碰击声、换挡打齿声、排气管放炮等。

2. 性能异常

表现为某系统不能完成正常作业或作业质量不符合要求，即说明该系统性能异常。如启动困难、功率不足、玉米损伤掉粒、断茎率高、果穗输送堵塞、秸秆粉碎质量差等。

3. 温度异常

当发动机水温、润滑油温、轴承等处温度超过一定限度而引起的"过热"，严重时会造成恶性事故。

4. 消耗异常

主要表现为燃油、机油、冷却水、液压油和电解液等过量消耗，油底壳油面反常升高等均称为消耗异常。

5. 外观异常

凭肉眼可观察到玉米收获机外部的各种异常现象。如发动机燃烧不正常，就会出现排气冒白烟、黑烟、蓝烟现象，排气烟色不正常是诊断发动机故障的重要依据；玉米收获机的燃油、机油、冷却水、液压油等的泄漏，易导致过热、烧损、转向或制动失灵等；零件的松脱、变形、丢失、错位和破损等易造成故障，甚至发生事故。

6. 气味异常

玉米收获机使用过程中，出现异常气味，如摩擦片或绝缘材料的烧焦味、油气味等。

二、故障形成的主要原因

近几年，玉米收获机的可靠性逐渐提升，故障率逐年降低，故障产生的原因主要有以下4种：

1. 设计制造缺陷

由于玉米收获机结构复杂，使用条件恶劣，各总成、组合件、零部件的工作情况差异很大，部分生产厂家的产品设计、生产工艺、装配调整、入库检验等环节存在疏漏，导致用户在使用中容易出现故障。

2. 配件质量问题

随着农业机械化事业的不断发展，玉米收获机配件生产厂家也越来越多。由于各个生产厂家的设备条件、技术水平、经营管理各不相同，配件质量也就参差不齐。在分析、检查故障原因时应考虑这方面的因素。

3. 使用不当

使用不当所导致的故障占有相当的比重。如未按规定使用清洁燃油、润滑油、高速重载作业、使用中不注意保持正常温度等，均能导致玉米收获机的早期损坏和故障。

4. 维护保养不当

玉米收获机经过一段时间的使用，各零部件都会出现一定程度的磨损、变形和松动。如果我们能按照机器使用说明书的要求，及时对机器进行维护保养，就能最大限度地减少故障，延长机器使用寿命。

三、分析故障的原则

故障分析的原则是：搞清现象，掌握症状；结合构造，联系原理；由表及里，由简到繁；按系分段，检查分析。

故障的征象是故障分析的依据。一种故障可能表现出多种征象，而一种征象有可能是几种故障的反映。同一种故障由于其恶化程度不同，其征象表现也不尽相同。因此，在分析故障时，必须准确掌握故障征象。全面了解故障发生前的使用、修理、技术维护情况和发生故障全过程的表现，再结合构造、工作原理，分析故障产生的原因。然后按照先易后难、先简后繁、由表及里、按系分段的方法依次排查，逐渐缩小范围，找出故障部位。在分析排查故障的过程中，要避免盲目拆卸，否则不仅不利于故障的排除，反而会破坏不应拆卸部位的原有配合关系，加速磨损，产生新的故障。

同时注意以下几点：

①检诊故障要勤于思考，采取扩散思维和集中思维的方法，注意一种倾向掩盖另一种倾向，经过周密分析后再动手拆卸。

②应根据各机件的作用、原理、构造、特点以及它们之间相互关系按系分段，循序渐进地进行。

③积累经验要靠生产实践，只有在长期的生产中反复实践，逐渐体会，不断总结，

掌握规律,才能在分析故障时做到心中有数,准确果断。

四、诊断故障的基本方法

故障成因是比较复杂的,且往往是由渐变到突变的过程,不同的故障会表现出不同的内在和外表的特征。但是只要认真观察总结就会发现一些征兆,不难查出故障的症结所在。我们根据这些症状来判断故障,然后予以排除或应急处理。

1. 主观诊断法

主观诊断法是通过人的感官用望、听、问、嗅、触等办法获得故障机器有关状态信息,靠经验做出判断。主观诊断法包括问诊法、听诊法、观察法、触摸法、嗅闻法和比较法。问诊法是向驾驶员询问机器工作时间、保养情况和发生故障前后的各种现象。听诊法是启动发动机或试驾机车,听变动油门、速度或各部件工作时发出的声音是否正常。观察法是直接观察机器的异常现象,看排气颜色、机油颜色、有无渗漏油及水、仪表读数是否正常。触摸法通过摸机件,用手感来判断机件的工作正常与否,如轴承温度、高压油管的脉动等。嗅闻法是用嗅觉判断气味,如烧焦味。比较法是对怀疑有问题的部件与正常的相同零部件进行调换,判断部件的工作正常与否。

2. 客观诊断法

客观诊断法是用各种诊断仪器仪表测定有关技术参数,获得机器状态参数变化的可靠信息,做出客观判断。

第二节 发动机故障诊断与排除

一、发动机燃油油路和润滑油路常见故障诊断与排除（表7-1）

表7-1 发动机燃油油路和润滑油路常见故障诊断与排除

故障名称	故障现象	故障原因	排除方法
发动机燃油油路不畅	1. 燃油油路不畅 2. 管路漏油 3. 若柴油中有水,发动机燃烧时有"啪啪"声音,排气管冒白烟 4. 难启动或中途会熄火	1. 油管老化、破裂或油管接头松动 2. 深沉杯中是否有水 3. 油路中有空气 4. 油路堵塞,启动困难,用手油泵泵油,若不出油,说明油太脏、滤清器和滤芯或通气孔等堵塞	1. 检查更换老化、破裂的油管,拧紧油管接头 2. 排除油路中的水或更换合格的燃油 3. 拧松放气螺钉,揿动手油泵,排净油路中的空气 4. 使用扳手拆卸燃油滤清器,检查燃油滤清器滤芯是否堵塞,倒掉沉淀杯内的杂质和水珠 5. 正确安装滤芯和油杯,特别是杯垫或密封圈要放好,以防漏油 6. 正确安装燃油管,拧紧油路接头 7. 如油太脏或质量不合格,应放尽旧燃油,清洁油箱后,加注合格的燃油

（续表）

故障名称	故障现象	故障原因	排除方法
发动机机油压力过低	机油压力过低，机油压力报警灯亮	1. 油底壳内机油油面过低 2. 机油压力传感器或机油压力表损坏 3. 机油滤清器堵塞 4. 机油限压阀弹簧过软	1. 用机油尺检查机油量和机油黏度是否符合要求 2. 检查机油压力传感器线路是否断路 3. 检查机油压力表是否良好，可拆下机油压力传感器上导线使之搭铁，接通点火开关，机油压力表指针应迅速上升，若指针不动，则机油表有故障 4. 检查机油过滤器是否堵塞 5. 检查机油限压阀的工作是否正常
发动机机油压力过高		1. 机油黏度过大或变质 2. 限压阀调整不当 3. 曲轴轴承或连杆轴承间隙过小 4. 缸体主油道堵塞 5. 机油滤清器滤芯堵塞且旁通阀开启困难 6. 机油压力表或传感器失效	1. 更换机油 2. 更换限压阀弹簧 3. 调整曲轴轴承、凸轮轴轴承间隙 4. 查明主油道堵塞部位予以排除 5. 清洗机油滤清器滤芯，更换旁通阀弹簧 6. 用换件法检查，更换
机油消耗过多		1. 油底壳、气门室盖漏油 2. 气缸、活塞、活塞环磨损严重 3. 气门与导管磨损严重 4. 机体破裂损或气缸垫破损	1. 外部有油迹，查明原因并修理 2. 曲轴箱通气口窜气严重，说明气缸、活塞、活塞环磨损严重，检修 3. 气门室盖处窜气严重，说明气门与气门导管磨损严重，更换磨损件 4. 排气管不冒蓝烟但水箱水面有机油存在，说明机体或气缸垫有破损，修理和更换

二、发动机冒烟和启动困难等故障诊断与排除（表7-2）

表7-2 发动机冒烟和启动困难功率不足等故障诊断与排除

故障名称	故障现象	故障原因	排除方法
发动机冒黑烟	发动机冒黑烟	1. 供油量过大，燃油不能完全燃烧 2. 空气滤清器太脏，引起进气不足 3. 气门间隙不对 4. 喷油质量差 5. 供油时间过晚 6. 发动机负荷过大 7. 曲柄连杆机构严重磨损，气缸压缩不良 8. 排气不净	1. 减少供油量，使燃油完全燃烧 2. 清洗空气滤清器，增加进气量 3. 调整气门间隙 4. 在试验台上检查调整喷油压力和喷雾质量 5. 检查调整供油提前角 6. 减轻发动机负荷 7. 检修缸套活塞环，必要时更换 8. 检修排气通道

（续表）

故障名称	故障现象	故障原因	排除方法
发动机冒白烟	发动机冒白烟	1. 供油时间过晚造成 2. 柴油或汽油中有水或气缸垫损坏 3. 气缸压缩不良 4. 喷油器故障	1. 供油时间过晚造成的冒白烟，要调整供油提前角 2. 柴油或汽油中有水或气缸垫损坏造成的冒白烟，要排除油中的水，更换气缸垫 3. 压缩不良造成冒白烟，要检修气缸套、活塞、活塞环的技术状态，必要时更换新件 4. 喷油质量差或滴油造成冒白烟，应调整或检修喷油器，必要时更换新件
发动机冒蓝烟	发动机排气管冒蓝烟	1. 检查油浴式空气滤清器是否加机油过多，超过刻线 2. 缸套活塞组磨损严重或活塞环安装不对，机油从汽缸壁窜入燃烧室 3. 气门导管磨损严重，机油压入燃烧室 4. 曲轴箱通气孔堵塞 5. 曲轴箱机油加入过多	1. 油浴式空气滤清器加机油过多，倒掉多余的机油，不超过刻线 2. 气缸套活塞组磨损严重，鉴定后更换缸套活塞组零件；正确安装活塞环 3. 检查气门导管间隙，过大时更换 4. 清洁曲轴箱通气孔 5. 放掉一些曲轴箱机油至规定量
启动困难故障（油路和气路）	启动困难，旋转点火钥匙，发动机不能启动，排气管不冒烟或有少量黑烟	1. 油箱内无油 2. 油路开关未打开或油箱通气孔堵塞 3. 油管破裂或油管接头松动 4. 燃油脏或油路堵塞 5. 油路中有气 6. 输油泵不泵油 7. 喷油泵不工作 8. 供油时间不正确 9. 喷油器咬死或雾化不良等 10. 空气滤清器堵塞 11. 气门间隙不对 12. 气门密封不严 13. 排气通道受堵，管口直径变小 14. 油路中有水	1. 检查油箱，无油加油 2. 检查开关和油箱通气孔是否堵塞，打开开关，畅通通气孔 3. 检查油管或更换，拧紧油管接头 4. 清洗燃油路或更换符合规定的燃油 5. 松开柴油滤清器和油泵放气螺钉，用手油泵泵油，观察排气和出油情况 6. 解体拆检输油泵 7. 检查喷油泵上熄火拉杆是否处于正常供油位置，喷油泵各高压油管有无破裂，管接头是否松动，必要时检调喷油泵 8. 检查喷油器的喷油时间是否正确，不对调整 9. 检查喷油器压力、喷射质量等性能，必要时更换喷油器 10. 清洗空气滤清器和清洁滤芯，如滤芯损坏应更换新滤芯，并正确装配，保证密封效果 11. 正确调整气门间隙 12. 进气门密封不严，应拆下进气门进行检查、和气门座进行成对研磨或更换 13. 清除排气通道受堵处，恢复管口直径到原来形状和尺寸 14. 排除油路中的水分

（续表）

故障名称	故障现象	故障原因	排除方法
发动机自行熄火	1. 熄火前，排气管冒黑烟，转速逐渐降低而后熄火 2. 熄火前，不出现冒烟 3. 熄火前，没有转速降低的过程，呈突发性的熄火	1. 是工作时机械阻力增大，严重超负荷，或柴油机润滑系统供油不足而出现烧瓦，使柴油机被迫熄火 2. 柴油机供油系油道堵塞或油箱的油耗尽造成供油中断 3. 是供油突然中断，造成柴油机突然熄火	1. 若是严重超负荷引起自行熄火，应减轻发动机的负荷；如是抱瓦引起的，应对发动机磨轴换瓦并使润滑系统工作正常 2. 检查燃料供油系统，当柴油机滤清器过脏时，应清洗滤清器；油路有空气时，应排除空气 3. 油箱缺油应加足燃油
发动机功率不足	发动机无力，冒黑烟；油门在同样的位置时车速下降，收获效率降低；发动机易开锅	1. 油路有故障：燃油质量、油路或柴油滤芯脏引起油路不畅，供油时间过早或过晚，供油压力偏低等 2. 气路故障：进气不足、排气不净 3. 冷却系统故障：水泵，节温器工作不良，皮带打滑，冷却系统水垢过多 4. 气缸压缩不良：缸套和活塞的磨损；缸垫不密封，烧蚀；气门间隙过大或过小；气门座圈烧蚀，不密封；气门弹簧过软；活塞环咬死或对口 5. 配气相位失常	1. 检查排除油路故障。清洁燃油路柴油滤芯，检查燃油质量是否符合技术要求，并排除；检查供油时间、供油量、供油压力、雾化质量是否符合技术要求，并排除 2. 检查排除气路故障。检查清洁空气滤清器、滤芯和消声器及出口直径，并排除 3. 检查排除冷却系统故障。检查风扇皮带松紧度、冷却水质量和数量、水箱、散热器或散热片、水泵、节温器等是否符合技术要求，并分别清除冷却系统水垢和清洁散热器或散热片上的灰尘 4. 检查排除压缩系故障。检查气缸密封性能、气门间隙、气缸压力和缸套活塞环的磨损等情况，并排除 5. 检查调整配气相位，使之符合技术要求
发动机过热	发动机"开锅"，功率不足，行走速度慢，排大量黑烟	1. 柴油机长期超负荷运行 2. 冷却系统功能下降： ①冷却液不足 ②发动机散热片或散热器不清洁 ③发动机水垢多 ④节温器损坏 ⑤水泵皮带过松 ⑥水泵损坏 ⑦水箱盖的压力阀开启压力过低 ⑧水温表和传感器失灵 ⑨强制风冷式发动机导流罩破损 3. 供油时间过晚	1. 降低发动机负荷 2. 立即停机熄火，等水温降低后检查冷却系统： ①冷却液缺少应补足 ②清洁发动机散热片或散热器 ③清洁水箱水垢 ④检修或更换节温器 ⑤检查调整水泵皮带松紧度 ⑥检修或更换水泵 ⑦检修水箱盖的压力阀开启压力等到正常值 ⑧检修或更换水温表和传感器 ⑨检修或更换发动机导流罩 3. 检查调整供油时间是否符合技术要求

（续表）

故障名称	故障现象	故障原因	排除方法
发动机飞车	发动机转速突然升高并超出允许的最高转速而失去控制，且伴有巨大声响排气管冒黑而浓的烟	1. 额外的机油量进入气缸燃烧过多或过黏 2. 调整器内机油过多或过脏 3. 拉杆弯曲变形卡滞；油泵调速齿条或齿圈卡在最大供油位置 4. 调速机构弯曲变形	首先立即切断气路，把空气滤清器摘掉，用布堵塞死进气管，强制熄火。 1. 检查空气滤清器和气门室内的机油量，排除过多机油 2. 检查调速器内机油，如机油过多排除，机油过黏、过脏则更换 3. 拆开喷油泵检视窗盖或喷油泵前端油量调节拉杆（齿杆）端面护帽，用手移动拉杆，如果涩滞，说明拉杆（齿杆）与套锈蚀，或润滑不良，应予以除锈润滑；检查拉杆（齿杆）是否弯曲变形卡滞，若是则应拆下矫正或更换新件；若拉杆运动自如，但向后推动不能自动前移，说明拉杆与调速器连接杆件脱开，应拆开调速器检视窗盖进行检查排除 4. 检查调速机构（调速臂、怠速钢丝）是否弯曲变形，若是则应拆下矫正或更换新件；检查调速齿轮轴和调速齿轮是否松动变形，若是则应拆下矫正或更换新件
发动机工作不稳	转速有高有低	1. 怠速过低 2. 有高压油管漏油 3. 空气滤清器过脏 4. 各缸供油量不一、喷油压力不一 5. 喷油雾化质量问题 6. 油路中有空气或水 7. 气缸密封不良 8. 某缸不工作或工作不良 9. 供油时间过早 10. 调速器工作不良	1. 调整 2. 更换漏油的高压油管 3. 清洗或清扫 4. 检查调整一致 5. 修复或更换 6. 查明原因并排除 7. 检修缸套、活塞、活塞环等 8. 查明原因并排除故障 9. 调整供油提前角 10. 修理

第三节 底盘故障诊断与排除

一、离合器和变速箱常见故障诊断与排除
（表7-3）

表7-3 离合器和变速箱常见故障诊断与排除

故障名称	故障现象	故障原因	排除方法
离合器打滑	起步时，离合器踏板完全放松后，发动机的动力不能全部输出，造成起步困难。若摩擦片长期打滑而产生高温烧损，可嗅到焦臭味	1. 离合器自由行程（或自由间隙）过小或消失 2. 压紧弹簧因高温退火、疲劳、折断等原因使弹力减弱，致使压盘上的压力降低 3. 离合器从动盘、压盘或摩擦片磨损严重、飞、翘曲、变形或摩擦片铆钉松脱 4. 摩擦片上粘有机油或黄油 5. 分离杠杆不在同一平面	1. 检查调整离合器自由行程 2. 更换离合器压紧弹簧或更换离合器总成 3. 校正从动盘，磨修压盘和修理或更换摩擦片，必要时更换离合器总成 4. 修复离合器壳体漏油，彻底清洗摩擦片表面 5. 调整分离杠杆螺母
离合器分离不彻底	发动机在怠速运转时，离合器踏板完全踏到底，挂挡困难，并有变速器齿轮撞击声。若勉强挂上挡后，不等抬起离合器踏板，机器有前冲起步或立即熄火现象	1. 离合器分离间隙和踏板自由行程过大 2. 液压系统中有空气或油量不足，油液泄漏 3. 三个分离杠杆高度不一致或内端面磨损严重 4. 曲轴轴向间隙过大 5. 摩擦片翘曲、变形	1. 检查调整离合器分离间隙和踏板自由行程至正常值 2. 排放液压系统中的空气（参见），在必要时更换主泵或分泵 3. 调整分离杠杆高度，必要时更换分离杠杆或膜片弹簧 4. 检查调整曲轴轴向间隙至正常值 5. 修理或更换摩擦片
离合器发抖（接合不平顺）	起步时，离合器接合不平稳产生抖振，严重时会使整个车身发生抖振现象	1. 分离杠杆高度不一致 2. 压紧弹簧弹力不均、磨损、破裂或折断、扭转减振弹簧弹力衰损或折断 3. 摩擦衬片破损、表面硬化、铆钉松动、露头或折断 4. 飞轮、压盘或从动盘钢片翘曲变形 5. 摩擦片上粘有油污 6. 飞轮、离合器壳、变速箱体等有关零件的连接螺栓松动 7. 分离轴承运动不灵活	1. 调整分离杠杆高度 2. 更换压紧弹簧或离合器从动盘 3. 检修或更换离合器摩擦衬片 4. 磨修飞轮、压盘，校正离合器从动盘，必要时更换离合器从动盘 5. 彻底清洗摩擦片表面 6. 检修拧紧飞轮、离合器壳、变速箱体等连接螺栓 7. 清洗、润滑或更换轴承或轴

（续表）

故障名称	故障现象	故障原因	排除方法
离合器异响	轻轻踩下离合器踏板，有"沙沙"响声	1. 离合器从动盘翘曲 2. 离合器减振弹簧折断 3. 离合器从动盘与轮鼓啮合花键之间的背隙过大 4. 离合器踏板回位弹簧过软、折断或脱落 5. 分离轴承或导向轴承润滑不良、磨损松旷或烧毁卡滞	1. 校正离合器从动盘或 2. 更换 3. 更换离合器从动盘，必要时更换离合器从动盘或离合器轴 4. 更换回位弹簧 5. 对轴承充填润滑脂，严重时更换分离轴承和分离轴承座
挂挡困难	换挡时，变速箱齿轮有尖锐的"嘎嘎"声，或无法扳动拨叉轴，因而挂不上挡	1. 操作不当至离合器分离不彻底 2. 离合器踏板自由行程过大 3. 三个分离杠杆高度不一致 4. 摩擦片花键套滑动不灵 5. 变速拨叉严重磨损或变形 6. 滑动齿轮端面打毛、剥落	1. 加强换挡操纵技能训练，使离合器分离后再挂挡 2. 调整离合器踏板自由行程至正常值 3. 调整三个分离杠杆高度并一致 4. 检修或更换摩擦片花键套 5. 修复或更换变速拨叉 6. 更换滑动齿轮
自动脱挡	作业时，变速杆位置未变动，但箱内齿轮自动跳回空挡位置	1. 变速箱操纵机构变形 2. 拨叉轴凹槽、锁销或定位球磨损 3. 定位弹簧过软、弹簧弹力小 4. 换挡拨叉弯曲或工作面磨损 5. 齿轮轮齿磨损	1. 检修或更换变速　杆、罩壳、挡位板等 2. 更换拨叉轴凹槽、锁销或定位球磨损 3. 更换锁定弹簧 4. 更换拨叉 5. 修理变速齿轮轮齿表面或更换
变速箱工作有异响	挂挡后发响： 1. 空挡时有异常响声，踩下离合器踏板后响声消除 2. 换入任何挡位都有响声 3. 行驶中换入某挡后，响声明显 4. 作业时，突然出现撞击响声 5. 某挡出现无节奏而沉闷的响声，手握变速杆时响声消除 6. 空挡时发响 7. 轴承处有响声	1. 一轴前后轴承磨损松旷 2. 二轴后轴承磨损松旷 3. 该挡齿轮磨损严重 4. 多是齿轮严重磨损或断裂 5. 该挡拨槽或变速杆下端拨头磨损严重 6. 加足符合技术要求的润滑油 7. 齿轮磨损严重或齿尖断裂，啮合不良 8. 变速箱内有异物 9. 轴承缺油或损坏	1. 检修或更换一轴前后轴承 2. 检修或更换二轴后轴承 3. 更换该挡齿轮 4. 更换严重磨损或断裂齿轮 5. 检修或更换磨损严重拨叉槽轴或变速杆 6. 加足符合技术要求的润滑油 7. 更换齿轮 8. 清除变速箱内异物 9. 轴承加油润滑或更换轴承

（续表）

故障名称	故障现象	故障原因	排除方法
变速箱渗油、漏油、发热	1. 变速箱表面油垢多 2. 变速箱渗油漏油 3. 变速箱烫手	1. 变速箱通气孔堵塞 2. 润滑油冷却不良 3. 油封损坏老化、油封弹簧弹力不足；箱体接合平面不平、纸垫损坏；紧固螺栓松动或拧紧力不一致 4. 轴颈油封部位磨损、箱体有裂纹、螺塞松动等 5. 齿轮啮合间隙过小，轴承、垫圈装配过紧 6. 润滑油不足、黏度过小或变质	1. 清洁疏通变速箱通气孔 2. 加大对润滑油的冷却措施 3. 更换油封，检修箱体结合平面，更换密封纸垫，拧紧紧固螺栓，并拧紧力矩要一致 4. 检修轴颈和油封、焊接箱体裂纹，拧紧螺塞 5. 适当增大齿轮啮合间隙和轴承、垫圈装配间隙 6. 加足符合规定牌号的润滑油

二、行走转向和制动系统常见故障诊断与排除（表7-4）

表7-4 行走转向和制动系统常见故障诊断与排除

转向沉重	转向沉重	1. 车架、前轴、悬架等变形，前轮定位失准，轮胎气压过低，轮毂轴承过紧 2. 转向器缺油、配合间隙过小、啮合不良，转向轴弯曲等 3. 转向传动机构缺油、装配过紧，轴承损坏，转向拉杆、转向节臂变形	1. 顶起前桥，若转动方向盘感觉轻松，则故障在车架、车桥、车轮、悬架内，检查前轮定位是否正常、轮胎气压是否过低，轮毂轴承是否过紧，前轴、钢板弹簧及车架有无变形 2. 感觉沉重则拆下转向垂臂，若转向仍沉重则故障在转向器内，检查并排除转向器缺油、配合间隙过小、啮合不良、转向轴弯曲等问题 3. 拆下转向垂臂后感觉转向轻松则故障在转向传动机构，检查并排除转向传动机构缺油或装配过紧、轴承损坏、转向拉杆与转向节臂变形等问题
行驶跑偏	行驶跑偏	1. 前轮气压不一致 2. 前轮定位失准 3. 前轮轮毂轴承松紧不一 4. 制动拖滞 5. 钢板弹簧折断、骑马螺栓松动等导致弹力相差过大 6. 车架、前轴变形，左右轴距相差过大 7. 转向节臂、转向节变形或松动	1. 检查调整前轮气压并一致 2. 调整前轮前束 3. 检修前轮轮毂轴承 4. 排除制动拖滞 5. 检查钢板弹簧是否折断、骑马螺栓是否松动并排除 6. 检修车架、前轴并调整左右轴距 7. 检修转向节臂、转向节

（续表）

方向盘转动不稳（背负式）	行驶中有摆动	1. 转向器安装调整不到位 2. 转向传动机构磨损，前轮毂轴承轴向间隙过大，前轮定位失准等 3. 车架、悬架等变形	1. 检修转向器部分：如方向盘自由行程过大，说明转向器啮合传动副间隙过大；如方向盘松动，则为蜗杆或螺杆上下轴承调整过松或转向器总成安装松动。应予以调整或紧固。检查调整转向垂臂轴与衬套配合间隙 2. 检修转向传动部分：两前轮朝向正前方，转动方向盘，观察各拉杆球头销是否松旷；支起前桥检查轮毂轴承间隙、主销与衬套的配合间隙等。如发现前胎异常磨损则应检查前轮前束 3. 检修车架、悬架等
制动失效	行驶中踩下制动踏板或一脚制动将踏板踩到底，机器不能减速或停车	1. 制动总泵内缺油 2. 制动油管破裂或接头处漏油 3. 机械连接部分脱落 4. 总泵皮圈损坏或老化	1. 连续踩下制动踏板不能踩到底，应先检查总泵是否缺油，缺油按规定加油 2. 若不缺油，再检查前后制动油管是否破裂或漏油，并排除 3. 检查各传动杆件有无脱落 4. 最后检查总泵皮圈是否损坏或老化，并排除
制动不良	制动效果差，制动距离过长	1. 总泵进油孔堵塞、出油阀损坏，系统内有空气 2. 制动踏板自由行程过大 3. 制动器间隙过大、摩擦片严重磨损、有油污或接触不良 4. 制动泵卡阀 5. 制动液缺少，管路内有空气 6. 制动管路系统有泄漏	1. 排放制动油管内的空气，若制动仍不良则检查制动总泵 2. 检查调整制动踏板自由行程 3. 调整摩擦片与制动鼓的间隙，清洗或更换摩擦片 4. 清洗制动泵 5. 添加制动液，排除管路内空气 6. 排除泄漏点
制动跑偏	制动时，两侧车轮制动距离不一样	1 一侧车轮的制动间隙过大，使制动蹄不能压紧制动毂，摩擦力减小 2. 一侧制动摩擦片磨损严重或损坏 3. 一侧制动器内有油污或分泵损坏 4. 制动泵平衡阀失效或节流阀封死 5. 两后轮胎气压不一致 6. 左或右侧制动管有空气	1. 检查制动效果差的一侧制动器间隙，不符合规定值时进行调整 2. 更换制动摩擦片等 3. 拆下制动效果差的一侧车轮制动器，清除油污 4. 更换零件 5. 按规定压力给轮胎充气 6. 排气

第四节　玉米收获机工作部件故障诊断与排除

一、割台常见故障诊断与排除（表7-5）

表7-5　割台常见故障诊断与排除

故障名称	故障现象	故障原因	排除方法
断茎率高	果穗中夹带较多的断茎	1. 摘穗辊间隙过小 2. 行走速度过快 3. 摘穗台过高	1. 适当调大摘穗辊间隙 2. 降低行走速度 3. 适当降低摘穗台高度
玉米茎秆推出	玉米茎秆推出	1. 摘穗板间隙过小。 2. 前进速度快，拨禾链不能正常作业 3. 玉米干燥或倒伏	1. 调大摘穗板间隙，调整后的摘穗板中心线要与拉茎辊中心线重合，一般情况下摘穗板工作间隙前端为32~35mm，后端为35~38mm 2. 根据作物条件，降低作业速度。保持拨禾链速度与作业速度匹配 3. 拆卸中心护罩橡胶挡板
茎摘穗处堵塞	拉茎摘穗处堵塞	1. 摘穗板间隙过小 2. 杂草多或清草刀间隙过大，引起杂物缠绕拉茎辊 3. 拨禾链松弛，喂入不畅 4. 前进速度过快 5. 收获时割台与植株不对行 6. 摘穗齿轮箱安全离合器弹簧力减弱	1. 根据茎秆的直径，适当调整加大摘穗板间隙，使得果穗自由通过拉茎辊进入机器。调整后的摘穗板中心线要与拉茎辊中心线重合，一般情况下摘穗板工作间隙前端为32~35mm，后端为35~38mm 2. 停机熄火后清理拉茎辊处杂物，调整清草刀间隙为1~3mm后，紧固螺栓；降低行驶速度 3. 调整拨禾链张紧机构的调节螺栓，使拨禾链张紧适度 4. 根据作物条件，降低作业速度 5. 调整路线，保证割台循环收获，认真驾驶 6. 检修增大安全离合器弹簧力
搅龙堵塞	搅龙输送器堵塞	1. 玉米倒伏，杂草太多 2. 作业速度过快，喂入量大 3. 安全离合器磨损 4. 搅龙与底板间隙过大 5. 搅龙叶片磨损或变形	1. 清理搅龙堵塞物和杂物 2. 降低收获速度，减少喂入量 3. 重新修复结合面，清除摩擦表面的污物 4. 调整搅龙叶片外缘与割台底板间隙为3~10mm为宜 5. 检修搅龙叶片
	断茎秆过多引起堵塞	1. 作业速度过快，喂入量过大 2. 摘穗板间隙调整不当 3. 搅龙中部喂入橡胶板磨损 4. 作业不规范，不能对行收获 5. 行距不适宜，不能对行收获	1. 根据作物条件，降低作业速度 2. 调整摘穗板间隙符合技术要求，一组摘穗板的中心线与拉茎辊中心线重合，调整摘穗板后部间隙一定要比前部大5mm 3. 更换橡胶板 4. 调整作业路线，对行收获，平稳驾驶 5. 作业前应检查行距是否相符

（续表）

故障名称	故障现象	故障原因	排除方法
拉茎辊缠草	拉茎辊缠草、堵塞	1. 清草刀与拉茎辊间隙过大 2. 清草刀崩刃、变形、钝化 3. 清草刀断裂、丢失	1. 查看清草刀间隙，松开清草刀上的固定螺栓，调整间隙在1~3mm，慢慢转动拉茎辊，检查间隙，避免碰刀，调整后紧固螺栓 2. 松开刀片上的固定螺栓，进行刀片的更换或对刀间隙的调整 3. 更换、补齐刀片
玉米穗滑出	玉米穗从摘穗通道滑出	1. 橡胶挡板磨损或未安装 2. 割台工作位置太高 3. 摘穗板调整不当 4. 前进速度快，拨禾链不能正常作业 5. 割台与植株不对行	1. 更换或安装橡胶板 2. 降低割台收获高度，距果穗距离约200mm左右 3. 调整摘穗板（摘穗板后部间隙一定要比前部大5mm。一组摘穗板之间中心线必须与同组拉茎辊的中心重合） 4. 根据作物条件，降低作业速度。保持拨禾链速度与作业速度匹配 5. 对行收获，认真驾驶
果穗损失过大	掉落在地上的籽粒和果穗多	1. 收获期太晚 2. 玉米未成熟 3. 摘穗辊间隙偏大 4. 摘穗辊表面粗糙	1. 调节扶禾高度。降低作业速度 2. 推迟收获 3. 适当调小摘穗辊间隙 4. 打磨摘穗辊表面
果粒或果穗破碎	果粒或果穗破碎多	1. 茎秆倒伏，果穗严重"下垂"，或果穗易脱落 2. 前进速度快，拨禾链的喂入速度与行走速度不匹配，导致拨禾链不能正常工作 3. 果穗被中间橡胶挡板阻塞，不能进入摘穗通道，在入口处被拨禾链击伤破碎	1. 松开拨禾链张紧机构的调节螺栓，然后取下拨禾链，重新调整拨禾链使翼形链互相对准后紧固调节螺栓，使得拨禾链张紧适度 2. 根据作物条件，降低作业速度。保持拨禾链速度与作业速度匹配 3. 卸掉中间橡胶挡板
拨禾链脱落	拨禾链从被动链轮上脱落、跳链	1. 前端张紧链轮或转轴弯曲，导致同组拨禾链链轮不在同一平面内 2. 链条张紧度不够 3. 被动链轮在机架上的定位板凹槽中，滑动不良卡滞 4. 链轮和链条严重磨损	1. 松开拨禾链张紧机构的调节螺栓，更换或校正损坏部件，调整主、被动链轮在同一平面内 2. 调节拨禾链张紧弹簧的调节螺栓，调整张紧度 3. 清除定位导板处杂物，必要时增加0.2~0.5mm的垫片，保持滑动自如 4. 更换链轮和链条

（续表）

故障名称	故障现象	故障原因	排除方法
拨禾链噪声大	拨禾链传动噪声大	1. 拨禾链张紧过紧 2. 有磕碰物 3. 链轮、拨禾链损坏 4. 拨禾链链轮轴承损坏	1. 调整拨禾链张紧机构的调节螺栓，使拨禾链张紧适度 2. 沿拨禾链的运动轨迹上下、左右查找是否有磕碰物，并做调整或排除 3. 松开拨禾链张紧机构的调节螺栓，更换损坏的链轮或拨禾链 4. 松开拨禾链张紧机构的调节螺栓，拆卸拨禾链链轮，更换损坏的轴承
安全离合器失灵	割台安全离合器打滑	1. 安全离合器分离扭矩调整不当 2. 安全离合器齿垫磨损，导致分离扭矩减小	1. 增大安全离合器弹簧压缩量（闭式安全离合器减少调整垫片；开式离合器扭动调节螺母，增大弹簧压缩量），使安全离合器正常工作为止 2. 更换齿垫
	堵卡后离合器不分离	1. 离合器弹簧压力太大 2. 离合器盘与花键轴滑动配合不好	1. 调整弹簧压力整齿盘结合面，并清理其表面的污物，要保证去除弹簧压力后，2. 离合器盘能在花键轴上自由滑动，花键部位涂上润滑脂
摘穗机构不转动	摘穗机构不转动	1. 割台齿轮箱连轴器连接链条丢失，导致齿轮箱停止工作 2. 传动轴滚键或断裂	1. 查看联轴节处，补齐丢失的联轴器链条 2. 拆卸掉齿轮箱两端的联轴节链条，转动齿轮箱主轴，查看拉茎辊是否跟随转动，如不动或转动滞后，则传动轴滚键或断裂，需要打开齿轮箱查看并确认故障原因，原因确认后进行补键或换轴，必要时整体更换齿轮箱

二、果穗输送系统常见故障诊断与排除 （表7-6）

表 7-6　果穗输送系统常见故障诊断与排除

故障名称	故障现象	故障原因	排除方法
果穗输送堵塞	过桥入口堵塞、卡滞；升运器堵塞	1. 过桥勾头键滚键或脱落，导致输送链耙不工作 2. 喂入量大 3. 发动机油门位置不正确，发动机转速偏低 4. 输送链条松弛 5. 两侧链条张紧度不一致，造成主、被动轴不平行 6. 链条、链轮磨损 7. 主、从链轮不在同一平面 8. 轴承磨损 9. 玉米果穗卡滞 10. 割台断茎秆过多 11. 升运器主轴安全离合器弹簧调整太松 12. 安全螺栓断	1. 将过桥与主机分离，更换勾头键 2. 降低行走速度 3. 调整油门拉线，将油门调整到位。保证主机在额定转速下作业 4. 检查链条张紧度，通过调节螺栓调整，使两侧链条的张紧度适宜 5. 检查调整两侧输送链条张紧度并一致，保持主、被动轴平行 6. 检修或更换链条、链轮 7. 检查调整主、从链轮在同一平面，相差小于1.5mm 8. 更换轴承 9. 从过桥上部观察口处检查输送链耙情况，找到并清除卡滞的玉米果穗 10. 见割台部分故障排除方法 11. 压缩安全离合器弹簧至合理位置 12. 打开升运器盖板，查找并清理堵塞物后。更换安全螺栓

（续表）

故障名称	故障现象	故障原因	排除方法
二次拉茎辊有异响	浮动式二次拉茎辊有响声	二次拉茎辊传动链条松动	两侧同步向上调整过渡轴，使链条张紧
升运器刮板变形	刮板变形	1. 升运器槽内有果穗或断茎秆堵塞 2. 链耙固定螺栓脱落 3. 两刮板链条张紧不一致	1. 清理堵塞物，校形 2. 校形或更换刮板，补齐脱落螺栓 3. 两侧同步调整，保证张紧度一致
跳链或掉链	输送链轮跳链或掉链	1. 输送链条松弛 2. 两侧链条张紧度不一致 3. 链条、链轮磨损	1. 检查链条张紧度，通过调节螺栓调整两侧链条的张紧度适宜。如果调节螺栓调整行程难以满足，可去掉两节链节 2. 检查调整两侧输送链条张紧度并一致，保持主、被动轴平行 3. 检修或更换链条、链轮

三、剥皮系统常见故障诊断与排除（表7-7）

表7-7　剥皮系统常见故障诊断与排除

故障名称	故障现象	故障原因	排除方法
剥净率低	粮箱中果穗苞叶过多	1. 剥皮辊之间的间隙大，张紧弹簧松开 2. 橡胶辊磨损严重，摩擦力下降，剥净率降低 3. 压送器星轮、胶板断裂严重 4. 剥皮辊缠绕杂物 5. 压送器星轮、胶板与剥皮辊的间隙过大 6. 玉米成熟度不够	1. 检查剥皮辊前后的弹簧压缩量，调整张紧弹簧压力，前后调节一致：平铺式剥皮机58~61mm；高低辊剥皮机25~30mm 2. 拆下剥皮辊，按顺序拆下胶辊上端的锁紧螺母，拆下磨损胶辊，更换橡胶胶辊 3. 更换星轮、橡胶板 4. 清理杂物（禁止用刀割，防止损伤橡胶辊） 5. 调整压送器，减小与剥皮辊间隙 6. 待玉米成熟后再收获
离合器打滑	离合器异响	1. 剥皮辊之间有果穗卡滞 2. 星轮与剥皮辊之间有果穗卡滞 3. 安全离合器齿座磨损 4. 剥皮辊轴承损坏 5. 压送器星轮轴弯曲变形	1. 停机熄火后，清理剥皮辊等上的杂物和卡滞的果穗 2. 检查星轮与剥皮辊间隙，清除卡住的果穗或杂物，如果星轮出现弯曲变形的，校正或更换星轮轴 3. 检查离合器齿垫是否磨损并更换损坏的齿座，调整分离扭矩（闭式离合器调整垫片2个；开式离合器弹簧压缩后长度130mm） 4. 检查剥皮辊前、后端的轴承是否损坏并更换损坏的轴承，重新调整剥皮辊张紧度 5. 校正或更换星轮轴
机器异响	机器异响	1. 剥皮辊螺栓松动或丢失 2. 剥皮辊前端开式齿轮缺少润滑脂	1. 停机查看剥皮辊前后端的张紧弹簧及轴承座固定螺栓，调整张紧度，紧固轴承座螺栓 2. 检查并加注润滑脂

（续表）

故障名称	故障现象	故障原因	排除方法
星轮轴弯	星轮轴扭曲	1. 星轮与剥皮辊之间有果穗卡滞或杂物缠绕 2. 行走速度过快	1. 检查星轮与剥皮辊间隙，清除卡住的果穗或杂物，如果星轮轴出现弯曲变形的，校正或更换星轮轴 2. 降低行走速度
剥皮机堵塞	果穗从剥皮辊上下滑受阻	1. 剥皮辊相互压紧力没调好，偏大 2. 护板与剥皮辊之间的间隙过大	1. 通过调整弹簧压力来调整剥皮辊相互压紧力，然后锁紧螺母 2. 把护板与剥皮辊之间的间隙调到1~2.5mm
	剥皮辊接料部位或剥皮机堵塞	1. 喂入量偏大 2. 一对剥皮辊相互压得不紧 3. 果穗进入剥皮辊分布不均匀 4. 剥皮装置中间传动轴安全离合器弹簧调整太松 5. 某一组剥皮辊不工作 6. 压送器胶板磨损、老化或折断	1. 降低机器行走速度，减少喂入量 2. 压紧弹簧从而增加每对剥皮辊相互压紧力，然后锁紧螺母 3. 调整分配板位置，改善果穗分配到剥皮辊上均匀性；或更换分配板，加大压送轴A、B胶板旋转直径 4. 压缩安全离合器弹簧至合理位置 5. 检查剥皮辊传动 6. 更换压送器胶板
籽粒破碎率和脱落率高	剥叶时籽粒破碎和脱落多	1. 剥皮辊之间的预紧力太大 2. 铸造剥皮辊凸钉过高 3. 压送器与剥皮辊之间的间隙过小 4. 剥皮辊倾角过小 5. 玉米成熟度不够	1. 调整剥皮辊之间的预紧力 2. 打磨剥皮辊凸钉，减小其高度 3. 适应增大压送器与剥皮辊之间的间隙 4. 适应增大剥皮辊倾角 5. 待玉米成熟后再收获

四、脱粒清选系统常见故障诊断与排除（表7-8）

表7-8 脱粒清选系统常见故障诊断与排除

故障名称	故障现象	故障原因	排除方法
滚筒过载或堵塞	滚筒转速低，发动机冒黑烟或滚筒堵塞	1. 发动机转速过低 2. 传动皮带松弛 3. 滚筒无级变速带低速时打滑 4. 凹板与滚筒之间的间隙太小或太大 5. 滚筒转速相对于收获的作物过低 6. 喂入量过大，进入滚筒的作物太多 7. 作物过于潮湿	1. 提高发动机到额定转速 2. 调整传动皮带张紧度 3. 调整皮带盘间隙 4. 调整凹板与滚筒之间的间隙 5. 提高滚筒转速 6. 降低行走速度 7. 调整收获时间适时收获或降低行走速度

（续表）

故障名称	故障现象	故障原因	排除方法
脱净率低	排出的穗头带有未脱下的玉米籽粒	1. 作物不适合脱粒（含水率高） 2. 滚筒转速过低 3. 滚筒与凹板间隙过大 4. 滚筒处的喂入不均或喂入量过大 5. 喂入脱粒机的物料不足，脱粒效果不正常 6. 钉齿、纹杆和凹板栅条过度磨损，导致脱粒能力降低 7. 凹板变形等引起脱粒工作部件不正常	1. 收割前测试作物湿度，等含水率低于23%脱粒 2. 增加滚筒转速直至获得一个良好的脱粒效果。但不要把转速增加到籽粒破碎临界点（注意！在进行下次调节前，一定要检查上一次调节的结果） 3. 减小滚筒与凹板间隙，加强脱粒效果。（注意！首先提高滚筒转速5%，如果上述调节不解决问题，逐渐减小凹板间隙。每次调节前，一定要检查上一次调节的结果） 4. 检查调整过桥输送链张紧度和在过桥内的浮动状态；降低前进速度，减少喂入量 5. 提高行走速度，增加喂入量 6. 更换钉齿、纹杆和凹板栅条等 7. 检修脱粒工作部件
籽粒破碎率高	粮箱内出现破碎籽粒超多	1. 滚筒转速相对于作物过高 2. 滚筒与凹板之间的间隙过小 3. 杂余中粮食过多，复脱时造成破碎 4. 喂入脱粒机的物料不足 5. 搅龙壳体凹陷或搅龙轴弯曲，在搅龙叶片和壳体之间产生破碎	1. 降低滚筒转速到足以停止籽粒破碎，但仍具有良好的脱粒效果，或稍微放大凹板间隙 2. 适当增加滚筒与凹板之间的间隙，直至破碎率减少至合格 3. 稍微增加下筛开度，降低杂余；降低风扇转速 4. 提高行走速度，增加喂入量 5. 清除搅龙壳体上的凹痕，校直弯曲的搅龙轴
严重跑粮	在喂入量低或喂入量高时跑粮严重	风扇转速过高	降低风扇转速
		上筛的开度不足	增加上筛开度
振动筛堵塞	振动筛面堵塞，苞叶夹带籽粒	1. 振动筛振荡慢或倾斜度小 2. 风扇皮带打滑 3. 脱粒装置调整不当，杂物过多 4. 筛子开度小或导向调整不当 5. 作物潮湿或杂草太多	1. 调整振动筛转速或倾斜度 2. 检查调整风扇皮带张紧度 3. 调整脱粒装置，升高割台，减少喂入量，降低滚筒转速或适当加大脱粒间隙 4. 适当增大筛子开度，调整导向板角度 5. 提高风量，调节筛面间隙、开度和尾筛倾斜度

五、秸秆切碎还田机常见故障诊断与排除
（表 7-9）

表 7-9　秸秆切碎还田机常见故障诊断与排除

故障名称	故障现象	故障原因	排除方法
秸秆切碎效果不好	切碎后秸秆过长，即大于100mm的秸秆比例过多	1. 三角带打滑或主机未达额定转速，刀轴转速低 2. 前进速度过快 3. 刀片、锤爪缺损或磨损严重 4. 刀片或锤爪装反 5. 留茬过高 6. 定刀片被泥块等堵塞 7. 刀轴缠草	1. 适当调整三角带松紧度，提高发动机到额定转速 2. 减速行驶 3. 补齐、更换刀片或锤爪 4. 重新安装 5. 调低留茬高度 6. 清除刀片泥块等 7. 清除刀轴缠草
秸秆切碎还田机异响	作业时，秸秆切碎还田机有异常的金属碰撞声、振动声	1. 各联结螺栓、螺母有松动或脱落 2. 刀片或锤爪缺损及折断、脱落引起不平衡 3. 轴承损坏 4. 旋转部分有碰撞 5. 万向节安装错误 6. 转速太高	1. 拧紧螺母 2. 成组更换刀片或锤爪（每组不均匀量±5g，对称安装） 3. 更换轴承 4. 检查旋转部分，排除碰撞 5. 正确安装万向节 6. 检查降低发动机转速至额定转速
三角带磨损严重	三角带磨损严重	1. 三角带张紧度调整不当或不一致 2. 两带轮不在同一平面上 3. 张紧轮支架变形或轴承损坏 4. 皮带长度不一致	1. 重新调整三角带张紧度，并一致 2. 重新调整两带轮在同一平面 3. 更换 4. 更换相同型号、长度和新旧的三角带
花键轴损坏	花键轴损坏	1. 带负荷启动，松放离合器过猛，使花键轴承受扭力过大 2. 万向节交角过大	1. 减少花键轴承扭力 2. 减小万向节交角
轴承过热	轴承温升过高	1. 调整不当或有关螺栓松动 2. 轴承磨损间隙太大 3. 缺油或油失效 4. 轴承间隙太小 5. V带太紧 6. 传动轴发生扭曲干涉	1. 重新调整或紧固螺栓 2. 重新调整或更换 3. 加足润滑油 4. 调整轴承间隙 5. 调换V型带，调整皮带张紧度 6. 检修传动轴，重新调整

第五节　电气系统故障诊断与排除

一、玉米收获机电气系统故障的分析方法

电气系统出现故障时，要对照线路图、电线序号或颜色，从电源到负载或从负载到电源的顺序进行认真检查分析，确定故障部位，予以排除。一般方法是：先检查蓄电池是否有电，再查保险丝盒中的保险丝是否烧断，接线处是否松动或接触不良。在保险丝、接线和蓄电池都良好的情况下，再根据玉米收获机线路图，用万用表等对线路的通、断进行逐点检查，找出故障的部位和原因。检查方法通常用以下几种：

1. 观察法

这种方法比较直观，沿着线路寻找故障点和分析原因，这种方法对出现发烫、冒烟、火花、焦臭、触点烧蚀、接头松动、灯泡丝断，保险丝断等异常现象，可直接判断电气设备的故障部位和原因。

凡用电设备通过电流表，观察电流表指示的电流值即可作为判断依据，当接通用电设备后，如电流表指针迅速由"0"摆到满刻度处，表明电路中某处短路；如电流表指示"0"或所指的放电电流值小于正常值，表明用电设备电路的某处断路或导线接触不良。

2. 短接法

用螺钉旋具或导线将某段电路或某一电气短接，察看电流表或电气的反应，可以检查被短接的元件是否断路。一般用于触点、开关、电流表和保险丝等。

3. 划火法

用一根导线，将与火线联接的导线在机体上划擦，观察有无火花及火花的大小。一般由负载端开始，沿线路每一接头触点擦划，擦划到有火，则说明故障在这以后的元件或线路上。须注意的是，为了避免大电流将保险丝烧断，擦划动作要快，划火导线直径应小于1mm。另外，发动机工作时，不能用划火法划火，以免损坏发电机整流元件。

4. 试灯法

将12V灯泡焊出一根搭铁极和一根1m左右长的导线，导线沿电源端按被查线路的接线顺序分别与各接点相触。灯亮说明通路，不亮说明断路。用试灯法检查电路有两种方法，一种是并联法，与划火法相同，只是导线换成灯。另一种方法是串联法，将试灯串联在线路中。可以根据亮度，检查线路电阻和故障。用试灯法不会造成短路现象，所以对用电设备无损坏，比较安全。

5. 万用表法

用万用表测量设备和线路的电阻，以及各接点的电压值。如用万用表测量电路中线圈绕组的电阻值为"∞"，则电路断路；若电阻值趋于"0"，则判断线圈短路。如测量电路各点的直流电压为正值或负值，说明该测试点至电源间的电路畅通；若电压为"0"，说明该测试点至搭铁间的电路为断路。测量电阻一般用"RX1"挡或"RX10"挡

即可，测量前要校正万用表。

二、蓄电池常见故障诊断与排除（表7-10）

表7-10　蓄电池常见故障诊断与排除

故障名称	故障现象	故障原因	排除方法
蓄电池容量降低	用启动机启动发电机时，转速很快变慢而无力；发电机不工作时，灯光暗淡、按喇叭声音不响亮	1. 蓄电池充电不足 2. 电解液密度过高或过低、液面经常过低，引起极板硫化 3. 调节器电压调整值偏低，充电不足 4. 长时间使用启动机，造成大电流放电并使极板损坏 5. 极板硫化 6. 极板活性物质脱落 7. 线路接头接触不良，极柱上氧化物过多 8. 充电电流过大，引起活性物质脱落	1. 用高频放电叉检查每个单格电池容量，测量时如单格端电压在5s之内稳定在1.75V以上，为良好；电压不低于1.5V且5s之内保持稳定者，属于容量不足；若5s之内电压迅速下降低于1.5V者，说明蓄电池内部有故障，应及时更换蓄电池 2. 检查调整电解液比重及液面高度，使液面高出极板10~15mm 3. 检查调整调节器电压调整值 4. 避免长时间启动和过量放电，更换损坏的极板或蓄电池 5. 对硫化的极板进行脱硫处理 6. 更换活性物质脱落的极板 7. 连接坚固线路接着，消除极柱上氧化物，在极柱上涂一层凡士林 8. 充电电流不要过大
自行放电	充足的蓄电池或第一天使用良好的蓄电池，第二天即感无电，即每昼夜容量下降大于2%，致使启动机无力、喇叭声音减弱	1. 蓄电池外部不清洁，溢出的电解液堆积在盖上，使正、负极桩形成短路 2. 蓄电池底槽沉积脱落活性物质过多而使极板之间短路 3. 电解液不纯，含有金属杂质 4. 隔板击穿或损坏 5. 蓄电池长期放置不用，硫酸下沉，下部密度比上部大，极板上下部发生电位差引起自行放电	1. 首先清除蓄电池外部堆积物，然后关掉各用电设备开关，拆下蓄电池一个接线柱的导线，将线端与接线柱划火，如有火花，应逐步检查有关导线，并找出搭铁短路之处 2. 如无火花，说明故障在蓄电池内部，可用电解液相对密度计抽出部分电解液，检查密度并观察电解液是否混浊，混浊说明活性物质脱落严重。必要时可用高频放电叉检查电压降情况，等几小时后再检查一次，如果电压值有所下降，说明蓄电池内部有短路，应拆检、过放电、清洗，重新加入新电解液进行充电 3. 更换符合规定浓度和数量的电解液 4. 更换 5. 定期充电
电解液消耗过快	电解液消耗快，电解液添加周期明显缩短，需经常加注蒸馏水弥补亏损	1. 蓄电池有渗漏处 2. 充、放电电流过大，电解液蒸发和溢出 3. 隔板损坏或击穿	1. 首先检查蓄电池壳有无破裂，塞子是否旋紧，盖子四周封口胶有无裂缝，如属上述原因，应修理或更换外壳，修复后应添加电解液 2. 如有常烧灯泡现象出现，则检查电压调节器，并进行调整，必要时更换调节器 3. 检查隔板有无损坏，如损坏则及时修理或更换蓄电池

（续表）

故障名称	故障现象	故障原因	排除方法
极板硫化	极板表面上生成一层白色粗晶粒硫酸铅，将极板内的孔隙堵塞，电解液渗透困难，蓄电池容量下降，启动困难。充电时，充电电压迅速升高，电解液密度上升不明显，且过早出现"沸腾"现象	1. 电解液液面经常过低，引起硫化 2. 长期亏电状态搁置（即充电不足或放电后未及时充电） 3. 电解液密度过高、不纯和自放电 4. 长期过量放电或小电流深度放电	1. 加入电解液，并保持在规定的液面 2. 放电后及时充足蓄电池 3. 加足符合质量要求的电解液 4. 不要过量放电

三、仪表常见故障诊断与排除（表 7-11）

表 7-11　仪表常见故障诊断与排除

故障名称	故障现象	故障原因	排除方法
水温表指针不动	接通电源后，水温表指针不向40℃处移动，仍指在100℃处不动；水温变化时，指针仍不移动	1. 水温表电源线断路 2. 水温表加热线圈烧坏 3. 水温感应塞电热线圈烧坏 4. 有关触点接触不良 5. 水温表至感应塞导线接线不良或断路	1. 检修水温表电源线路 2. 检修或更换水温表加热线圈 3. 检修或更换水温感应塞电热线圈 4. 检修有关触点，使其保持接触良好 5. 检修紧固水温表至感应塞导线接头 　检查方法：接通电源开关，拆下水温表感应塞一端导线直接与缸体搭铁。如果水温表指针立即由100℃处向40℃移动，说明水温表良好，是感应塞加热线圈烧坏或触点接触不良。如水温表指针仍不动，说明故障不在感应塞，应在水温表。将水温表电源接线柱一端试火，若无火表明电源线断路；有火说明水温表本身或表至感应塞线路有故障。此时可在水温表引出接线柱一端搭铁试验，如表针移动正常，说明表至感应塞间导线断路，反之则为水温表内部电热线圈烧坏断路
发动机运转，机油压力表指示"0"不动	发动机各种转速时，机油压力表均无压力指示	1. 机油压力表电源线断路 2. 机油压力表内加热线圈烧毁或断路 3. 机油压力传感器加热线圈烧坏或触点接触不良 4. 发动机润滑系有故障	1. 检修机油压力表电源线路 2. 检修机油压力表内加热线圈 3. 检修机油压力传感器加热线圈或触点 4. 检修发动机润滑系 　检查方法：接通电源开关，拆下机油压力传感器一端导线，搭铁试验。如机油压力表从 0 向0.5MPa 压力方向移动，说明机油压力表良好。此时，可拆下传感器并装回拆下的导线，用一根适当的棍棒，塞进传感器油孔内，顶压膜片试验；如果机油压力表走动，则说明传感器良好，发动机润滑系有故障；反之，为传感器有故障。如传感器一端导线搭铁试验，表针仍不移动，可在机油压力表电源接线柱和引出线接线柱分别搭铁试验；用来断定故障在表内还是在导线，其方法同水温表的故障检查

（续表）

故障名称	故障现象	故障原因	排除方法
仪表无指示	仪表无指示	1. 保险丝熔断，导线接触不良 2. 感应塞损坏 3. 仪表损坏	1. 检查更换保险丝，检修电线路，紧固接线头 2. 更换或修理 3. 更换新仪表
仪表指示过高	仪表指示值过高	1. 仪表至感应塞连接线发生短路现象 2. 仪表失灵 3. 感应塞损坏	1. 仔细查找并排除 2. 更换或修理 3. 更换

四、灯系常见故障诊断与排除（表7-12）

表7-12　灯系常见故障诊断与排除

故障名称	故障现象	故障原因	排除方法
所有灯都不亮	接通开关，所有灯都不亮	1. 蓄电池无电 2. 总熔丝烧毁 3. 灯开关前电源线路断路	1. 检查蓄电池，并充电 2. 更换保险丝 3. 检修灯开关前电源线路
前照灯远、近光不全	灯开关在大前灯挡位，只有远光亮而近光不亮，或相反	变光开关损坏，远、近光中的一个导线断路，双丝灯泡中某灯丝烧断	螺钉旋具搭接变光开关的电源接线柱与不亮的远光或近光接线柱试验：如灯亮，故障在变光开关；如仍不亮，则说明故障出自变光开关后的线路。电源短接法：直接在接线板处接通不亮的远光或近光接线柱试验，如灯亮，说明变光器开关至接线板的导线断路；如灯仍不亮，则应检查双丝灯泡中的灯丝是否有烧断的
前照灯两个亮度不同	前照灯开关接通后，不论是远光还是近光，均一只明亮，另一只暗淡	两前照灯使用双丝灯泡时，若其中一个灯搭铁不良开路后，就会出现一个灯亮，一个灯暗淡的现象	用一根导线，一端接暗架，另一端和亮度暗淡的灯泡搭铁线接线柱相接，如恢复正常，即表明该灯搭铁不良

五、喇叭常见故障诊断与排除（表7-13）

表7-13　喇叭常见故障诊断与排除

故障名称	故障现象	故障原因	排除方法
喇叭不响	按下喇叭按钮，喇叭不响	1. 蓄电池无电或短路 2. 保险丝熔断或电路接头松动或接触不良 3. 喇叭线路断路、搭铁不良或接头接触不良 4. 喇叭开关损坏、继电器触点烧蚀或气隙过大、弹簧过紧等 5. 喇叭线圈断路、烧毁	1. 先开大灯，如灯不亮或灯光暗淡，则应检查蓄电池是否亏电，清洁蓄电池表面，电量不足应充电 2. 检查或更换保险丝，紧固电路接头和蓄电池接接柱线 3. 检查喇叭线路和接头 4. 如电源良好，可用电源短接法检查，即导线一端接电源，另一端直接与喇叭接线柱试火。如火花正常、喇叭响，说明故障可能是喇叭按钮接触不良，或喇叭接线柱至喇叭按钮、电源之间线路有断路处。可用导线短接电源分段试火查明故障部位。如火花微弱，说明有接触不良处，进一步检修检查喇叭开关、继电器触点、线圈、气隙、弹簧等零部件 5. 如导线与喇叭接线柱试火时无火，说明故障在喇叭，是属于断路所致，需卸下喇叭拆检。如试火时，火花强烈而不响时，说明喇叭内部有搭铁处。用万用表检查喇叭线圈或更换喇叭
喇叭响声不正常	按下喇叭按钮时，喇叭音响发哑、发闷或声音发尖	1. 蓄电池存电不足或蓄电池继电器触点接触不良 2. 喇叭固定螺钉松动 3. 喇叭触点烧蚀接触不良 4. 振动膜片破裂弯曲 5. 喇叭调整螺母过紧或松动 6. 弹簧钢片折断 7. 衔铁气隙或触点间隙调整不当	1. 先开灯，根据灯光情况判断蓄电池电量和蓄电池继电器是否有故障。如发动机以高转速运转时，按下喇叭按钮，喇叭声响正常，而低速运转时，喇叭声音低闷，就说明蓄电池或蓄电池继电器有故障 2. 检查紧固喇叭固定螺钉和扬声筒固定螺钉，因松螺钉动会引起喇叭声音不正常 3. 拆下喇叭盖罩后，检查研磨烧蚀的触点 4. 检修或更换振动膜片 5. 检查调节松动的调整螺钉 6. 检查或更换弹簧钢片 7. 检查调整衔铁气隙或触点间隙

六、硅整流发电机与电压调节器常见故障诊断和排除（表7-14）

表7-14　硅整流发电机与电压调节器常见故障诊断和排除

故障名称	故障现象	故障原因	排除方法
不充电	柴油机在高于怠速以上运转时，电流表指示不充电	1. 风扇皮带过松或断裂 2. 发电机电枢和磁场接线柱绝缘损坏或接触不良 3. 发电机故障： ①定子或转子线圈断路、短路或搭铁 ②电刷在其架内卡滞或磨损过度，与滑环接触不良 ③滑环绝缘损坏或滑环严重烧蚀、有污物、裂纹或脱焊 ④硅二极管击穿、短路或断路 ⑤转子爪极松动 4. 电压调节器故障： ①调节电压过低 ②或第一对触点烧蚀，第二对触点烧结 ③电子式调节器损坏	1. 首先检查发电机传动带张紧度等，是否打滑 2. 检修蓄电池和发电机之间连线有无断路，连接是否良好，以及发电机接线是否正确等 3. 检修发电机： ①检查励磁线圈是否断路和短路，方法是停转发电机，接通电源开关，若电流表有2~3A的放电电流，说明励磁电路无故障；若放电电流过大，则励磁线圈有短路之处；若无放电电流或放电电流很小，说明励磁电路断路或接触不良，多数因励磁线圈与滑环脱焊，电刷与滑环接触不良。发电机不发电，可用万用表电阻挡测量，红笔"+"接电枢接线柱，黑笔"-"接搭铁接线柱，一般应为40~50Ω，如小于规定值过多，说明二极管击穿或定子线圈搭铁；如大于规定值很多，说明二极管及定子线圈某处断路或二极管引线折断 ②检修电刷 ③检修滑环 ④检查或更换硅二极管 ⑤检修转子爪极 4. 检修或更换电压调节器 ①用旋具短接"电枢"、"磁场"接线柱，若放电电流变为2~3A，说明故障在调节器；若调节器调节电压过低，用手捏住触点K₁，使其常闭（时间要短），若出现了充电电流，说明调压值过低 ②启动发动机，在怠速状态，用导线短接调节器电源和磁场接线柱，看电流表有无反应。慢加油门，提高转速若有充电电流，说明调节器损坏，应更换同型号的调节器；若仍无充电电流，说明线路不良或发电机损坏，应检查调节器至发电机之间线路接触是否良好或修理发电机
充电电流过小	柴油机正常运转时，电流表指示充电电流偏低	1. 各连接线接头松动 2. 发电机发电量小，可能是发动机转速低或电机风扇皮带打滑 3. 电刷磨损、滑环有油污，接触不良 4. 电压调节器触点烧蚀、脏污或电压值调整过低 5. 定子绕组有一只或二只二极管引线脱焊或烧毁，造成一相连接不良或断开等	1. 检查、紧固各连接导线接头 2. 先将发动机调至额定转速，检查风扇皮带张紧度，看有无松弛打滑现象。若正常，则拆除发电机"F"与调节器"F"接线柱之间的连接，使发动机中速运转，用旋具将发电机"+"与发电机"F"接线柱短接。若充电量增大，说明可能是调节器低速触点烧蚀、滑环脏污、电刷磨损或调整电压低，应分别检查排除。若充电量仍过小，则说明发电机有故障应拆修 3. 清除滑环油污，研磨电刷接触面，磨损严重要更换电刷 4. 清洁电压调节器触点，适当调高电压值 5. 检修焊好或更换二极管

（续表）

故障名称	故障现象	故障原因	排除方法
充电电流过大	在蓄电池不亏电的情况下，充电电流在10A以上，此时电解液消耗过快，发电机易过热，触点常烧蚀，易烧灯泡	1. 调节器不工作，可能是电压调节器K_1（低速）触点粘结或K_2（高速）触点脏污，导致接触不良 2. 电磁线圈断路或短路 3. 加速电阻或温度补偿电阻烧断等 4. 电压调节器电压调整过高，可能是调整不当或接触不良	1. 检查调节器低速触点是否烧结而不能张开，高速触点是否烧蚀而接触不良，进行研磨修理 2. 再检查电磁铁芯的吸力，发动机做中速转动，用旋具尖接触活动触点臂，试探电磁吸力，若无吸力，可能是电磁线圈烧断，调节器内的电阻烧断或接地不良；若有吸力，则可能是调节器活动触点臂拉簧过紧，导致调节电压过高，应重新校正 3. 检修或更换加速电阻或温度补偿电阻等 4. 检修电压调节器： ①电流表的正常工作状态应该是：刚启动时充电电流较大，但几分钟后表针指示趋于正常。若长时间指示的充电电流过大，说明调节器损坏，应更换同型号调节器 ②用万用表直流电压挡测试，即红笔触及发电机电枢接线柱，黑笔接搭铁接线柱，逐渐提高发电机转速，检查电压是否过高；若电压过高，拆下电压调节器盖，用手压开K_1，使K_2闭合，此时电压下降，则说明调整不当或磁化线圈温度补偿电阻断路；若K_2闭合后电压仍不下降，应检查K_2触点是否氧化、脏污而存在接触不良，以致不能使励磁电路短路
充电电流不稳定	柴油机在怠速以上运转时，时而充电，时而不充电，电流表指针不断摆动，充电指示灯忽明忽暗	1. 发电机传动带过松或打滑 2. 蓄电池与发电机电枢接线柱导线接触不良 3. 滑环有脏污、烧损、失圆或电刷磨损、弹簧弹力不足，电刷与滑环接触不良 4. 转子和定子线圈局部短路 5. 电压调节器触点烧蚀或脏污，触点臂弹簧过松	1. 检查调整发电机传动带张紧度 2. 检修紧固导线连接处和接线柱接头，保持接触良好 3. 清除滑环油污等，研磨接触面，磨损严重要更换滑环、电刷或电刷总成 4. 检修或更换转子和定子线圈 5. 充电指针在各种转速范围内均摆动，这说明电压控制不稳。可在柴油机稍高于怠速运转时，用手捏住K_1触点，电流表指针稳定，说明K_1触点接触不良或气隙、弹簧张力调整不当；电流表指针仅在高速范围内摆动，则说明电压调节器K_2触点在工作，但接触不良，可检查该触点是否烧蚀、脏污；若某一转速范围充电不稳，则常因电压调节器气隙调整不当所致
发电机异响	发电机有杂音	1. 传动皮带过紧、过松或损坏 2. 发电机、皮带轮松动 3. 轴承磨损或缺润滑油 4. 电枢轴弯曲，擦碰磁极 5. 电刷与集电环接触不良或电刷架变形 6. 二极管、磁场线圈断路或短路	1. 检查调整传动皮带张紧度或更换皮带 2. 检视皮带轮、发电机是否松动 3. 检修轴承并添加润滑油 4. 触摸发电机外壳，如烫手则说明电枢轴弯曲，定子、转子摩擦，校正或更换电枢轴 5. 打开防尘盖检视，如有火花说明电刷与集电环接触不良，检修或更换电刷、电刷架与集电环 6. 若为细小均匀的电磁声，则检查硅二极管是否断路或短路、磁场线圈是否断路，必要时更换

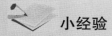 **小经验**

检查硅整流发电机是否发电的技巧

先检查发电机皮带是否过松。再采用如下方法检查（注意不能像直流发电机那样将发电机"+"柱与外壳短接划火）：

（1）灯试法

先将硅整流发电机"+"线柱的导线拆掉，使发电机与蓄电池断开，然后使发电机以较低的速度运转，将试灯（灯泡额定电压与电池相同）的一端引线接发电机"十"线柱，另一端引线搭铁，如灯亮说明发电，灯不亮说明不发电。

（2）测电压法

用万用表的直流电压挡，负试棒接发电机的外壳，正试棒接发电机的"电枢+"接线柱，使发动机中速运转，如果电压表指针上升到14V左右，说明发电正常，否则就不正常。

（3）观察电流表充电法

在电流表完好的情况，停车状态下启动发动机（使蓄电池处于亏电状态），使发动机在中速以上运转，若无充电指示，可进一步判断故障部位，在发动机慢速运转的情况下，将发电机"+"极与磁场用一临时线短接，逐渐提高发动机转速，但不可过高，看是否有充电电流，若无电流，说明发电机已损坏，若有电流说明是调节器有故障或激磁回路有断路处。

七、启动电机常见故障诊断和排除（表7-15）

表7-15　启动电机常见故障诊断和排除

故障名称	故障现象	故障原因	排除方法
启动机不转	将点火开关旋到启动位置，启动机不转	以有启动继电器启动系统为例： 1. 电源及线路部分故障： ①蓄电池存电不足或极板硫化、短路等 ②导线接头及接线柱接头松动或接触不良 ③点火开关等控制线路有断路或熔断丝熔断等 2. 启动继电器故障： ①启动继电器线圈绕组断路、短路、搭铁 ②继电器触点严重烧蚀或不能闭合 3. 启动机故障： ①启动机电磁开关线圈断路、短路、搭铁或其触点烧蚀而接触不良等	1. 检查电源及线路部分： ①接通电源，打开灯开关或按喇叭，若灯光亮或喇叭声音洪亮，说明蓄电池存电充足，故障不在蓄电池。若灯光很暗或喇叭声音很小，说明蓄电池存电严重不足，应先检查蓄电池极桩与线夹及启动电路导线接头处是否有松动，清除脏物，触摸导线连接处是否发热。若某连接处松动或发热则说明该处接触不良。如果线路连接无问题，则应对蓄电池进行充电或检查更换蓄电池 ②若灯不亮或喇叭不响，说明蓄电池故障或电源断路，应检查蓄电池火线及搭铁线的连接有无松动及蓄电池存电是否充足 ③检修点火开关等控制线路或更换熔断丝 2. 检修启动继电器： ①用导线或起子将蓄电池正极与电磁开关50#接柱接通（时间不超过5s），如此时启动机转动，说明点火开关回路或启动继电器回

（续表）

故障名称	故障现象	故障原因	排除方法
启动机不转	将点火开关旋到启动位置，启动机不转	②换向器严重烧蚀导致电刷与换向器接触不良 ③电刷过度磨损、弹簧压力太小或电刷卡死在电刷架中 ④电刷与励磁线圈断路或正电刷搭铁 ⑤电枢线圈或磁场线圈有断路、短路或搭铁故障 ⑥电枢轴的铜衬套磨损过多，使电枢轴偏心或弯曲，导致电枢铁芯"扫膛"	路有故障，如触点接触不良等；如接通时启动机不转，进一步检查启动机与电磁开关 ②检修启动继电器触点或更换启动继电器：将启动继电器的"电池"与点火开关用导线直接相连，若启动机能正常运转，则说明故障在启动继电器至点火开关的线路中，可对其进行检修 3. 检修启动机： 用螺丝刀短接电磁开关的控制接线柱和启动机导电片的接线与电池正极接线柱，若启动机空转正常，说明电磁开关或点火开关有故障；若启动机不转，则启动机有故障，应拆检启动机。可根据产生火花的强弱来判别：若短接时无火花，说明磁场绕组、电枢绕组或电刷引线等有断路故障；若有微弱火花表明换向器与电刷间接触不良；若短接时有强烈火花而启动机不转，说明启动机内部有短路或搭铁故障 ①检修或更换电磁开关：用起子将电磁开关的控制线上连接启动继电器的接线柱与连接蓄电池的接线柱短接，若启动机不转，则说明启动机电磁开关有故障，应拆检电磁开关；如果启动机运转正常，则说明故障在启动继电器或有关的线路上 ②检修或更换换向器 ③检修或更换电刷 ④检修励磁线圈，做绝缘处理 ⑤检修电枢线圈或磁场线圈，做绝缘处理，调整间隙 ⑥校正电枢轴或更换轴、轴套
启动机转动无力	将点火开关旋至启动挡时，启动机能运转，但功率明显不足，时转时停，转动缓慢无力，不能带动发动机正常运转	1. 蓄电池存电不足或极板硫化短路故障 2. 导线接头松动或电磁开关触点烧蚀接触不良 3. 电刷过度磨损或弹簧过软等引起接触不良 4. 换向器表面有油污或烧蚀 5. 电枢线圈、磁场线圈短路或断路 6. 电枢轴套过紧、过晃或电枢轴弯曲有时碰擦磁极	故障检查检查程序基本与启动机不转相同，因为这两种故障产生原因基本一样，只是程度上有所不同。启动机转动无力，还可能是扣爪块与圆盘接触凸肩磨损，不能顶起扣爪块释放限止板，动触点的下触点不能闭合，主回路不通，启动机只能无力的缓慢转动。 1. 充电或更换蓄电池，清除脏物 2. 检修紧固导线接头、研磨触点或更换电磁开关 3. 研磨电刷接触面或更换电刷、电刷总成 4. 清洁换向器表面或更换换向器 5. 检修电枢线圈或磁场线圈，做绝缘处理、调整间隙 6. 校正电枢轴，或更换电枢轴和轴套
启动机自动运转	接通电源后启动机自动运转	1. 启动机电磁开关触点粘结 2. 启动继电器触点粘结 3. 点火开关第二挡触点粘结使其不能复位	1. 断电检查修理 2. 检修继电器触点或更换 3. 更换点火开关

（续表）

故障名称	故障现象	故障原因	排除方法
启动机空转	接通后启动机空转，不能啮入飞轮齿圈带动发动机运转	1. 单向离合器打滑 2. 偏心螺丝调整不当 3. 拨叉脱钩 4. 拨叉柱锁未装入套圈 5. 飞轮齿圈松动或磨损过大，或某一部分严重缺损	1. 更换单向离合器 2. 调整偏心螺丝的偏心位置，使其符合技术要求 3. 检修挂钩和拨叉 4. 重装 5. 检修飞轮齿是否松动或损坏，增加启动电机垫片，调整啮合齿轮端面与飞轮齿圈间隙，更换损坏的飞轮齿圈
启动机启动后有异常响声	启动时，听到驱动齿轮与飞轮齿圈发出撞击声，驱动齿轮不能啮入	1. 驱动齿轮、轴头螺母安装不正确 2. 固定螺丝松动，机壳歪斜 3. 驱动齿轮或飞齿圈过度磨损 4. 电磁开关接盘和接点过早接触	1. 重新安装，调整启动机上的偏心螺钉，可松开偏心螺钉的锁紧螺母，转动偏心螺钉，使偏心朝上，然后前后15°范围内转动，直到位置适当 2. 紧固固定螺丝 3. 锉修或更换驱动齿轮或飞齿圈 4. 在电磁开关与启动接触面处加垫片
电磁开关吸和不牢	启动时发动机不转，只听到驱动齿轮轴向来回窜动的"啦啦"声	1. 蓄电池亏电或启动机电源线路有接触不良之处 2. 启动继电器的断开电压过高 3. 电磁开关保持线圈断路、短路或搭铁	1. 先检查启动电源线路连接是否良好，若无问题，对蓄电池进行补充充电 2. 可将启动继电器的"电池"接柱和"启动机"接线柱短接，如果启动机能正常转动，则为启动继电器断开电压过高，应予以调整 3. 如果蓄电池充足电后故障仍不能消除，则应拆检启动机的电磁开关
全车无电	打开电源开关，全车无电	1. 点火开关内部触点已烧蚀 2. 仪表盘至启动机线路之间插接件有松动 3. 电瓶接线柱及连线有松动 4. 60A总保险丝熔断	1. 更换同一型号点火开关并检明线路有无短路 2. 仔细检查直至排除 3. 清除油污紧固电瓶连线所有接线柱 4. 更换保险丝，严禁用其他金属代替

第六节　液压系统故障诊断与排除

一、液压系统常见故障诊断与排除（表7-16）

表7-16　液压系统常见故障诊断与排除

故障名称	故障现象	故障原因	排除方法
泵不出油	齿轮泵不来油或产生吸油胶管被吸扁的现象	1. 齿轮泵的旋转方向不正确 2. 液压油脏，齿轮泵进油口端的滤油器堵塞，会造成吸油困难或吸不到油，并产生吸油胶管被吸扁的现象	1. 首先检查齿轮泵的旋转方向是否正确，齿轮泵有左、右旋之分，如果转动方向不对，其内部齿轮啮合产生的容积差形成的压力将使油封被冲坏而漏油 2. 其次，清洗液压油路和滤油器，畅通堵塞，更换说明书规定牌号的液压油

（续表）

故障名称	故障现象	故障原因	排除方法
液压油油温过高	油温超过80℃，齿轮泵声音异常，易漏油，液动速度不稳定，甚至出现卡死等	1. 液压油滤清器堵塞 2. 液压油污染或散热不好 3. 换向阀中溢流阀动作不灵敏或系统超载，如压力、转速太高 4. 液压油不足：如油箱容积太小，油箱储存油量太少 5. 齿轮泵磨损引起内漏 6. 出油管过细，油流速过高 7. 系统中没有卸载回路，在停止工作时油泵仍在高压溢流	1. 清洗液压油滤清器 2. 清洗液压油路，更换说明书规定牌号的液压油，提高散热条件 3 拆下修理，清除故障；降低系统载荷 4. 加足液压油或更换大容积油箱，以使油液有足够的循环冷却 5. 修理或更换新的齿轮泵 6. 更换直径粗的出油管，一般出油流速为 3~8m/s 7. 系统中设有卸载回路，在系统不工作时，油泵必须卸载
液压油封被冲出	液压油封被冲出，漏油	1. 齿轮泵旋向不对。此时，高压油直通到油封处，由于一般低压骨架油封最多承受 0.5MPa 的压力，因此将油封冲出 2. 齿轮泵轴承承受到轴向力过高。产生轴向力大小与齿轮泵轴伸端与连轴套的配合过紧有关（主机上连轴套的尺寸不规范所致），即安装时将泵用锤子砸或通过安装螺钉硬拉而将泵轴受到一个向后的轴向力，当泵轴旋转时，此向后的轴向力将迫使泵内磨损加剧。由于齿轮泵内部是靠齿轮端面和轴套端面贴合密封的，当其轴向密封端面磨损严重时，泵内部轴向密封会产生一定的间隙，结果导致高低压油腔沟通而使油封冲出 3. 齿轮泵承受过大的径向力。如果齿轮泵安装时的同轴度不好，会使泵受到的径向力超出油封的承受极限，将造成油封漏油。同时，也会造成泵内部浮动轴承损坏 4. 泵内齿轮端面和轴套磨损。齿轮泵长时间吸空或半吸空，使泵内齿轮端面和轴套磨损加剧，由于齿轮泵内部是靠齿轮端面和轴套端面贴合密封的，当其轴向密封端面磨损严重时，泵内部轴向密封会产生一定的间隙，结果导致高低压油腔沟通而使油封冲出	1. 检修调整齿轮泵旋向 2. 检测调整主机上连轴套的尺寸和齿轮泵轴伸端尺寸及配合关系，减少磨损 3. 安装时，齿轮泵的同轴度应符合技术要求 4. 更换磨损严重的齿轮面和轴套。加足清洁的液压油，保证齿轮泵吸满油，油路中无空气

（续表）

故障名称	故障现象	故障原因	排除方法
油缸工作失灵	所有的液压油缸均不能工作或某一油缸不能工作	1. 液压油路漏油或液压油不足 2. 换向阀出口的阻尼孔堵塞、液压油选用不正确或清洁度差造成吸油不足 3. 吸油口接头漏气或管道中残存气体造成油泵吸油不足 4. 齿轮泵严重磨损，观察摩擦副表面产生明显的沟痕 5. 齿轮泵的吸油管过细造成吸油阻力大。一般最大的吸油流速为 $0.5\sim1.5m/s$ 6. 泵的安装高度高于泵的自吸高度 7. 回油阀的调整和密封不好，液压油流回油箱 8. 操纵杆动作不到位 9. 操纵杆连接处松动	1. 找出漏油原因，并加以排除；加足液压油 2. 清除该油路的杂质并清洁油路，畅通阻尼孔；选用规定牌号的液压油 3. 通过观察油箱里是否有气泡即可判断系统是否漏气。更换密封圈，拧紧吸油口接头，松开油管接头放气，直到没有气泡 4. 修理或更换新齿轮泵 5. 适当增大齿轮泵吸油管直径，使其吸油流速为 $0.5\sim1.5m/s$ 6. 降低泵的安装高度，使其小于泵的自吸高度 7. 检查调整回油阀压力或更换密封圈 8. 调整操纵杆使其动作到位 9. 紧固操纵杆连接处
油箱中有大量泡沫	液压油箱中有大量泡沫，或油沫外溢	1. 液压油中混有水 2. 吸油管密封不严，吸入空气 3. 油箱中液压油太多	1. 清洗液压油路，更换液压油 2. 检查排除漏气部位和油中空气 3. 把多余的油放出
割台、还田机自动下降或下降不稳	割台、还田机自行沉降或下降不稳	1. 该路接头处密封不严渗油 2. 液压锁失灵 3. 阀芯磨损 4. 安全阀或单向阀锥面有异物造成密封不严 5. 油路中有空气 6. 安全阀弹簧工作不稳定或调定压力过低	1. 检查、排除渗漏处或更换密封圈 2. 液压锁内单向阀密封不好，更换或修理 3. 更换阀芯 4. 清除异物 5. 拧开管接头排气 6. 更换安全阀弹簧后，调整压力至规定值
升降缓慢	割台、还田机升降缓慢	1. 阀芯磨损 2. 油缸密封圈损坏 3. 油路中有空气 4. 进油阀安全阀调定压力过低	1. 更换阀芯 2. 更换密封圈 3. 拧开管接头排气 4. 调整安全阀压力至规定值
开锁油缸失灵	开锁油缸无力	节流导套阻尼孔变大	更换节流导套
主离合器、无级变速油缸自缩、自伸	主离合器、无级变速油缸自缩、自伸	油缸进出油口与多路阀锁定口位置连接不正确	倒换油缸油管位置，使油缸工作位置有自锁功能
换向阀失灵	换向阀不自动复位或中位时不能定位	1. 复位弹簧失效 2. 定位弹簧失效 3. 定位套磨损 4. 阀芯卡死	1. 更换复位弹簧 2. 更换定位弹簧 3. 更换定位套 4. 修复或更换阀芯

（续表）

故障名称	故障现象	故障原因	排除方法
齿轮泵壳炸裂	齿轮泵壳有裂纹，漏油	铝合金材料齿轮泵的耐压能力为38~45MPa，在其无制造缺陷的前提下，齿轮泵炸裂肯定是受到了瞬间高压所致。 1. 出油管道有异物堵住，造成压力无限上升 2. 安全阀压力调整过高，或者安全阀的启闭特性较差，反应滞后，使齿轮泵得不到保护 3. 使用的多路换向阀可能为负开口，这样将遇到因"死点"升压而憋坏齿轮泵	1. 清除出油管道异物，清洁液压油路，选用规定牌号的清洁液压油 2. 检测校正安全阀压力至规定值 3. 选用多路阀
行走无级变速失灵	行走无级变速器变速范围不够或不能变速	1. 被动带轮的弹簧太软，弹簧力不够 2. 滑动运动零件锈死，从动盘卡住 3. 行走无级变速液压油缸漏油或卡死 4. 液压油脏、有空气、水或油管路接头松动漏油 5. 被动皮带轮内黄油太多 6. 皮带张力不够，伸长易打滑 7. 液压阀、油缸套活塞等严重磨损，供油不足	1. 更换被动带轮弹簧 2. 检修从动盘，润滑有关摩擦表面 3. 检修液压油缸或其他液压元件，更换密封圈 4. 清洗液压油路，更换说明书规定牌号的清洁液压油，排除液压油路中空气，检修油管路，紧固管路接头 5. 清除过多的黄油 6. 调整主、被动轮中心距和皮带张紧度，更换无级变速带 7. 更换磨损严重和液压阀、油缸套活塞

二、全液压转向机常见故障诊断与排除

（表 7-17）

表 7-17　全液压转向机常见故障诊断与排除

故障名称	故障现象	故障原因	排除方法
转向沉重	转向费力（慢转方向盘轻，快转方向盘沉）或不能转动	1. 分流阀内小活塞中间的节流孔（孔径 Φ 2.5 ~ 2.7 mm，通过此孔过油供给液压转向器）被异物堵塞，使液压转向器基本断绝或完全断绝来油 2. 分流阀上的安全阀弹簧弹力不足或开启压力调整过低，不能满足转向压力要求 3. 液压转向器内的单向阀关闭不严或被异物卡住 4. 转向器回位弹簧片折断 5. 拨销磨损严重 6. 转子泵磨损严重	1. 发动机在急速状态下，松开液压转向器标有"P"字处的进油管，正常情况下应有液压油喷出，若油量太小或基本无油，则完全可以判定故障在分流阀，拆开清理节流孔的堵塞物 2. 拆开分流阀上的安全阀查看弹簧是否折断、单向阀是否磨损而关闭不严以及弹簧弹力是否不足；当安全阀无损坏时，可在安全阀弹簧座处加 1 ~ 3 个平垫，来适当提高安全阀开启压力 3. 清除单向阀内异物，或找专业液压修理人员修复或更换单向阀 4. 更换转向器回位弹簧片 5. 更换拨销

（续表）

故障名称	故障现象	故障原因	排除方法
转向沉重	转向费力（慢转方向盘轻，快转方向盘沉）或不能转动	7. 转向油路中混入空气或水 8. 转向油缸密封圈或油管路漏油 9. 转向轮前束过小 10. 液压油脏、牌号不对或油箱油面太低 11. 油泵磨损内漏供油不足	6. 更换转子泵或转向器 7. 排除液压油路中的空气或水 8. 更换油缸密封圈，检修油路，拧紧油管接头， 9. 检查调整转向轮前束 10. 选用说明书规定牌号的清洁液压油，加中液压油 11. 找专业技术人员检修或更换油泵、转向器
方向盘不能自动回到中立位置	方向盘不能自动回到中立位置	1. 回位弹簧片折断 2. 转子轴与阀芯不同位 3. 转向轴与轴向立柱套管不同心，转向阻力大 4. 转向轴轴向顶死阀芯 5. 中立位置压力降过大或方向盘停止转动时转向器不卸荷（易跑偏）	1. 更换回位弹簧片 2. 检修 3. 检修 4. 检修 5. 检修
转向失灵	转向不动或不灵敏	1. 转向器拔销变形、损坏或联动轴与拔销间间隙过大 2. 转向器转向弹簧片失效或折断 3. 转向器转子与联动轴相互位置装错 4. 联动轴开口折断、变形或联动轴与转子间间隙过大 5. 转向油缸活塞损坏 6. 阀芯与阀套径向或轴向间隙过大 7. 液压油中有气体 8. 液压油脏或黏度太大	在发动机熄火状态，向任一方向转动方向盘时（直至较沉重为止），感觉方向盘有反弹力，松开后，方向盘迅速弹回中立位置；若转动方向盘时无弹力，或弹力很小，松开后又不能弹回中立位置（或回去的很慢），则可断定液压转向器内的6个弹簧片至少已断了3片，应更换 1. 更换转向器拔销 2. 找液压专业修理人员更换液压转向器弹簧片 3. 重新安装转向器转子与联动轴，对准装配记号 4. 更换联动轴 5. 更换转向油缸活塞 6. 更换换向器 7. 排除油路中的空气 8. 清洗液压油路，更换说明书规定牌号的清洁液压油
无人力转向	无人力转向	1. 转子与定子间隙过大 2. 油缸与活塞密封性太差 3. 油面不足，管路中进空气 4. 单向阀损坏 5. 油缸、安全阀损坏或卡滞	1. 更换换向器 2. 更换油缸活塞副 3. 加油、排除油管路中的空气 4. 检修或更换单向阀 5. 检修或更换油缸、安全阀
方向盘居中位时机器跑偏	行走时方向盘居中位时，机器跑偏	1. 转向器拔销变形或损坏 2. 转向弹簧片失效 3. 联动轴开口变形	1. 更换或送厂家修理 2. 更换或送厂家修理 3. 更换或修理

第八章 玉米收获机的试运转与维护保养

第一节 玉米收获机的试运转

一、玉米收获机试运转的目的和原则

新购置的、大修后（更换重要动配合件）的玉米收获机在使用前必须按规定的负荷、速度和时间进行运转，增大其接触面积，同时进行检查、调整和保养，这一系列工作称为试运转，也叫磨合。其目的是：

（1）磨合使相对运动零件表面的凸凹逐渐磨平，增加配合表面的接触面积，改善工作性能，为正常使用和延长使用寿命打下良好的基础。

（2）及早发现并排除制造、装配质量存在的缺陷，及时排除各种故障隐患，提高可靠性。

（3）及时检查、紧固、调整在磨合中产生的零部件松动、塑性变形、间隙变大等缺陷，以保证良好的技术状态。

二、玉米收获机试运转的基本步骤

影响试运转质量的主要因素是负荷、速度、时间和油的质量。由上述因素的合理组合制定的试运转要求，称为试运转规程。实践证明，合理的试运转规程，能以较短的磨合时间和较小的能量消耗，使运动副获得较高的磨合质量，提高了玉米收获机的动力性、经济性和使用寿命。各种型号不同的玉米收获机试运转规程不尽相同，但一般都包括试运转前的准备、柴油机空转磨合、行走空载磨合、带机组磨合、带负荷磨合、试运转后的检查。用户应按产品使用说明书要求进行磨合。

（一）试运转前的准备

（1）认真阅读玉米收获机使用说明书，掌握其磨合规范。

（2）清除机器外表的尘土、油污等，检查机器外部零件的完整性，有无短缺和损坏。

（3）检查外部紧固件的紧固情况，必要时进行紧固或锁定。

（4）检查轮胎气压、传动皮带和链条的张紧度，必要时进行调整。

（5）按润滑表向各润滑点加注润滑脂或润滑油；检查发动机油底壳、变速箱、液压油箱等的油位，保持在规定的范围内。

（6）加足燃料和冷却水。

（7）检查操纵机构、工作部件装置等的灵活性和可靠性。

（8）检查各部位轴承和工作部件的安装情况是否符合技术要求。如摘穗台、搅龙、升运器、秸秆切碎还田机、剥皮机剥皮辊和其上方的压送轴调整是否到位，然后用手转动中间轴左侧带轮观察有无卡滞现象。

（9）按操作规程启动发动机。

（二）试运转

1. 柴油机空转磨合

柴油机空转磨合共进行 15min。开始小油门运转 5min，然后中油门运转 5min，最后再把油门置于最大位置运转 5min。

空转磨合过程中，要随时注意倾听和观察柴油机情况，注意水温、油温、油压，查看有无漏油、漏水、漏气现象，特别注意有无异响。发现故障必须找出原因加以排除，必须在柴油机工作完全正常时才能进行下一步磨合。

2. 玉米收获机行走空载磨合

行走试运转总时间 4h 左右，当发动机水温升高至 60℃ 以上时，只能用Ⅰ挡或Ⅱ挡起步，不允许Ⅲ挡起步，不允许突加油门。挂挡时应将离合器踏板踩到底，使其彻底分离以免打齿。挂上挡后应缓慢松开离合器踏板，不允突然抬起离合器和将脚长时间放在离合踏板上。应从低挡到高挡，从前进挡到后退挡逐挡进行，采用中油门工作，留心观察，并检查以下项目：

（1）检查变速箱和离合器有无过热、异音，有无漏油现象，并检查润滑油油面。

（2）检查前后轮轴承部位是否过热，轴向间隙 0.1~0.2mm。

（3）检查转向和制动系统的可靠性，及刹车夹盘是否过热。

（4）检查两根行走带、无级变速皮带等是否符合张紧规定。

（5）检查轮胎气压，并紧固各部位螺栓，特别是前后轮轮毂螺栓、无级变速轮各紧固螺栓、后轮转向机构各固定螺栓、发动机机座和带轮紧固螺栓等。

（6）检查电器系统仪表、各信号装置是否可靠工作。

3. 玉米收获机带机组磨合

带机组试运转总时间约 10h，禁用高Ⅲ、Ⅳ挡进行。

（1）机组运转前应仔细检查各传动 V 带和倾斜输送器等链条是否按规定张紧；检查清理玉米收获机内部杂物；检查所有螺纹紧固件是否可靠拧紧。

（2）先原地试运转，可将左右侧壁打开，启动发动机，接合发动机动力输出，使各工作部件转动，从中油门过渡到大油门运转 10min 后，观察机组是否有异响、异振、异味和轴承处过热等现象。

（3）检查玉米收获机各工作部件运转正常后，将左右侧壁关闭，锁紧后方可进行带机组试行走。

（4）扳动液压操纵手柄，缓慢升降摘穗台、果穗箱和茎秆粉碎还田机油缸约 20 次，观察其是否升降平稳，准确可靠，检查液压系统有无过热和漏油现象。

（5）将发动机转速控制在 1 200r/min 左右，然后松开手刹制动，挂上前进Ⅰ挡。并接合发动机动力输出，使工作部件转动 10min 后，确认无异常后换到Ⅱ挡，加大油门，扳动无级变速液压操纵杆，使行走达Ⅱ挡高速，工作部件达到额定转速，运转

30min 后，停车检查机器是否有异常现象。

（6）停机检查各轴承是否过热和松动，各传动 V 带和链条中心线是否在同一平面上，张紧度是否可靠。

（7）检查主离合器结合和分离是否可靠。

（8）机组空驶磨合　机组空驶磨合从低速挡到高速挡依次进行，每挡空驶不低于1h。空驶磨合过程中，要注意机器各部分的运转情况和各仪表的指示情况，注意离合器结合与分离情况、转向离合器和制动器工作情况，发现异常要及时查明原因予以排除。

4. 玉米收获机带负荷磨合

带负荷试运转开始于作业的第一天进行试收获过程，总时间约 30h，其中半负荷试运转约 20h，2/3 的负荷试运转约 10h。一般选在地势较平坦、少杂草、作物成熟度一致、基本无倒伏、具有代表性的地块进行。开始以低速行驶和半负荷作业，逐渐加大收获速度和负荷。

（1）试收时，应及时调整各工作部件间隙，使之达到最佳的作业状态。

（2）当机油压力达到 0.3MPa，水温升高到 60℃ 时，加到最大油门（手油门）开始用 Ⅰ 挡小喂入量作业 10h 后，停车检查各皮带、链条、轴承、螺栓等是否有松、热等现象，发现故障及时排除。再挂 Ⅱ 挡小喂入量作业 10h 后，逐渐加大到 2/3 负荷，最后至额定喂入量。试运转的原则是：速度从低到高（从低挡到中挡逐步加快），负荷从无到小到额定负荷。

（3）作业过程中必须使发动机处于最大额定转速下工作，否则会造成动力不足和工作部件的作业性能达不到要求，收获质量也不好。

（4）摘穗台的最低摘穗高度不应低于 350mm。摘穗台高度也不能过高，不能超过最低果穗尖端高度，以免漏穗；也不宜过低，应适当留出下部还田机的浮动空间，否则会出现还田机被压入土中造成负荷过大，损坏传动系统。

（5）收获时，使分禾器处于玉米果穗以下，保证果穗在摘穗辊（拉茎辊）中后部摘下，此时应根据玉米植株的粗细调整摘穗辊（拉茎辊）的间隙，防止堵塞与啃伤籽粒。

（6）调整秸秆切碎还田机的高度，使留茬处于规定范围内，留茬太低，还田机打土影响作业效果与效率，收获机功率消耗太大；留茬太高，表明还田机还田质量太差。

（7）作业时必须遵守安全操作规则，否则可能导致人身安全和收获机性能下降或减少收获机使用寿命。

（三）试运转结束后的维护保养

（1）更换机油、液压油滤清器和柴油机机油、液压油及齿轮油，并清洗各有关部位。

（2）放出冷却水，用清洁的软水清洗冷却系统。

（3）检查调整各操纵机构的自由行程、气门间隙、喷油器喷射压力、轴承间隙和传动皮带及链条张紧度等。

（4）按润滑表润滑各部位。

（5）检查和紧固螺栓、螺母。

（6）将试运转的详细情况计入技术档案。

第二节　农业机械维护保养基本原则和种类

一、维护保养的目的和原则

维护保养就是对机器各部分进行除尘、清洗、检查、调整、紧固、堵漏、添加、润滑和更换易损零部件等一整套技术维护保养的措施及操作。它包含技术保养和部分维修两部分内容，是计划预防维护制度的重要组成部分。

做好维护保养工作是防止机器过度磨损、避免故障与事故，保证机器经常处于完好技术状态、延长使用寿命，确保人机安全和节支增收的重要手段。经验证明，如保养好的玉米收获机，其三率（完好率、出勤率、时间利用率）高，维修费用低，使用寿命长；保养差的则出现漏油、漏水、漏气，故障多，耗油多，维修费用高，生产率低，误农时，机器效益差。

虽然各种型号玉米收获机的技术性能指标各异，但对总体技术状态的综合性能要求是一样的，其维护保养的基本原则是：

1. 性能指标良好

指玉米收获机各机构、系统、装置的综合性能指标，如功率、转速、油耗、温度、声音、烟色和严密性等符合使用的技术要求。

2. 配合间隙正常

指玉米收获机各部位调整及配合间隙、压力及弹力等应符合使用的技术要求。

3. 润滑周到适当

指所用润滑油料应符合规定，黏度适宜，各种机油、齿轮油的润滑油室中的油面不应过高或过低。油不变质，不稀释、不脏污。用黄油润滑的部位，黄油要干净，能畅通且注入量要适当。如低速运转部位采用钙基润滑脂即可，高速运转部位应采用高速耐高温润滑脂。

4. 紧固牢靠

指机器各连接部位的固定螺栓、螺母、插销等应紧固牢靠，扭紧力矩应适当，不松动，不脱落。重要零部件的固定必须按 8.8 级螺栓的扭矩要求紧固（表 5-3）。超低易引起零部件松动、脱落；超高易引起零部件断裂等事故。

5. 应保证四不漏、五净、一完好

指垫片、油封、水封、导线及相对运动的精密偶件等都应该保持严密，做到不漏气、不漏油、不漏水、不漏电；玉米收获机各系统、各部位内部和外部均应清洁干净，无尘土、草屑、油泥、杂物、堵塞等现象，做到机器净、油净、水净、气净和驾驶操作人员衣着整洁干净；玉米收获机各工作部件齐全有效，做到整机技术状态完好。

6. 确保安全

（1）收获机维修检查时必须停在平坦的地方，发动机必须熄火后才能进行。

（2）在维修割台或在割台下面工作时，必须用安全卡等可靠支撑割台并用木块等支撑牢固，防止割台下降。

（3）更换割台等利刃时，请戴上手套，不要碰触利刃。

（4）维修时，若拆换还田机甩刀、甩刀轴总成、主离合器皮带轮、割台输入皮带轮、无级变速轮等应做动平衡后才能进行装配，否则会因震动引起轴承损坏、零件开焊、轴断裂等事故。

（5）在安装或更换轮胎、轮辋或幅盘时，必须先将轮胎气放净；充气时，严禁拆卸驱动轮上 M16 紧固螺栓。

（6）电焊维修时，必须停机停火且断开电源总开关。

（7）入库时，应做好防冻、防火、防水、防盗、防丢失、防锈蚀、防风吹雨打日晒等措施。

7. 随车工具齐全

指玉米收获机上必需的随车工具、用具和拭布棉纱等应配备齐全。

二、技术保养的分级、保养周期和主要内容

玉米收获机的技术保养分日常技术保养（简称日常保养，以叫班保养）和定期技术保养两种。班保养在每班工作开始或结束时进行，主要内容是以日常清洁、外部零件检查紧固，消除"三漏"，各部位的润滑及添加柴油、冷却液和润滑油为主。定期保养是在玉米收获机工作一定时间间隔之后进行，其内容除了要完成班次保养的全部内容外，加足燃油、冷却水和润滑油；还要根据零件磨损规律，按说明书的要求增加部分保养项目。定期保养一般以"三滤"（空气滤清器、柴油滤清器、机油滤清器）的清洁、重要部位的检查调整，易损零部件的拆装更换为主。

保养周期是指两次同号保养的时间间隔。保养周期的计量方法有两种：即工作时间法（h）和主燃油消耗量法（kg）。高一号保养周期是它的低号保养周期的整数倍。

第三节　玉米收获机日常技术保养

一、日常技术保养内容

日常技术保养内容可概括为：各零部件的清洁、检查、调整与紧固、加添、润滑和更换。

1. 清洁

机器不清洁会加快机器的锈蚀，会掩盖故障隐患，影响水、油、气的流通，阻碍籽粒、秸秆顺畅地移动。保持玉米收获机各部分的清洁十分重要，它是最基础的保养项目。日常和定期的清洁工作主要有以下几点：

（1）清扫机器内外粘附的尘土、籽粒、茎叶、茎秆及其他附着物，特别注意清理

拉茎辊、剥皮机、清选筛、发电机附近、行走装置和切碎装置等处的缠绕物和附着物。

（2）清理各传动皮带和传动链条等处的泥块、秸秆。泥块会影响轮子的平衡，秸秆可能因摩擦而引燃起火。

（3）清洁发动机冷却水箱散热器、液压油散热器、防尘罩等处的草屑、秸秆等污物。

（4）定期清洁空气滤清器，但收割机的空气滤清器滤芯每隔 2~4h 要清洁一次灰尘，部分滤芯只能清扫不能清洗。

（5）定期清洗柴油滤清器、机油滤清器滤芯（或机油滤清器）。

（6）定期清除柴油箱、柴油滤清器内的水和机械杂质等沉淀物。

（7）及时清理增压器周围、发动机排气管周围的杂物，防火灾。

2. 检查、调整和紧固

玉米收获机在工作过程中，由于震动及各种力的作用，原先已紧固、调整好的部位会发生松动和失调；还有不少零件由于磨损、变形等原因，导致配合间隙变大或传动带（链）变形，传动失效。因此，检查、紧固和调整是联合收割机日常维护的重要内容。

（1）检查各部件的连接螺栓、固定螺钉的紧固情况，若有松动应及时紧固；特别应注意检查各传动轴的轴承座、皮带轮、拉茎辊刀片、切碎器刀片、前桥与大梁连接处，幅板螺母等主要部位的紧固情况。

（2）检查制动系统、转向系统功能是否灵活可靠，自由行程是否符合规定。

（3）检查刀片等各工作部件的磨损情况，有无松动和损坏，各工作间隙是否变大，若变化应调整符合技术要求。

（4）检查传动带、传动链条、拨禾链和输送链的张紧度。必要时进行调整，损坏时应更换。

（5）检查脱粒清选系统的密封橡胶板等处密封状态，是否有漏粮现象。

（6）检查变速箱、割台齿轮箱、传动箱、边减速装置等润滑油是否泄漏和不足。

（7）检查液压系统油泵、多路阀、油缸、管路接头等是否有泄漏。

（8）检查电气线路的连接和绝缘情况，有无损坏和接触。

（9）检查驾驶室中各仪表、操纵机构是否灵敏正常。

（10）检查轮胎气压是否符合技术要求。

3. 加添

（1）及时加添柴油。一是加添柴油的品种和牌号应符合技术和气温的要求；二是要沉淀 48h 以上，不含机械杂质和水分。

（2）及时检查加添冷却水或防冻液。加添冷却水应是干净的软水（或纯净水），不要加脏污的硬水（钙盐、镁盐含量较多的水）等；防冻液应符合本区域防冻要求。

（3）定期检查蓄电池电解液，不足时及时补充。

4. 润滑

为了延长机器的使用寿命和使用经济性，一切摩擦副和传动副都需要及时润滑。加添润滑剂最重要的是要做到"四定"，即"定质"、"定量"、"定时"、"定点"。"定质"就是要保证润滑剂的质量，应选用清洁的符合规定的油品和牌号。"定量"就是按规定的量给各油箱、润滑点加油，不能多，也不能少。"定时"就是按规定的加油间隔期，给各润滑部位加油。"定点"就是要明确玉米收获机的润滑部位。

（1）按说明书规定给玉米收获机的各运动部位和润滑点进行加油润滑，如输送链条、各铰链连接点、轴承、各黄油嘴等加添润滑剂。

（2）经常检查轴承的密封情况和工作温度，如因密封性能差，工作温升高，应及时润滑和缩短相应的润滑周期。

（3）润滑油应放在干净的容器内；注油前必须擦净油杯、加油口盖及其周围地方；外部的传动链条每班必须停车进行润滑一次，润滑时必须到位。

5. 更换

检查玉米收获机中易损件的磨损严重或损坏情况，如发现"三滤"的滤芯、传动链条、皮带、剥皮橡胶辊、胶套、刀片（清草刀片、拉茎辊刀片、切碎器刀片）等磨损严重或损坏，必须立即修复或更换。

二、日常技术保养技能指导

（一）发动机机油的检查和更换方法

1. 检查与加添机油

（1）将机器停在水平地面，使柴油机保持在水平状态，冷机检查机油油位。

（2）熄火后拔出油标尺，用干净抹布擦干净尺端后，再插入到油底壳极限位置，然后再次拔出，检查机油面是否在上限和下限刻线中间偏上处，如图8-1所示。

（3）如果油位接近下限刻线或低于下限刻线，必须立即加注规定牌号的清洁机油，并使油位达到上限刻线；如油面超过上限刻线则应从油底壳螺塞放出多余机油。

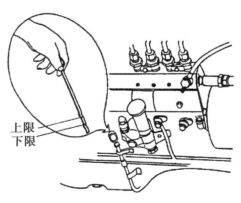

上限
下限

图8-1　油底壳机油面的检查

2. 机油和机油滤清器的更换

（1）用梅花扳手拧松发动机油底壳下的放油螺塞；

（2）趁热放出机油，拧紧放油螺塞；

（3）将机油与柴油的混合物加入发动机加油口；

（4）启动发动机，并使发动机低速运转数分钟，清洗机油道（注意油压指示，如发动机无油压应及时熄火）；

（5）拆下机油滤清器，放出清洗油；

（6）在新的机油滤清器密封圈上，抹上机油，拧紧机油滤清器及放油螺塞；

（7）从发动机加油口加入符合要求的干净机油；

（8）启动发动机，用低转速运行，直到油压指示灯熄灭；

（9）关闭发动机，等5min后，再用油尺复查机油量。

（二）冷却液的检查和更换方法

1. 检查与添加

检查副水箱（或水箱）水位是否在上下刻线之间，如不足，从副水箱加水口（无副水箱的从水箱加水口）加入干净的软水、纯净水或防冻液。

2. 更换方法

防冻液的配方是随区域最低温度不同而进行调整的，有效期限一般为两年，随着使用时间的增加防冻能力降低，到时须更换新的防冻液。更换时可按下述步骤进行：

①拆下放水塞，打开水箱盖，放净水箱及发动机机体内的冷却水；

②用自来水清洗水箱内部直到没有污垢和锈蚀流出（在水中加入散热器洗涤液，发动机空转 15min 以上，然后放干净，则散热器内部可更清洁）；

③装上放水塞，加入必要量的防冻液或软水；

④拧上水箱盖，启动发动机，查有无漏水。

3. 加冷却水注意事项

（1）不要不管不问。有些发动机加注长效冷却液，在工作一段时间后，应打开水箱盖进行检查，当水箱出现水污、水锈和沉淀物时，应及时清洗、更换冷却液。

（2）水箱"开锅"时不要贸然开盖。因为"开锅"时，水箱内温度很高（至少100℃），压力大，突然开启水箱盖，滚开的水及水蒸气便会向外急速喷出，易烫伤加水者。出现"开锅"时一般应急速运转，等发动机温度降下来后再开盖加注冷却液。如时间紧迫，可先用湿布盖住水箱盖，再用湿毛巾包住手，然后慢慢将水箱盖打开。另外，加冷却液速度不宜过快，应缓缓加入。

（3）不要缺水运行。高温天气行车，水箱内的冷却液蒸发加快，要时刻注意检查冷却液量，注意观察冷却液温度表。水箱如果不加满，冷却液在水套内循环就存在问题，水温容易升高造成"开锅"。

（4）加水时不要将水洒到发动机上。加水时，若将水洒到发动机传动带上可能导致其打滑；洒到机体上还有可能导致机体变形甚至产生裂纹。

（5）人体不要接触防冻液。防冻液及其添加剂均为有毒物质，请勿接触，并置于安全场所。放出的冷却液不宜再使用，应严格按有关法规处理废弃的冷却液。

（6）不同型号的防冻液不要混合使用。否则易引起化学反应，生成沉淀或气泡，降低使用效果。在更换冷却液时，应先将冷却系统用净水冲洗干净，然后再加入新的防冻液和水。用剩的防冻液应在容器上注明名称以免混淆。

（三）空气滤清器的保养方法

空气滤清器的滤芯或滤网易被堵塞，使空气滤清器失效，轻则使发动机的功率下降，大负荷工作冒黑烟，重则使发动机启动困难。保养周期应根据工作环境的含尘量决定，收获机械每个班次都要清扫空气滤清器，如干燥的天气收割，灰尘大，2h 后就要清扫滤芯。

保养空滤器时先拧下盖上的螺母，打开空滤器盖，取出滤芯，清理壳体内和积尘杯中的尘土，排尘孔应保持畅通。用手或木棒轻轻敲击滤芯两端，边敲边转动滤芯，将灰尘振落。对于湿式滤清器的金属滤网须定期清洗，清洗后更换机油，定期检查油盘中油面。而对于干式纸质滤芯的空气滤清器则须定期清扫，最好用 700kPa 清洁压缩空气从滤芯内侧向外吹，如图 8-2 所示。注意纸质滤芯不能碰水、油等，以免滤芯损坏，及时更换破损滤芯，一般细质滤芯寿命为 500h。要注意各连接部分的密封性，不能装反。

图 8-2 干式空气滤清器的保养

（四）柴油滤清器的清洗和滤芯更换

不少柴油机的柴油滤清器的沉淀杯上设有排污垢口，须定期拧下排污口上的排污螺塞，去除积聚在滤清器内的污垢和水，同时还应定期清洗或更换柴油滤芯，一是滤芯堵塞或油路有气而供油不足，二是滤芯损坏或安装不当产生供油不洁，其清洗步骤是：

①将燃油滤清器的开关转向关的位置；

②拆下滤清器外壳，清洗滤清器或更换滤芯；

③在杯体内装满燃油；

④打开燃油开关，让燃油一边流出，一边在不让空气进入杯内的情况下按顺序装上，装回时密封垫应完整无损。当有空气进入时，应及时排除油路中的空气。

（五）油路中空气的排除方法

燃油用完后，空气会进入燃油系统。排除空气的步骤是：

①将燃油箱加满燃油。

②松开高压油泵放气螺钉（部分发动机无放气螺钉可松开输油泵出油接头或高压油泵进油接头）。

③上下扳动发动机一侧的输油泵手柄，待放气螺钉排出空气，流出燃油时，一边泵油，一边将螺丝拧紧，即可排除油路中的空气。

（六）三角皮带（V 型带）和变速 V 型带的拆装和更换

1. 拆装

拆装 V 型带时，应将张紧轮固定螺栓松开，不得硬将 V 型带撬上或扒下。拆装时，可用起子将带拨出或拨入大胶带轮槽中，然后转动大皮带轮将 V 型带逐步盘下或盘上（图 8-3）。装好的胶带不应陷没到槽底或凸出在轮槽外。

2. 安装技术要求

安装皮带轮时，在同一传动回路中带轮轮槽对称中心应在同一平面内，允

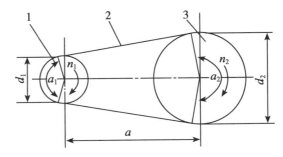

图 8-3 皮带传动示意图
1-主动轮 2-传动带 3-被动轮

许的安装位置度偏差应不大于中心距的 0.3%。就联合收割机而言，一般短中心距时允许偏差 2~3mm，中心距长的允许偏差 3~4mm。但对于使用宽 V 型带的地方，如脱粒滚筒变速轮，则应仔细调整。多根 V 型带安装时，新旧 V 型带不能混合使用，必要时，尺寸符合要求的旧 V 型带可以互相配用。

3. V 型带张紧度的检查

V 型带的正常张紧度是以 5kg 左右的力量加到两皮带轮中间的胶带上，用胶带产生的挠度检查 V 型带张紧度。一般原则是：中心距较短且传递动力较大的 V 型带挠度以 8~12mm 为宜；较长且传递动力比较平稳的 V 型带挠度以 12~20mm 为宜；较长但传递动力比较轻的 V 型带挠度以 20~30mm 为宜。

4. V 型带张紧度的调整方法

V 带的张紧度的调整方法常用的有两种：一是移动两带轮中心距的位置；另一是移动张紧轮的位置。调整合适后，被移动的部件必须紧固定位后进行复查张紧度。

（七） 割台等工作部件的日常保养

（1）首次使用 2h 后要对所有的链条、皮带张紧度进行检查和调整，按需检查和调节安全离合器弹簧。

（2）每班次（日）作业完成后，清扫割台、过桥输送装置和升运器内部的杂物。

（3）应对拉茎辊前端支撑座、割台导入锥轴承、割台左右两侧动力输入轴承座、剥皮机左右半轴轴承、振动筛驱动轴轴承、秸秆切碎还田机张紧轮和中间轴轴承、换挡杆球头和各传动链条等易磨损的运动部件的润滑点加油润滑。

（4）检查链条和链轮是否存在磨损等现象，检查链条张紧度。

（5）检查秸秆切碎还田机刀片等重要部件的紧固螺栓是否松动，松动应紧固。

（6）检查摘穗辊（拉茎辊）间隙、清草刀间隙、剥皮辊间隙和脱粒间隙等是否符合技术要求。

（八） 电气系统日常保养

（1）检查裸露在外的导线和仪器仪表，因其经常在泥水、灰尘、高温和振动等状态下工作，应保持清洁，防止污染腐蚀和损伤。

（2）检查导线连接的焊接点、接线柱、固定螺钉等是否连接可靠；将导线扎成束整齐固定起来，用保护套保护，避免与运动部件摩擦造成短路和断路。

（3）收获机作业中途停歇及下班后，应按照"看、摸、听、嗅"四字法对电气系统进行检查：看电器设备和连接导线固定是否牢固，外表有无与其他机件挤压、摩擦及损坏现象，工作时有无冒烟等；摸一摸各电气设备工作时温度是否过高，固定连接的地方是否牢固，有无摩擦松动等；听一听工作时的声音是否正常，有无异常的杂音等等；嗅一嗅电气设备有无烧焦味等。

（4）作业中一旦发生电气故障，要立即停机检查，应遵循"由简到繁、先易后难、由表及里、分段查找"的原则，切忌盲目大拆大卸。

（5）更换导线、熔丝及电器设备时，应与原来的型号、规格相同，不能使用不同型号规格的产品代替。

第四节　玉米收获机定期维护保养

一、玉米收获机定期维护保养内容

定期保养是在完成班保养的项目外，还需增加以下项目，具体机型应按其使用说明书规定进行。

（1）试运转结束后，趁热放出机油、液压油、齿轮油，更换其滤芯，清洗油路，更换说明书规定的润滑油和液压油。

（2）定期清洗或清扫空气滤清器（注意：部分机型的空气滤芯只能清扫不能清洗）、防尘网、散热器网格沉积灰尘和曲轴离心净化室油污等。

（3）定期疏通曲轴箱通气口并清洗通气口处的滤网，每工作200h左右更换机油和机油滤清器（或机油滤芯），并清洗润滑油路。

（4）定期放出柴油滤清器内的水和机械杂质等沉淀物和清洗柴油滤清器或更换滤芯。

（5）液压油箱每周检查一次油面，每工作一个年次更换一次液压油和液压油滤清器（或滤芯）。换油时应先将收获机的所有油缸缩到底，然后再将油放尽更换。

（6）按说明书要求定期检查气缸盖螺栓、连杆螺栓、主轴承螺栓等各连接件的紧固情况，并按规定扭力紧固。

（7）定期拆下气缸盖，清除气缸盖、气门、燃烧室和活塞顶处的积炭。

（8）定期将滚动轴承拆卸下来清洗干净，并注入润滑脂（包括滚道和安装面）。

（9）定期检查并拧紧变速箱各固定连接处；检查有无过热和不正常的异响；清洁疏通变速箱体、传动箱体等通气孔，检查有无漏油现象，发现漏油应及时排除。定期检查箱体齿轮油量，不足及时补加，每作业一个季节更换一次齿轮油。

（10）定期检查传动皮带、传动链轮、输送链耙的张紧度、磨损情况，检查输送刮板等是否存在变形等。

（11）经常检查制动系统和转向系统的可靠性，如发现异常，必须及时维修。

（12）经常检查轮固定M16螺栓和半轴螺柱的可靠性，如发现松动，应立即紧固。

（13）经常检查玉米收获机性能是否良好，检查调整摘穗辊（拉茎辊）间隙、切草刀间隙等各工作部位间隙，使其保持正常；调整割台高度、锤爪高度等符合作业要求；检查各安全离合器超负荷切断转动的可靠性。工作应灵敏、准确和可靠。

（14）及时清理剥皮机及升运器内部的异物，定期检查更换磨损的压送器和剥皮辊，调整剥皮辊张紧度。

（15）定期检查维护脱粒清选系统部件工作性能，调整脱粒间隙、清选风扇的风量与风向和鱼鳞片开度、清选筛角度与摆幅等。

（16）检查操纵系统的工作，应灵活、准确、可靠。

（17）定期清洁蓄电池、检查蓄电池电解液，不足时及时补充。

（18）经常检查电气系统的可靠性，避免电线短路。

（19）经常检查液压系统的可靠性，防漏油和压力不足等。

（20）按说明书规定的时间和润滑图表进行润滑，见表8-1"轴承位置及润滑表"规定的润滑周期（轴承型号以实际为准，下表仅做参考），如与作业量实际情况不符，可按实际情况调整润滑周期，原则上宁多不少。

表 8-1　玉米收获机轴承位置及润滑周期表

序号	机构名称	轴承型号	润滑点数	润滑剂	润滑说明	备注
1	被动拨禾链轮轴承	6204-E	8	锂基	1次/60h	
2	割台导入锥轴承	22205CC/W33	8	锂基	1次/12h	
3	割台齿轮箱拉茎辊轴承	6007	8	85W/90	1次/30h	更换齿轮油
4	割台齿轮箱拉茎辊轴承	32007	8	85W/90	1次/30h	更换齿轮油
5	割台齿轮箱拨禾轴承	6205-E	8	高速润滑脂	1次/年	（蓝色）
6	割台齿轮箱主轴轴承	7209C	8	85W/90	1次/年	更换齿轮油
7	割台搅龙轴承	UELFC207	2	锂基	1次/60h	
8	割台右中间轴	UEL208	2	锂基	1次/30h	
9	割台中间轴轴承	6209-Z	2	锂基	1次/30h	
10	升运器被动轴轴承	UELFC208	2	锂基	1次/30h	
11	割台支撑轴轴承	UEL208	2	锂基	1次/60h	
12	前桥边减从动轴轴承	32015	2	85W/90	1次/年	更换齿轮油
13	前桥边减从动轴轴承	30217	2	85W/90	1次/年	更换齿轮油
14	前桥边减主动齿轮轴轴承	30210	4	85W/90	1次/年	更换齿轮油
15	无级变速主动轮定盘轴承	32207	1	二硫化钼	1次/30h	
16	无级变速主动轮动盘轴承	32014	1	二硫化钼	1次/30h	
17	升运器主动轴轴承	UELFLU208	2	锂基	1次/30h	
18	剥皮机左半轴轴承	1208K+H208	2	锂基	1次/12h	
19	剥皮机右半轴轴承	1209K+H209	3	锂基	1次/12h	
20	剥皮辊轴承	6205-2RS	20	锂基	1次/60h	
21	剥皮辊轴承	6205S-2RS	20	锂基	1次/60h	
22	压送轴轴承	UEPF-206	4	锂基	2次/季	
23	抛送辊	UEPFL205	2	锂基	1次/60h	
24	振动筛支撑轴Ⅰ轴承	UELP206	2	锂基	1次/30h	
25	振动筛支撑轴Ⅱ轴承	UELP206	2	锂基	1次/30h	
26	后桥羊角轴横轴承	32210	2	锂基	1次/季	
27	后桥羊角轴横轴承	32207	2	锂基	1次/季	
28	后桥羊角轴竖轴承	51212	2	锂基	1次/季	
29	剥皮机张紧轮轴承	6205	1	锂基	2次/季	
30	振动筛驱动轴轴承	UELP207	2	锂基	1次/12h	

（续表）

序号	机构名称	轴承型号	润滑点数	润滑剂	润滑说明	备注
31	秸秆切碎还田机张紧轮轴承	6205E	1	锂基	1次/12h	
32	秸秆切碎还田机中间轴轴承	6310	2	锂基	1次/12h	
33	传动箱输出轴轴承	32007	1	85W/90	1次/季	更换齿轮油
34	传动齿轮轴轴承	32010	1	85W/90	1次/季	更换齿轮油
35	传动箱输入轴轴承	32011	1	85W/90	1次/季	更换齿轮油
36	发动机动力输出轴轴承	6311	2	锂基	1次/30h	
37	发动机动力输出分离轴承	7014AC	1	锂基	1次/30h	
38	皮带张紧轮轴承	6 304RS	4	锂基	1次/30h	
39	皮带张紧轮轴承	6 305RS	2	锂基	1次/30h	
40	剥皮机介轮轴轴承	6209RS	2	锂基	1次/30h	
41	换挡杆球头	90°、180°	3	机油	1次/12h	换挡杆
42	各传动链条（含拨禾、升运链条）		7	机油	1次/12h	

二、定期维护保养技能指导

（一）发动机定期维护保养

1. 检查调整气门间隙

发动机工作一段时间后，气门间隙会发生变化，或新装配的气门组零件，都必须对气门间隙进行检查调整。

国产四缸发动机工作顺序多为 1-3-4-2，气门间隙的调整方法基本相同。只是第一缸压缩上止点的记号位置和气门排列顺序有所不同：有些机型的记号在飞轮与壳体处，有些机型在曲轴皮带轮与正时齿轮室处。气门的排列顺序以进、排、进、排、进、排、进、排居多，还有些发动机的气门排列顺序为进、排、排、进、进、排、排、进。调整气门间隙之前必须认清。

四缸发动机气门间隙的调整方法有逐缸调整法和两次调整法。

（1）逐缸调整法　此方法较麻烦，调整步骤是：首先上紧摇臂座螺母，然后找出某缸压缩行程上止点，即可检查调整该缸两只气门。再按发动机工作顺序，摇转一个做功间隔角，即四缸机 180°、六缸机 120°，调整下一个工作缸的两只气门，依此类推到调完为止。

（2）两次调整法　此调整法有两种方法，第一种方法如下：

①打开气门室盖，上紧摇臂支座螺母。

②摇转曲轴，同时观察第四缸的进气门：当第四缸进气门的摇臂刚一点头时，应慢转曲轴，待曲轴皮带轮上"0"刻线正好对准正齿轮室盖上的指针（或飞轮上的"0"

刻线正好对准飞轮壳上检查窗上的记号时），表明是第一缸压缩上止点，如图 8-4 所示。此时第一缸的进排气门均关闭，第二缸为作功下止点，进气门关闭，第三缸为进气下止点，排气门关闭，第四缸为排气上止点，进排气门都打开。若该发动机的气门排列顺序为进、排、进、排、进、排、进、排，可调 1、2、3、6 四个气门间隙（从前往后排列），因为这四个气门均为关闭状态。

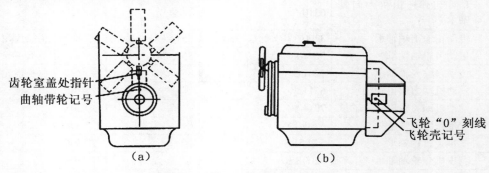

图 8-4　第一缸压缩上止点记号

（a）曲轴皮带轮 "0" 刻线与齿轮室处指针相对　　（b）飞轮盖处记号与飞轮 "0" 刻线相对

③松开调整螺钉锁母（图 8-5），把适当尺寸的厚薄规插入被调的气门间隙中，进行检查，若间隙不符合要求，可用改锥拧动调整螺钉进行调整（图 8-6），直至把符合尺寸的厚薄规插入气门间隙处，用手抽动有阻涩感为合适。一个气门调好后，再用同样方法调其他几个可调的气门间隙。

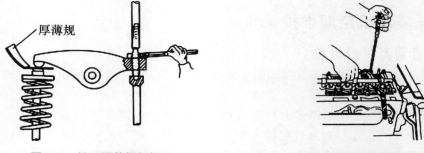

图 8-5　松开调整螺钉螺母　　　　　　　图 8-6　气门间隙的调整

④上述 1、2、3、6 四个气门调好后，再转动曲轴 360°，使第四缸处于压缩上止点，用同样的方法调整余下的第 4、5、7、8 四个气门（从前向后排）。

⑤气门间隙调完后，再转动曲轴几圈，复查一遍气门间隙，无误后，将拆下的零件装好。

注意：在紧固锁紧螺母时，要用改锥顶住调整螺钉，不能使其跟着转动，以免气门间隙发生变化。有的机型（485Q 型）调整气门间隙的同时，还要调整减压螺钉。减压螺钉的调整方法是：在 1、2、3、6 四个气门调完后，转动减压轴，使第一、二缸的减压螺钉处在垂直位置，接着调整第一、二缸的减压螺钉，使气门的最大开启值达 0.6~0.8mm；在第 4、5、7、8 四个气门调完后，依同样方法再调整第三、四缸的减压螺钉。

第二种调整方法是：先找出第一缸压缩行程上止点，根据发动机的工作顺序，四缸机一般为 1-3-4-2，依据"全、排、空、进"排序进行调整，这样可以不去考虑进、排气门的排序情况。"全、排、空、进"含义是："全"表示一缸两个气门均可调整；"排"表示三缸排气门可调整；"空"表示四缸的两个气门均不可调整；"进"表示二缸的进气门可调整。第一次调整完毕后，摇转曲轴 360°，再调整剩下的气门。

对于有减压机构的柴油机，在调整气门前，必须把减压机构手柄放在工作位置上。调完气门间隙后再复查一次，达到规定值后安装气门罩盖。

发动机气门间隙的规定，有冷态间隙和热态间隙之分，在产品说明书上有规定。如：CA6110 型柴油机的冷态间隙，进气门为 0.30mm，排气门为 0.35mm；其热态间隙进气门为 0.25mm，排气门为 0.30mm。

检查气门间隙时使用厚薄规。按气门间隙规定值选取的厚薄规，如能宽松快地插入气门间隙，说明间隙值过大。这时，松开锁紧螺母，拧入气门间隙调整螺钉，直至拉动厚薄规稍感费力为止，然后锁紧螺母。

2. 喷油器的检查与调整

喷油器的检查和调整内容有：密封性能、开始喷射压力、喷雾质量和喷射锥角。

（1）喷油器密封性能的检查　如图 8-7 所示，将喷油器的进油管接头与试验器的出油管接头相连，打开三通阀，排除油路中的空气。一面缓慢均匀地压动手柄泵油，一面拧入喷油器调整螺钉，直至使其在 22.5~24.5MPa 的压力下喷油为止。观察压力表指针从 19.5MPa 下降到 17.8MPa 所经历的时间，如果在 9~20s 内为合格。

（2）开始喷射压力的检查与调整　将喷油器装在试验器上（与密封性能检查相同）。缓慢压动手柄，当喷油器开始喷油时，压力表所指示的压力即为喷油压力，若油压低，则拧入喷油器油压调节螺钉；反之，则退出油压调节螺钉；调节合格后，将锁紧螺母锁定。

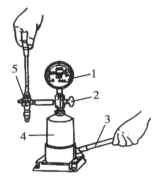

图 8-7　喷油器试验器
1-压力表　2-三通开关
3-手柄　4-油泵　5-喷油器

（3）喷射质量、喷射锥角的检查　喷射质量主要看雾化质量。在规定的喷油压力下，以 60~70 次/s 的速度压动手柄，观察喷油器喷出油的雾化情况，要求是应呈细雾状，喷油干脆并伴有清脆的响声，喷油开始和结束无滴油现象。喷雾锥角的测量，在距喷油头 100mm 处放一张白纸，喷射后用直尺量出印痕直径，计算喷雾锥角，应不偏斜，符合规定。

（4）使用注意事项：①使用清洁燃油；②及时清除积炭，但不得伤及喷孔、导锥和各密封面；③安装喷油器时，垫圈应符合标准，不得改变装入深度，喷油器不得歪斜；④偶件只可成对更换；⑤不同型号的偶件不能任意代用；⑥应防止喷油器因过热而使针阀咬死。

3. 柴油机供油提前角的检查与调整

（1）设定供油提前角观测点　卸下喷油器，（多缸机则卸下第 1 缸的喷油器），使高压油管管口朝上，拧紧接头螺母，将油门手柄置于油门全开位置。如采用安装定时管来观测效果更佳。

图 8-8　测量风扇皮带轮上两记号间的弧长

（2）检查供油提前角　打开减压机构，缓慢转动飞轮或摇动曲轴，观察高压油管出口处油面波动情况，当液面开始向上波动的瞬间，立即停止转动飞轮；即可进行供油提前角检查。不同机型检查方法不同，比如 195 型和 495 型柴油机，检查飞轮的供油提前刻线是否与水箱上（195 型）或飞轮壳检查孔上（495 型）的刻线对齐；对于东方红—802 拖拉机的 4125A 型柴油机，是通过量取供油时刻与压缩上止点之间在风扇皮带轮上的弧长来换算出供油提前角，如图 8-8 所示。该机供油提前角为 15°~19°，对应皮带弧长 22.5~28.5mm。

（3）调整供油提前角　每种机型都有相应的调整供油提前角的方法，参见说明书。常用调整供油提前角的方法有增减垫片法、转动喷油泵泵体法和转动喷油泵凸轮轴法 3 种。

①增减垫片法。如 195 型柴油机采用增减喷油泵体法兰盘安装垫片的方法，每增减 0.1mm 厚的垫片，供油提前角相应变化 1.7°。调整后再复测，使供油提前角在规定范围内。

②转动泵体法。拧松喷油泵体上与柴油机体紧固螺钉，顺着油泵凸轮轴旋向转动泵体，喷油时间延迟；反之，逆着凸轮轴旋向转动泵体，喷油时间提前。

③转动泵轴法。松开从动联轴节与中间凸缘紧定螺钉，顺着油泵凸轮轴旋向转动油泵凸轮轴，喷油时间提前；反之，逆着凸轮轴旋向转动油泵凸轮轴，喷油时间延迟。

4. 清洗冷却系统水垢

当需要清洗冷却系统水垢时，应在柴油机熄火后立即放出冷却液，以免污物沉积在冷却系统中，然后再用以下任何一种配方溶液进行去垢：

①在 10kg 水中加 750g 烧碱、250g 煤油。

②在 10kg 水中加 1kg 碱面、400g 煤油。

清洗时，将清洗液加入到柴油机冷却系统中，启动柴油机，并以中速运行 5~10min，熄火后，使清洗液停留 10~12h（在冬季应保温，以防结冰），再次启动柴油机，以中速运转 5~10min，在发动机熄火后趁热放出清洗液，然后用清水清洗冷却系统。

（二）底盘定期维护保养

1. 行走无级变速器的调整

（1）皮带张紧度的检查调整　用约 125N 的力压任意一根皮带的中部，胶带的挠度应为 16~24mm，如不符合要求应及时调整。调整时先扳动操纵阀手柄，使中间变速器皮带轮的中间皮带盘处于中间位置，然后松开变速带轮轴 5 上的锁片和螺母（图 8-9），调节调节螺杆 9，使调节架 8 上下移动，带动栓轴沿转臂长孔上下移动。在调整过程中，用手不断转动无级变速轮，使胶带尽快爬入轮槽工作直径部位，最后紧固芯轴上的螺母，并锁好锁片。

（2）单根皮带张紧度的调整　机器工作一段时间后，两根胶带的绝对伸长量可能不一致，用上述方法不能同时满足上述要求时，应调整单根皮带张紧度。调整方法是：将无级变速皮带轮动盘置于中间位置，调整油缸活塞杆吊耳螺母（调整吊耳螺母可使一根皮带变松，另一根皮带变紧），达到单根调整的目的，调整后重新按方法 1 调整两皮带的张紧度，以达到两根皮带张紧度相同。

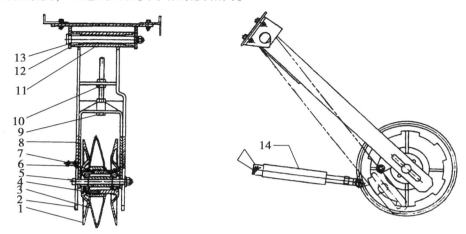

图 8-9　行走无级变速器的调整

1-定轮　2-转臂焊合　3-动轮焊铆合　4-油杯　5-栓轴　6-垫圈　7-销

8-调节架焊合　9-调节螺杆　10-螺母　11-心轴　12-支座焊合　13-大轴套　14-液压油缸

（3）行走无极变速器使用调整　由于两条传动带在无级变速过程中时常松紧，因此皮带的张紧必须适度，过紧过松均会造成两条皮带不能同时正常工作，一般两条皮带的张紧调成绕为 16~24mm。先通过操纵手柄将动轮置于中间位置，然后松开栓轴和螺母，调整调节螺杆，使调节架焊合上下移动，带动栓轴沿转臂上下移动，达到调整要求为止，最后将栓轴固定。在调整过程中应用手不断转动无级变速轮，使胶带位于轮槽工作直径部位，严禁调紧超限度。

2. 行走离合器自由行程的调整

在工作中，随着离合器摩擦片和其他相关零件的磨损，会造成分离杠杆与分离轴承之间的间隙及离合器的自由行程会变小，如不及时调整会造成离合器打滑而烧毁摩擦片，因此必须定期检查调整间隙。

（1）离合器分离杠杆高度的调整　离合器分离杠杆与分离轴承间隙一般在 1~3mm 之间，调整时，应确保各分离杠杆与分离轴承接触端面位于同一平面上，即 3 个分离杠杆高度一致（图 8-10），否则将导致分离不彻底，起步发抖或打滑。

调整方法：一是取下调整螺母上的开口销，转动调整螺母，顺时针方向拧紧时，杠杆内端面向外移动，距离增大；逆时针方向拧松螺母时，距离减小。按规定的高度值调好后穿上开口销锁牢。

二是采用车上调整专用工具法：如图 8-11 所示，将定中心器插入离合器从动盘轴座中，顺序旋动 3 个分离杠杆调整螺钉改变主离合器分离杠杆高

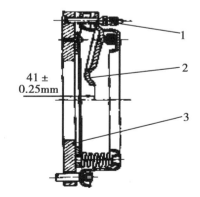

41±
0.25mm

图 8-10　离合器分离杠杆高度的调整

1-调整螺母　2-分离杠杆　3-压盘

度，直至用塞尺测量分离杠杆端部与调准器定位之间的间隙为0.1mm。副离合器分离杠杆高度也照此方法调整即可。

（2）双片离合器中间压盘限位螺钉的调整　对于双片式结构的离合器，为了保证两从动盘均能彻底分离，中间压盘与限位螺钉之间应保持一定距离，如过小前从动盘分离不彻底，过大则后从动盘又分离不彻底。为此，要调整3只限位螺钉。调整方法如图8-12所示。在离合器接合状态下，将离合器盖上的3个调整螺钉分别旋入，使其抵住中间压盘，然后均退出4/6~5/6转（即：响4~5次）。调好后中间压盘的后移量为1~1.25mm。调整时应特别注意3个螺钉的退出量应保持一致，否则离合器分离时中间压盘会发生倾斜，导致分离不彻底。

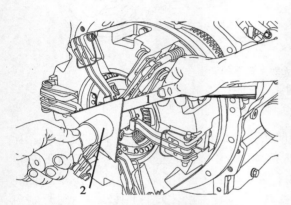

图8-11　离合器车上调整专用工具
1-调准器　2-定中心器

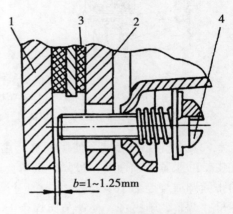

$b=1\sim1.25mm$

图8-12　中间压盘限位螺钉的调整
1-中间压盘　2-后压盘
3-从压盘　4-限位螺钉

（3）离合器踏板自由行程的检查与调整

①离合器踏板自由行程的检查。踏板自由行程的检查方法如图8-13所示。将有刻度的钢板尺支在驾驶室底板上，测出踏板在自由状态下和移动踏板至分离轴承刚好接触到了分离杠杆时两个位置的距离（即踏板的位移），该距离就是踏板自由行程。踏板自由行程过大，使踏板的有效工作行程减小，压盘后移不足，造成离合器分离不彻底；过小，则离合器打滑，加速了分离杠杆、分离轴承等接触机件的磨损。踏板自由行程大小各生产厂家是不同，一般的调整值为20~35mm。

②离合器踏板自由行程的调整。

调整方法如图8-14所示。调整时，可通过旋进或旋出分离拉杆（离合器与脚踏板之间细长拉杆）两端上的调节螺母，以

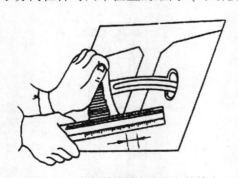

图8-13　离合器踏板自由行程的检查

减小或增大踏板的自由行程，直至合适为止，调好后用锁紧螺母锁止。

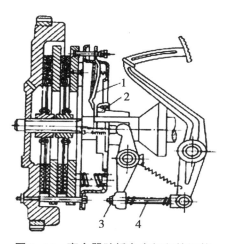

图 8-14 离合器踏板自由行程的调整

1-分离杠杆 2-分离轴承 3-调整螺母 4-分离拉杆

3. 制动系统的调整

（1）带式制动器制动间隙与制动踏板自由行程的检查调整 带式制动器在自由状态下，制动带与制动轮的间隙应均匀一致，且不小于 1mm，调整时，可调节连接杆 6 长度和拧动支承螺钉 11 顶起制动带，可改变制动带与制动轮的间隙。制动踏板的自由行程一般为 15~20mm，调整自由行程的大小，可通过改变拉杆 3 的长度来实现。

（2）蹄式制动器制动间隙及制动踏板自由行程的检查调整 蹄式制动器在自由状态下，制动蹄与制动鼓之间应有 1~1.5mm 的间隙。调整时首先支起驱动轮，调节制动底板上的调整棘轮或调节螺杆，使制动鼓不能转动，然后反方向调整制动棘轮或调节螺杆使制动鼓与制动蹄之间有一定间隙。经上述调整后，制动踏板自由行程仍较大（一般自由行程为 10~30mm），应对制动器操纵机构进行调整，调整完后应锁紧螺母。

（3）盘式制动器的调整

①首先检查所有系统螺栓是否拧紧、油管卡箍是否卡紧，制动器油箱内制动液是否达到规定容积。然后用脚踏制动踏板，当脚感到制动无力时，说明制动管路中有空气。此时应打开放气螺栓，用脚反复踏制动踏板，排出空气，直到脚感到费力为止（无气泡），装好放气螺栓。

②调整制动分泵螺栓，使制动夹盘的自由间隙为 0.5~1mm。调整完后应使制动踏板有 10~15mm 的自由行程。

4. 转向轮桥使用调整

转向轴上的两个锥形轴承应定期检查轴向间隙，间隙调整为 0.2~0.4mm。调整时可通过螺母进行，即将螺母拧紧后退 1/4~1/3 圈。并用开口销固定。转向拉杆两端的球铰链必须定期检查螺母是否紧固，松动时应按规定拧紧，并用开口销锁住。定期检查前束，必要时进行调整，调整方法是：首先将后桥支起，使导向轮离地在通过两轮轴心线的水平面上检查，轮胎前后两点两轮之间距离，前点距离应小于后点距离，其差值为（6~10mm）。将导向轮转任一角度，其前后点距离应与前次测量一致。否则需要调整转向横拉杆长度。转向轮轮距可根据玉米种植行距的不同随驱动轮轮距相应调整。但调整后将影响转弯半径，请驾驶时注意。

5. 前轮轴承间隙的检查调整

玉米收获机前轮轴承间隙一般为 0.05~0.25mm，当该间隙超过 0.5mm 时，应加以调整。调整方法是把前轮轴端的调整螺母拧到底然后退回 1/6~1/5 圈，此时前轮应能灵活转动又无明显轴向晃动。

6. 前轮前束的检查与调整

（1）前轮前束检查的方法

①转动方向盘，使前轮处于车辆直线行驶的状态。

②量出左右前轮轮盘（钢圈）最前端（应与轮轴同一水平位置）之间的距离并做好测量点记号。

③推动车辆向前滚动，使该测量点转到后边的同一水平位置。

④测量两轮盘后边缘记号间的直线距离，后来测量距离的长度减去前面测量距离长度，其差为前束值，一般为 6~12mm。前束超差会引起导向轮快速磨损。

（2）如前束值不符合规定，需作如下调整

①松开横拉杆的锁紧螺母，用手转动横拉杆，使其同时伸长或同时缩短，拉杆伸长前束值将减小；相反，前束值将增大；

②复查调整结果，前轮前束值应符合该机型要求，然后紧固横拉杆的锁紧螺母。

（三）玉米收获机工作部件定期维护保养

1. 摘穗箱安全离合器的定期维护保养

安全离合器在左单元体齿箱左侧，在机器某处阻力过大时，此安全离合器可以通过齿垫的自动脱离以保护机器。当机器正常工作此处发出"啪、啪"声时，说明压力偏小，可以适当压紧弹簧，但不可将弹簧压死使安全离合器失去保护作用。其调整方法：在其中间适当增加平垫或螺母，将弹簧压力调大。

2. 链条传动的定期维护保养

以齿轮箱传动链轮为例（图 8-15）。

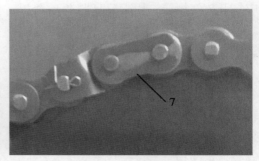

图 8-15 传动链条的拆装
1-主动链轮　2-张紧轮　3-锁紧螺母　4-固定张紧滑块
5-被动链轮　6-传动链条　7-活节锁片

（1）检查　检查张紧度时，可用手以 10~30kg 的力从链条中部提起，其上提高度以 10~35mm 为合适；中心距短，上提高度正下限；反之取上限。

（2）拆卸

①拆下护罩，放置于一侧。

②松开链条张紧轮螺母 C，让张紧轮 C 处于自由状态。找到链条活节上的锁片 G，用钳子取下锁片并摘掉链节，从链轮上取下链条 F。对于张紧行程足够的可以不必拆卸活节，直接取下传动链条。

③将链条从小齿链轮端摘下。

④从主动链轮上（安全离合器轴链轮）取下链条。

（3）清洗　将拆下的链条用柴油清洗干净后，检查链条的技术状况，凡有裂纹、折断、破碎的零件或整根链条已严重磨损，如链板的孔眼扩大、拉长等，应予更换。

（4）更换　更换链条时，应同时更换新链轮。若链轮左右对称，可反过来使用。

（5）润滑　除平时将润滑油加到销轴与套筒的配合面上外，还应定期卸下链条，先用煤油或柴油清洗干净，待干后放到机油中或加有润滑脂的机油中加热浸煮 20~30min，冷却后取出链条。如不热煮，可在机油中浸泡一夜。

（6）安装

①应先将链端绕到链轮上，再穿入活节和销，活节应从链条内侧向外穿，以便从外侧装联接板和锁片。活节锁片安装的开口方向一定要与链条的运动方向相反。一般在松边上，开口向后，紧边向前。

②摆正安全离合器轴。

③调整链轮共面后，压下张紧轮 B。

④张紧链条后拧紧螺母 C。

⑤最后安装安全护罩。

⑥安装链条时，联结链在同一传动回路中的链轮应安装在同一平面内，两轮齿对称中心面位置度偏差不大于中心距的 0.2%（一般短中心距允许偏差 1.2~2mm，中心距较长的允许偏差 1.8~2.5mm）。

（7）张紧　链条的张紧度太紧易增加磨损，太松易产生冲击和跳动。链条的张紧度一般应按两链轮中心距 1%~2% 调整；链条一边拉紧时，另一边应在垂直方向上有 20~30mm 的活动余量。若张紧轮已调到极限位置，仍不能达到张紧要求，可去掉或增加链节。但一定注意新旧链节不可混用。

3. 割台齿轮箱保养

首次使用 100h 后，要更换割台齿轮箱油，此后要定期检查齿轮油是否缺少，及时补加，每 400h 或一个作业季节更换一次。齿轮箱用油为：（齿轮油 GL-480W/90 1.5L）+（二硫化钼锂基润滑脂 0.65kg），比例为 1∶2，搅匀润滑脂；或采用更好的半流体润滑脂。

加注方法：打开齿轮箱加油口螺塞，将润滑油加入齿轮箱，装满 1/3 箱体容积即可。

4. 剥皮装置维护保养

（1）清理

①清理橡胶辊上缠绕和堆积的杂物，禁止用刀或锋利的器具割，避免划伤橡胶辊。

②清理铸铁辊缝隙中的杂物，以免影响剥净率。

③清理压送器上的缠绕的苞叶或杂草。

④清理振动筛上的杂物和籽粒回收箱中的籽粒。

（2）润滑　按照润滑图表对剥皮机的所有润滑点、链条进行润滑，主要包括剥皮辊轴承、星轮轴承、剥皮机开式齿轮、传动链条等。

（3）剥皮机齿轮箱的维护保养

①首次使用100h更换齿轮箱油。

②以后每400h或一个收获季结束之后，更换齿轮箱油。

③定期排查安全离合器分离扭矩及齿垫磨损情况，如磨损要及时更换，调整。

④齿轮箱容量2.8L，用GL-580W/90齿轮油。

（4）检查

①检查所有链条和皮带的张紧度及磨损情况，张紧度不符合的要及时调整；出现磨损的要根据磨损程度及时更换或做好备件准备。

②检查星轮、橡胶辊、振动筛胶套等橡胶件的磨损情况，磨损严重的要及时更换。

③检查剥皮机齿轮箱的齿轮油情况，不足的要及时补充。

④检查剥皮辊张紧弹簧的张紧情况，如有松动或丢失的要及时调整和更换。

5. 脱粒清选系统的维护保养

（1）清洁　经常清理脱谷滚筒、凹板、鱼鳞筛、冲孔筛和抖动板。经常拆下升运器和推运器底部的活门，清除聚积的尘土，尤其是在收获季节结束入库前，避免腐烂锈蚀。

（2）检查

①检查滚筒上纹杆、齿杆或弓齿在辐盘上的固定是否牢固，其磨损量是否超过极限值，超过应更换。

②检查凹板筛有无破损、变形。

③检查凹板间隙调节机构是否灵活（部分机型无凹板间隙调节机构），要求是在脱净的前提下，尽量使凹板间隙大些。一般收获玉米凹板入口处的间隙为35~40mm，出口处的间隙为25mm左右，同时沿轴向凹板的间隙应保持一致。

④对于轴流滚筒脱粒装置，要检查滚筒上盖板上的导流板固定螺栓是否松动。

⑤检查风扇转动是否灵活，有无碰擦或变形。

⑥检查清选筛有无破损，清选筛与清选室各接合处密封是否良好，有无漏粮现象。

⑦检查籽粒输送搅龙有无严重磨损，一般搅龙叶片顶部与搅龙槽有6~8mm的间隙。如搅龙叶片磨损高度超过3mm，将导致输送能力下降，籽粒破碎严重。

⑧定期排查滚筒无级变速带及传动带的张紧度情况，避免皮带打滑。

（3）滚筒传动齿轮箱的定期保养

①首次使用100h更换齿轮箱油（图8-16）。

②每400h或一个收获季结束之后，更换齿轮箱油；用GL-580W/90齿轮油。

③定期排查滚筒无级变速带及传动带的张紧度情况。

（4）脱粒滚筒轴承润滑　滚筒前后部轴承应每100h进行一次润滑，如图8-17所示要求使用3号二硫化钼锂基润滑脂。

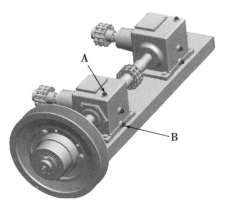

图 8-16　滚筒齿轮箱

A-加油口排气螺塞　B-放油口

图 8-17　滚筒前段轴承润滑

A-滚筒轴承座

6. 秸秆切碎还田机维护保养

（1）班次保养

①检查各联结处紧固件并拧紧。

②及时清除机壳内壁上的粘集土层，以免加大作业负荷，增加刀片磨损。

③检查各轴承处温升，若温升过高，即为轴承间隙过大或缺油，应及时调整或加油。

④检查齿轮箱密封情况，静结合面不渗油，动结合面不滴油，必要时应更换密封垫圈或油封。

⑤检查刀片磨损情况，必须更换时应成组更换以保证刀轴的动平衡。

⑥对各润滑点加注齿轮油或黄油。

⑦检查万向节十字轴挡圈是否错位或脱落，必要时应及时调整或更换。

⑧经常检查传动三角带张紧度和槽面接触情况。

（2）季度保养

①执行班次保养各项规定，彻底清除秸秆切碎还田机上泥土、杂草及油污。

②清洗变速箱并更换齿轮油，检查齿轮及轴承等主要零件的磨损情况，必要时调整并更换损坏件。

③拆下皮带，单独存放。

（3）注意事项

①必须对刀轴和动刀轴总成进行动平衡。秸秆切碎还田机是玉米收获机上动力消耗最大的工作部件，秸秆切碎还田机动刀也是玉米收获机中磨损最快、更换最频繁的零件。因为切碎还田机动刀轴总成转速较高、重量大，更换刀轴、刀片等零件时，若不进行动平衡，极易造成刀轴断裂、轴承损坏、壳体或悬挂开焊等事故。

②作业时要随时观察秸秆切碎还田机的工作情况，看动刀轴转动是否平稳、轴承温升是否过高、秸秆切碎质量是否良好，秸秆切碎还田机壳体前部的挡泥板是否出现破裂等不正常现象，如发现，应及时进行保养维修或更换。

③严禁秸秆切碎还田机出现甩刀直接打土的情况，防止产生崩刀、动刀轴轴承损

坏、甩刀快速磨损、整机震动、悬挂开焊等事故的发生。

④及时清理秸秆切碎还田机壳体内壁所粘泥土，保证壳体内腔工作容积，确保粉碎质量。

⑤甩刀磨损到失去2/3刀刃要整组更换，并要进行称重，一组内刀片的重量差不得大于10g，更换后动刀轴总成应做动平衡，平衡精度不低于G6.3。

⑥动刀轴轴承润滑时必须使用锂基润滑脂（高速黄油），防止出现润滑失灵的情况，造成零件的损伤。

（四）电气系统定期维护保养

1. 蓄电池保养方法

（1）电解液的检查与添加 定期检查电解液是否在上下限之间（电解液应高于极板10~15mm），液面过高易泼洒，腐蚀机体；液面过低则极板露出部分易被氧化。一般用蒸馏水进行调整补充。不能加井水、自来水和河水，也不可随意加入硫酸溶液。只有在电解液溢出造成不足时，才可加注相同密度的硫酸溶液（电解液）。

（2）蓄电池的补充充电 定期检查蓄电池的存电程度（夏季不大于蓄电池标定电量的50%，冬季不大于25%）时，应及时进行补充充电。如长期不用应每隔一个月进行补充充电一次，克服因蓄电池充电不足而出现的亏电现象，防止极板产生硫化。其方法如下：

①拧下蓄电池加液口和接地侧接线。

②将蓄电池正极和充电器正极相连，蓄电池负极和充电器负极相连。

③用蓄电池容量的1/10对蓄电池充电。

④当充至液面中有大量气泡冒出时，停止充电；防止蓄电池过充电。

⑤充电完成后，拧紧加液盖（加液盖通气孔必须畅通），装上电瓶电极。注意安装电极时要先装电瓶的正极，再装电瓶的负极（与拆卸时相反）。

⑥充电注意事项：电瓶充电时，冒出的气体为氢和氧的混合气体，遇明火会燃烧，故给电瓶充电时，严禁明火靠近电瓶，不允许做打火试验。蓄电池液是稀硫酸，如溅到衣服或身体上，立即用水冲洗。

（3）蓄电池使用维护注意事项

①蓄电池与机器间采用胶皮垫或毛毡垫缓冲减震，并安放应牢固。

②蓄电池接线必须牢固，并保持接触良好，极桩氧化物应清除干净。

③经常擦净蓄电池外壳和盖上的灰尘及泥土污物，以防自行放电。蓄电池表面的电解液，应当用抹布和10%的苏打水擦洗，并用清洁的布擦干。

④定期检查电解液密度和液面，并保证各单格内电解液密度基本一致，其密度应为1.25~1.30kg/L。必要时可根据气温变化予以调整，夏季防止温度过高，造成极板翘曲变形，使活性物质大量脱落；在冬季应注意电池保温，防止因温度低影响化学反应，造成容量减少，甚至电解液结冰冻裂外壳，损坏极板。

⑤防止蓄电池长时间大电流放电，电启动机启动通电时间每次不应超过5s。

⑥蓄电池上的注液孔上的塞盖必须旋紧，以免电解液溅出。疏通加液盖上的通气孔，使蓄电池内部产生的气体顺利逸出，防止蓄电池外壳破裂出现事故。蓄电池的地端

应加以保护，以防止意外接触或地面短路。

⑦断开蓄电池接线时，应先断开负极，然后断开正极。连接蓄电池时，应先连接蓄电池正极，然后连接蓄电池负极。

⑧焊接机器任何零件之前，断开蓄电池两个接线柱的连线，否则可能会损坏机器电器与电子元件。

⑨防止蓄电池过充电。蓄电池过充电，不但导致电解液的过量消耗，而且容易造成活性物质脱落。为此应严格调整发电机配用的电压调节器，如采用电子调节器，电压不可调整，确认发电机电压失控时，应及时更换。

⑩换用蓄电池时，其容量必须符合原厂规定，不允许装用容量过大或过小的蓄电池。容量过大，将会导致蓄电池处于长期充电不足的状态，会使蓄电池发生硫化，容量下降；容量过小，又将使蓄电池产生过度放电，影响用电设备正常工作，同时缩短其使用寿命。

⑪需存放 3 个月以上的蓄电池，在充足电后应将液面高度调到规定值，电解液相对密度调至 $1.10g/cm^3$，待再次使用时，再调至规定值。存放 6 个月以上者，应当采用干贮存。上述短期存放的蓄电池，应封严加液孔螺塞的通气孔，并放置于室内通风良好的暗处。贮存期超过两年的干荷电铅蓄电池，因极板上有部分活性物质发生氧化，使用前应以补充充电电流充电 5~10h 后再装车使用。

2. 硅整流发电机与调节器的维护保养

（1）发电机和调节器应经常保持清洁草屑和吸附积灰，通风道要畅通；定期检查炭刷和集电环接触情况，各接线处应牢固可靠。

（2）定期拆卸、保养发电机。从发动机上拆下发电机总成后，应首先检查轴承转动是否灵活，如不灵活，应更换。发电机分解方法如下：撬开防尘盖；拧下发电机轴承固定螺母；拉出发电机转子；用毛刷清扫发电机各部位的积灰；检查轴承转动是否灵活；对轴承重新填加润滑脂后，按相反的顺序进行安装。

（3）定期检查和调整发电机皮带的张紧度。

（4）发电机轴承应及时用复合钠基润滑脂润滑，填充要适宜。一般每工作 750h 换油一次。

（5）检修时必须将二极管与各部连接线断开，不许用兆欧表或将 220V 交流电源加到二极管上，否则会将其烧坏；不宜用火花法检查发电机发电情况，否则也可能烧坏二极管。

（6）检查调节器时，应使用万用表，更换整流元件进行焊接时使用烙铁的功率不应大于 75W，并要迅速焊接，以免烧坏晶体管。

（7）发电机必须与专用调节器和蓄电池配合使用，更换蓄电池时必须严格保持负极搭铁，否则烧坏二极管。

（8）柴油机熄火后，应立即断开电源开关，取下电门钥匙，否则由于蓄电池和激磁绕组构成通路，易造成蓄电池放电和烧坏激磁绕组。

（9）在切断发电机与调节器的连接之前，不要用短接"电枢"和"磁场"接线柱的方法判断调节器有无故障，否则会烧坏触点和二极管。

3. 启动电动机的维护保养

（1）经常检查各部分连接状态及导线的紧固情况。

（2）清除导线、接线柱上的氧化物以及启动电动机外部灰尘和油污，经常保持干净。

（3）定期用机油润滑轴承。

（4）检查接触盘与静触点的接触情况，接触不良或氧化时应修磨触点。

（5）启动电动机向车上安装时，小齿轮端面与飞轮齿圈平面的距离应为（4±1）mm，不符合时，可通过增减凸缘与发动机座间的垫片调整。

（6）检查小齿轮端面与止推垫圈的间隙，此间隙一般为 1.5~3mm，不符合时需进行调整。

（五）液压系统定期维护保养

收获机液压系统的特点是油液的工作压力较高（一般可在 9 800kPa），对配合零件的密封性要求也较高，配合零件的密封性主要靠配合精度来保证。因此液压系统的正确使用维护十分重要。

1. 定期检查液压箱油面的高度和质量

液压油不足时应添加规定规格牌号的清洁液压油，静置 24h 以上，以防混用油料化学反应引起胶化堵塞油路或损坏密封件，造成转动副的过早损坏。液压油污染和失效就更换。

2. 经常检查液压管路的工作情况

如各管接头、阀接头密封良好，不得有渗漏；输油胶管应无压扁、折死弯、断裂现象，防止供油不足而造成液压系统工作失灵；若吸油管路密封不好，空气被吸入液压系统会引起局部过热、噪音和爬行等故障。

3. 禁止用户自行盲目调节液压阀的压力

各种液压阀的压力出厂时都已调定，禁止用户自行盲目调高压力，以防止管、阀受高压后破裂；或造成密封件过早损坏；如压力调低，工作性能破坏，不能工作。

4. 定期检查油温和液压元件工作情况

工作中，要随时注意液压油量、油温、压力、噪音、液压缸、马达、换向阀、溢流阀的工作情况，注意整个系统的漏油和振动；并保证液压油自然散热。

液压系统的工作油温以 30~60℃为好，最高不得超过 80℃。

5. 不得用棉丝等纤维织物擦洗（拭）

清洗或装配时，不得用棉丝等纤维织物擦洗（拭），以防油道堵塞或密封处造成泄漏。

6. 不要随意拆卸油泵、分配器、油缸等精密件

液压系统中油泵、分配器、油缸等都是精密件，不要随意拆卸。液压系统出现故障需要维修时，应由熟悉液压系统结构的人员进行。

7. 按说明书规定定期更换液压油、粗、精滤油器和耐油胶管

8. 液压油滤清器和液压油的更换

（1）液压油滤清器和液压油要按说明书规定时间同时更换。如新机器工作 30h 后，

应更换油箱里的液压油，或放出液压油沉淀 20h 后过滤，确保液压油清洁后再加入，以后每年更换一次。

（2）液压油的清洁度必须符合规定的质量要求。不同季节工作时按规定型号更换。

（3）换油步骤如下：

①趁热从液压油箱下部放油塞放出液压油。

②拧开并拆下液压油滤清器。

③清洗液压油箱和液压油路。

④在新的液压油滤清器的橡胶环上薄薄涂一层机油，然后将液压油滤清器装到安装位置。

⑤拆下液压油箱盖，加液压油至规定量。

⑥液压系统进入气体后，会造成油缸工作的不稳定，应及时排气。一般油管里残存的气体在机器运转中经反复扳动各手柄和转动方向盘后，气体就能排出。如果油缸中的气体尚不能排净，可将油缸活塞杆全部拉出，再将油缸的油管接头拧松，让活塞杆缩回，这样含有气体的泡沫油就会被挤出，直至排净为止。

⑦更换后，空转发动机数分钟，然后停下发动机，再用油尺检查一次油量。

9. 密封圈的维护

密封圈是液压元件中的一个重要零件，所有的动密封和静密封都是依靠它来完成，维修和装配时所有密封圈都应更换新件。油缸内漏严重时，应更换活塞密封圈。安装及使用密封圈的注意事项：

（1）不能装错方向和破坏唇边。唇边若有 50μm 以上的伤痕，就可能导致明显的漏油。

（2）防止强制安装。不能用锤子敲入，而要用专用工具先将密封圈压入座孔内，再用简单圆筒保护唇边通过花键部位。安装前，要在唇部涂抹些润滑油，以便于安装并防止剪切、撕裂损坏和初期运转时烧伤，要注意清洁。

（3）防止超期使用。动密封的橡胶密封件使用期一般为 3 000~5 000h，应该及时更换新的密封圈。

（4）更换密封圈的尺寸要一致。要严格按照说明书要求，选用相同尺寸的密封圈，否则不能保证压紧度等要求。

（5）避免使用旧密封圈。使用新密封圈时，也要仔细检查其表面质量，确定无小孔、凸起物、裂痕和凹槽等缺陷并有足够弹性后再使用。

（6）更换密封圈时，要严格检查密封圈沟槽，清除污物，打磨沟槽底。

（7）橡胶密封圈不要用汽油泡洗，以免老化变质。牛皮密封圈应在油温 45~55C° 的锭子油或 6 号汽油机机油或煤油各半的混合油中浸泡 2h，橡胶圈夹在牛皮圈之间，皮革光面朝向橡皮圈。装活塞杆时还要安装好活塞内孔密封圈。

（8）为防止损坏导致漏油，不能长时间超负荷或将机器置于比较恶劣的环境中运转。

（9）油泵卸荷片密封圈应有 0.2~0.6mm 的压缩量，当泵内零件磨损使安装压缩量不足时会造成内漏严重。卸荷片密封圈可更换。必要时可在后轴套台肩端面处加铜垫片，为此安装前可测量前轴套外端面至油泵壳体端面距离，当用 3mm 密封圈时，此距离不得大于 2.8mm，若用 2.8mm 密封圈，不得大于 2.6mm，若压缩量不到 0.2mm 时，则应加铜垫片。

10. 液压多路换向阀的拆装注意事项

（1）拆装时一定要根据拆装图或拆装流程来操作。

（2）拆装时要用专用的工具，确保安全。如拆阀芯，需要用到 "T" 形工具，才能取出。

（3）拆下的零部件，一定要小心放下，用软质的东西做地垫，以免刮伤。然后用煤油清洗、晒干，保存起来。

（4）装配前应清洗干净，这样装配起来比较容易，更好的增加各部件配合运作。

（5）装配时一定注意安装顺序，不要装反。装反会导致配合不当，安装不了，强行安装，会破坏整个系统，这点必须要注意。

（6）安装完成，要检查整个系统的运作工作。

11. 液压齿轮泵安装注意事项

（1）液压齿轮泵应按标定的旋转方向运转，注意进出油口位置，大孔为进油口。泵的进油管及法兰不应漏气。

（2）基座或支架应有足够的刚度，使液压齿轮泵除轴转动所产生的扭动力外，原则上不应再承受其他力的作用。

（3）联接轴间的不同轴度不大于 0.05mm；泵支座的安装平面与止口的垂直度不得大于 0.05mm。联轴套两端连接部分也应保证 0.05mm 以内的同轴度。

（4）液压齿轮泵启动后勿立即加负荷。液压齿轮泵在启动后须实施一段时间无负荷空转（10~30min），尤其气温很低时，必须经温车过程，使液压回路循环正常再加予负载，并确认运转状况。

（5）注意液压齿轮泵的噪音。新的液压齿轮泵初期磨耗少，容易受到气泡和尘埃的影响，高温时润滑不良或使用条件过荷等，都会引起不良后果，使液压齿轮泵发出不正常的影响。

（6）电磁阀连接时，要注意阀上各油口编号的作用：P：总进油口；A：油口 1；B：油口 2；R（EA）：与 A 对应的排油口；S（EB）：与 B 对应的排油口。

（7）使用节流阀时，应注意节流阀的类型，一般而言，以阀体上标识的大箭头加以区分，大箭头指向螺纹端的为油缸使用；大箭头指向管端的为电磁阀使用。

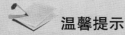 温馨提示

国Ⅲ发动机的维护

1. 产品标牌是柴油机的重要 "身份" 信息，客户应牢记柴油机型号和编号等重要基础信息。

2. 客户在使用中，应及时观察仪表和柴油机工作状态。发现异常声响和现象，要立刻停机。

3. 购机客户必须磨合柴油机，国Ⅲ柴油机最低磨合时间是 60h。经过较好磨合的柴

油机，整体工况和使用特性曲线将会趋于完美。使柴油机更有劲、更省油、噪声更小、操控更灵活。

4. 应及时清理主机和柴油机表面上（包括水箱）的麦秆、草秸、灰尘。及时清洁和更换空滤、柴滤、机滤等，避免因不洁导致柴油机故障。

5. 机油是柴油机的"血液"，机油的选择关系到柴油机的使用寿命。至少要选择使用标号 CF-4 级以上的机油，以保证柴油机较好地得到应用。

6. 为了保证符合排放要求，对喷油泵和喷油器的要求更为严苛，所以使用清洁质优的柴油，才能保证较好的使用柴油机，以及延长柴油供给系统的使用寿命。

以零号柴油为例，国Ⅲ发动机使用的柴油十六烷值从国标的 45 提高到 51，含硫量从国Ⅱ标准的 2 000mg/kg 下降到高于 350mg/kg。柴油的十六烷值越高，着火延时期越短，点火质量越好。而这两项指标的提高对降低污染物排放、减少发动机噪声、延长机器的使用寿命作用巨大。柴油颜色区别：国Ⅱ发动机使用的零号柴油为金黄色，国Ⅲ呈草绿色。

7. 严禁带电拔、插电线束连接部分。国Ⅲ柴油机增加了较多的电器元件（ECU、线束、传感器、电控元件等），使用前应尽量检查接口处有无松脱、裸露的地方，提前发现，尽早处理。拔、插线束连接部分之前，要切记先关闭点火开关与蓄电池总开关，以避免瞬时产生的高压和电流冲击造成元件烧毁，然后才可以进行柴油机电气部分的日常维护。

8. 当电气部分意外进水后，例如控制单元或线束被水淋湿或浸泡，切记应先切断蓄电池总开关，并立即通知维修人员处理，不要自行运转发动机。在清洗柴油机的时候，尽量不要用水直接冲洗发动机及其电控部分的零部件。

9. 进行电焊作业时，一定要关闭总电源或断开蓄电池正负极，以防烧坏电器元件。

10. 柴油机的水温、转速、排温、油泵等传感器，是 ECU（大脑）元件的"中枢神经"，负责向 ECU 时时搜集传输柴油机工作信号。

11. 配有增压器的机型，要特别注意增压器的使用和保养。工作和停机前，应怠速运转 3~5min，使得增压器有充足的机油润滑。

12. 不要长时间怠速运转柴油机，影响喷油器的使用寿命。

13. 配装 EGR 系统的柴油机，要及时清洁 EGR 内部的积炭（每工作 200h），防止阀门开合的延迟导致柴油机工作不完全。

14. 在农闲时停机后，要彻底放净水箱、机体、机冷器内的冷却水，避免气温降低时冻坏柴油机和零部件。

15. 农忙前保养时，要仔细检查、加注、调整、磨合柴油机和整车。以较好的工作状态开始农忙作业。

第五节　玉米收获机拆装原则及维修技能指导

一、机器零部件拆装的一般原则

农业机械修理是指对发生故障或损坏的农业机械进行维修并恢复其使用性能的过程。

机器拆装的质量直接影响机器的技术性能。拆卸不当，将造成零件不应有的缺陷，甚至损坏；装配不良，往往使零件与零件之间不能保持正确的相对位置及配合关系，影响机器的技术性能指标。

拆卸的目的是为了检查和修理机器的零部件，以便对需要维修、保养的总成进行保养，或对有缺陷的零件进行修复及更换，使配合关系失常的零件经过维修调整达到规定的技术标准。

1. 掌握机器的构造及工作原理

若不了解机器的结构和特点，拆卸时不按规定任意拆卸、敲击或撬打，均会造成零件的变形或损坏。因此必须了解机器的构造和工作原理，这是确保正确拆卸的前提。

2. 掌握合适的拆卸程度

零部件经过拆卸，容易引起配合关系的变化，甚至产生变形和损坏，特别是过盈配合件更是如此。不必要的拆卸不仅会降低机器的使用寿命，而且会增加修理成本，延长修理工期。因此应坚持能不拆的就不拆、该拆的必须拆的原则。防止盲目的大拆大卸；不拆卸检查就可以判定零件的技术状况时，则尽量不予拆卸，以免损坏零件。

3. 选择合理的拆卸顺序

由表及里按顺序逐级拆卸。拆卸前应清除机器外部积存的尘土、油垢和其他杂物，避免沾污或零件落入机体内部。一般先拆外围及附件部件，然后按机器—总成—部件—组合件—零件的顺序进行拆卸。

4. 选用合适的拆卸工具

为提高拆卸工效，减少零部件的损伤和变形，应使用相应的专用工具和设备，严禁任意敲击和撬打。如在拆卸过盈配合件时，尽量使用压力机和拉出器；拆卸螺栓联接件时，要选用适当的工具，依螺栓紧固的力矩大小优先选用套筒扳手、梅花扳手和固定扳手，尽量避免使用活扳手和手钳，防止损坏螺母和螺栓的六角边棱，给下次的拆卸带来不必要的麻烦。另外应充分利用机器大修配备的拆卸专用工具。

5. 拆卸时应考虑装配需要，为顺利正确装配创造条件

（1）拆卸时要检查做好校对装配标记　为了保证一些组合件的装配关系，在拆卸时应对原有的记号加以校对和辨认，没有记号或标记不清的应重新检查做好标记。有的组合件是分组选配的配合副，或是在装合后加工的不可互换的合件，必须做好装配标记，否则将会破坏它们的装配关系甚至动平衡。

（2）按分类、顺序摆放零件　为了便于清洗、检查和装配，零件应按不同的要求分类、顺序摆放，否则，零件胡乱堆放在一起，不仅容易相互撞伤，而且会在装配时造成错装或找不到零件的麻烦。为此，应按零件的所属装配关系分类存放，同一总成、部件的零件应集中在一起放置，不可互换的零件应成对放置，易变形、丢失的零件应专门放置。

二、拆卸和装配作业注意事项

（1）当需要起升或顶起机器时，应在适当位置及时地安放垫块、楔块。

（2）在进行以蓄电池为电源的电气系统拆装作业之前，要先拆下蓄电池负极接线，再拆卸其他电器件、线缆等。

（3）每次拆卸零件时，应观察零件的装配状况，看是否有变形、损坏、磨损或划痕等现象，为零件鉴定和修理做准备。

（4）对于结构复杂、有较高配合要求的组件和总成，如主轴承盖、连杆轴承盖、气门、柴油机的高压油泵柱塞等，必须做好记号。组装时，按记号装回原位，不能互换。

（5）零件装配时，必须符合技术要求，包括规定的间隙、紧固力矩等。

（6）组装时，必须做好清洁工作，尤其是重要的配合表面、油道等，要用压缩空气吹净。

（7）为了提高工作效率和保证精度质量，要尽可能使用专用维修工具。

（8）注意环境保护和人身财产安全，不在拆装现场吸烟，不随意倾倒污染物。

三、玉米收获机维修技能指导

（一）割台拆装

1. 割台的挂接

（1）割台放置　将安装支腿（A）的玉米割台置于平坦的地面上（图8-18）。固定安装支腿必须牢固可靠。

（2）割台对接　落下过桥（倾斜输送器），缓慢向前开动联合收获机，调整过桥与割台对中，当挡铁（B）恰好在玉米割台横梁的下面时（图8-18），缓慢升起过桥。挂接时周围不得站人。

（3）割台紧固　待过桥面板与割台接口贴合后，安装左右两侧4个M12×40螺栓，拧紧4个M12螺母（C）（图8-18）。

（4）对接两侧传动轴　链轮之间必须相互平行对中，保持在一条直线上。六方轴（D）在轴承导套中能够自由滑动，可通过调节轴承座的位置进行调节（图8-19）。

（5）安装左右两侧传动链　安装左右两侧联接器传动链（E），套上联接器护罩（F）（图8-19）。安装防护罩。

注意：小心伤手！

图 8-18　割台的放置与紧固

A-支腿　B-挡铁　C-螺母

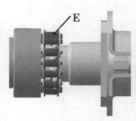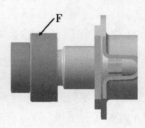

图 8-19　割台两侧传动轴的安装

D-六方轴　E-传动链　F-联接器护罩

（6）收回支腿　将支腿收回方形槽内固定。

2. 割台的拆卸

割台的拆卸按挂接的相反顺序进行。

（二）割台部件的维修

1. 拉茎辊总成更换

当拉茎辊根部后套 A 磨损严重、刀片损坏过多或前端支撑座 F 轴承损坏，需要整体拆卸维修或更换，维修前要切断电源和关闭发动机，进入割台下部操作时要放下割台安全卡，将割台锁定，小心碰伤。按如下步骤进行操作（图 8-20）：

（1）首先松开固定螺栓 C，拆除清草刀 B，避免拆卸拉茎辊时干扰和伤手。

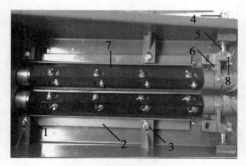

图 8-20　拉茎辊装配图

1-拉茎辊后套　2-清草刀　3-固定螺栓
4-调节螺母　5-调节螺杆　6-支撑座
7-拉茎辊总成（右）　8-支撑座销轴

（2）将支撑座 F 上的销轴 H 抽出，松开调节螺杆 E，抽出拉茎辊总成 G。

（3）将新的拉茎辊总成根部后套 A 先与齿轮箱连接，然后穿入拉茎辊前端销轴 H，锁紧调节螺杆前要调整好拉茎辊间隙。

（4）装配清草刀 B，锁紧固定螺栓 C 前调整好清草刀间隙。

2. 拨禾链的更换和调整

当拨禾链 A 断裂需要整体更换或收获倒伏玉米需要将翼型板 C 调整为对正状态时，按如下步骤进行操作

（图 8-21）：

（1）首先打开分禾器护罩，松开张紧机构调节螺栓 F 上的调节螺母 E。

（2）整体向后移动张紧轮座板 D，从前端张紧轮 B 上退下拨禾链 A，摘下拨禾链。

（3）更换拨禾链或调整翼型板 C 为相互对正状态，调整调节螺母 E，按需重新张紧拨禾链条 A。图 8-21 所示弹簧压缩后的长度为 108 ～ 112mm，强制喂入结构为 118～122mm。

操作时将割台放至地面或割台底部两侧牢固支撑。调整或维修前要切断电源和关闭发动机，维修更换时注意小心碰伤。

图 8-21 拨禾链及喂入机构装配图
A-拨禾链 B-张紧轮 C-翼型板
D-张紧轮座板 E-调节螺母
F-调节螺栓

3. 割台相关零部件的更换和调整

（1）更换清草刀

①松开清草刀固定螺栓。

②更换清草刀片。

③调整好刀片间隙后紧固螺栓。

（2）更换拉茎辊刀片

①松开拉茎辊刀片的固定螺栓。

②更换拉茎辊刀片。

③调整好刀片间隙后紧固螺栓。

（3）更换割台齿轮箱及其附件

①拆下齿轮箱联轴节，使损坏的齿轮箱断开连接。

②拆下齿轮箱，按图 4-59、图 4-60 结构依次拆解。

③更换损坏部件。

④加注齿轮油后装回摘穗单元。

⑤必要时可更换齿轮箱总成。

（4）更换安全离合器齿垫和弹簧

按顺序拆解，更换磨损的齿垫或弹簧，装配前调整好分离扭矩。

（5）调整

相关调整见第六章第一节 割台的调整。

（三）输送系统的维修

以升运器输送链耙维修为例，方法如下：

（1）松开升运器两侧的链耙张紧机构的调节螺栓。

（2）打开升运器上盖板，找到链条活节。

（3）用绳索固定链耙，拆掉活节，将链耙拉出壳体，进行链耙检查、校形或更换。

（4）用绳索辅助将链耙从升运器上端由上至下放入壳体内，装上活节并重新张紧。

（5）相关调整见第六章第一节升运器调整。

（四）剥皮系统维修

1. 摆臂与支撑杆胶套更换

（1）根据使用情况要定期更换摆臂与吊杆胶套，更换时应使连杆位于中立位置。

（2）中立位置的确定：用手转动链轮，直到连杆中心线与曲柄中心和筛箱传动轴中心连线成90°时为止（图6-19）。

2. 更换剥皮机主六方轴或橡胶辊

（1）从振动筛处进入剥皮机底部操作，或将剥皮机上部的压送器移走，条件允许时推荐后者。

（2）按顺序依次拆掉轴端的传动链条、轴承座固定螺栓。

（3）抽出损坏的固定辊或摆动辊，置于便于维修处，按装配顺序，拆解更换损坏部件。

（4）按装配顺序装回，锁紧（橡胶辊更换时，在无专用工具的条件下，可涂少许的润滑剂做辅助，便于装配）。

3. 更换剥皮辊轴承

按顺序依次拆掉轴端的传动链条、轴承座固定螺栓；更换损坏轴承；再按装配顺序装回。

4. 更换剥皮压送器星轮或星轮轴

（1）首先拆除护罩和对应的传动链条。

（2）按顺序拆解传动链轮和轴承座。

（3）更换损坏的星轮或轴，按顺序装回；更换轴承时，如果是非传动端可视产品结构而定，是否需要进行传动链条和链轮的拆卸。

5. 更换剥皮机齿轮箱零部件

（1）拆除齿轮箱传动链条，将齿轮箱从主机上拆下。

（2）拆卸齿轮箱盖，检查齿轮箱内部零件结构，对损坏部件进行维修和更换。

（3）更换完成后，在端盖密封处涂密封胶密封，按说明书加注齿轮油。

（4）将齿轮箱装回，挂接传动链条，重新调整共面度后紧固齿轮箱，调整链条张紧度。

（五）更换发动机活塞环

活塞环磨损主要原因是润滑不良、进气不干净，导致的故障现象有发动机噪声变大、发动机冒蓝烟、发动机机油消耗过快、发动机功率下降。更换步骤如下：

（1）将发动机熄火，拆卸发动机的活塞和活塞环。

（2）检查活塞环的端间隙、边间隙和漏光度。不符合要求应更换新气环和油环。

（3）将活塞环装进活塞。

（4）气环一环开口应与活塞销中心线相交45°对于三道气环各开口相间120°；对于二道气环，各开口相间180°。

（5）油环开口应与所有气环开口错开，并且应避开各缸进气门、销座孔、侧压力以及喷油嘴的方向。

注意：应该用合适的工具取下和安装活塞环，严禁用手直接安装，并注意用力均匀，防止活塞环的损坏，活塞环装入活塞时，应涂抹润滑油。

（六）更换脱粒纹杆和导流板

1. 技术要求

（1）滚筒的动平衡精度等级为 G6.3，允许动不平衡量 48.7g，因此，更换同一滚筒上的脱粒纹杆和导流板时，必须进行称重，任意两件脱粒纹杆和导流板重量差不超过 2g，更换时要对称更换。

（2）可通过更换脱粒纹杆和导流板的装配螺栓长度，以及补焊平衡块于滚筒管壁外侧进行微调。

（3）动平衡前应用扭矩扳手将所有紧固件扭紧，公称直径为 10、12 的螺栓，其扭紧力矩分别为 45~55N·m 和 80~100N·m；平衡过程中拆过的紧固件必须按要求重新扭紧。

（4）装配完成后的滚筒外缘对滚筒轴中心线的全跳动一般不大于 3。

2. 脱粒滚筒的整体拆卸与更换（纵轴流）

如果需要将脱离滚筒整体抽出，应从前端进行，可按如下顺序拆卸：

（1）将割台与主机分开，操作方法见第八章第三节割台的挂接与拆卸。

（2）把过桥（倾斜输送器）与主机分开，并将主机转移到前端空旷的地方进行滚筒拆卸操作。

（3）断开滚筒齿轮箱与滚筒轴的传动连接，多为联轴节链条方式。

（4）用绳索固定滚筒轴头部，然后拆卸滚筒前横梁及滚筒前后轴承座。

（5）慢慢移动抽出滚筒，抽出过程中注意避免滚筒与凹板的剧烈挂碰。

拆卸过程中可用叉车辅助进行。

3. 脱粒滚筒的维修

（1）更换同一滚筒上的脱粒纹杆块和导流板时，必须进行称重，任意两件脱粒纹杆块和导流板重量差不超过 2g（图 8-22）。

（2）对称更换。

（3）螺栓其扭紧力矩为 47N·m。

4. 清选筛胶套的更换

要定期检查清选筛胶套的磨损和老化，及时更换（图 8-23）。避免因胶套的磨损而导致的清选筛损坏。每一收获季节来临前，应更换一次。

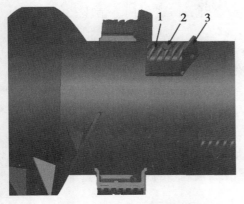

图 8-22　滚筒纹杆块装配

1-脱粒纹杆块　2-固定螺栓

3-导流板

图 8-23　清选筛

1-胶套　2-清选筛

（七）液压油缸的拆装要领

（1）拆卸液压油缸前，应使割台降至地面，液压回路卸压，发动机停机，否则，当把与油缸相联接的油管拧松时，回路中的高压油会迅速喷出。

（2）拆卸时应防止损伤活塞杆顶端螺纹，油口螺纹和活塞杆表面、缸套内壁等。为了防止活塞杆等细长件弯曲或变形，放置时应用垫木支承均衡。

（3）拆卸是要按顺序进行，由于各种液压缸结构和大小不尽相同，拆卸顺序也稍有不同。一般放掉油缸两腔的油液，然后拆卸缸盖，最后拆卸活塞与活塞杆。在拆卸液压缸的缸盖时，对于内卡键式联接的卡键或卡环要使用专用工具，禁止使用扁铲；对于法兰式端盖必须用螺钉顶出，不允许锤击或硬撬。在活塞和活塞杆难以抽出时，不可强行打出，应先查明原因再进行拆卸。

（4）拆卸前后要设法创造条件防止液压缸的零件被周围的灰尘和杂质污染。例如，拆卸时应尽量在干净的环境下进行；拆卸后所有零件要用塑料布盖好，不要用棉布或其他工作用布覆盖。

（5）油缸拆卸后要认真检查，以确定哪些零件可以继续使用，哪些零件可以修理后再用，哪些零件必须更换。

（6）装配前必须对各零件仔细清洗。

（7）要正确安装各处的密封装置。

（8）螺纹联接件拧紧时应使用专用扳手，扭力矩应符合标准符合标准要求。

（9）活塞与活塞杆装配后，须设法测量其同轴度和在全长上的直线度是否超差。

（10）装配完毕后，活塞组件移动时应无阻滞感和阻力大小不均等现象。

（11）液压缸向主机上安装时，进、出油口接头必须加上密封圈并紧固好，以防漏油。

（12）按要求装配好后，应在低压情况下进行几次往复运动，以排除缸内气体。

（八）滚珠轴承的拆装与更换

1. 滚珠轴承的技术要求

滚珠轴承要求转动灵活，内、外圈无裂纹和损伤，保持架无损坏，滚珠无麻点，径向和轴向均无明显晃动量。滚珠轴承晃动量的最大允许数值，一般根据轴承的安装部位来决定。脱粒滚筒轴上的轴承允许径向晃动量为 0.08mm，轴向晃动量为 0.2mm；其他转速较高、负荷较大和轴向窜动量小的轴（如锥形齿轮轴，喂入轮轴等），允许轴承的径向晃动量为 0.1~0.2mm，轴向晃动量为 0.6~0.8mm；一般部位的轴承允许径向晃动量为 0.2~0.3mm，轴向晃动量 0.8~1mm。

2. 轴承的拆装

拆卸轴承的工具多用拉力器。在没有专用工具的情况下，可用锤子通过紫铜棒（或软铁）敲打轴承的内圈或外圈，取下轴承。轴承往轴上安装或拆下时，应加力于轴承的内圈（图 8-24）；轴承往轴承座上安装或拆下时，应加力于轴承的外圈（图 8-25）。

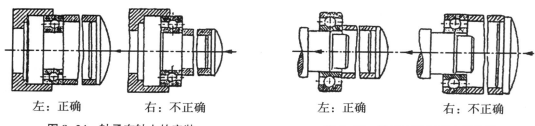

左：正确　　　右：不正确　　　　　左：正确　　　右：不正确

图 8-24　轴承在轴上的安装　　　　图 8-25　轴承在轴承座内的安装

（1）轴承的拆卸

①单列向心球轴承的拆卸：拆卸单列向心球轴承时，把拉力器丝杠的顶端放在轴头（或丝杠顶板）的中心孔上，爪钩通过半圆开口盘（或辅助零件）钩住紧配合（吃力大）的轴承内（或外）圈，转动丝杠，即可把轴承拆下（图 8-26）。

②双列向心球面球轴承的拆卸：拆卸带紧定套的双列向心球面球轴承（11000 型）时，先将止退垫圈的锁片起平，用钩形板子把圆螺母松开 2~3 圈，再用铁管（或紫铜棒）顶住圆螺母，用锤子敲击，使锥形的紧定套与轴颈松开，然后拆下轴承座固定螺栓，把轴承座和轴承一起从轴上取下。

（2）轴承的安装

①单列向心球轴承的安装：安装单列向心球轴承时，应把轴颈和轴承座清洗干净，各连接面涂一层润滑油。可用压力机把轴承压入轴上（或轴承座内），也可以垫一段管子或紫铜棒用锤子把轴承逐渐打入。轴承往轴上安装时，压力或锤子击力必须加在轴承内圈上；而往轴承座内安装时，力量则应加在轴承外圈上。

②双列向心球面球轴承的安装：带紧定套的双列向心球轴承，一般安装在没有台肩的光轴上，联合收割机上用得较多。先把轴承装在轴承座（或轴承壳）内，然后将圆螺母拧松几圈，轻轻敲击圆螺母，使锥形紧定套松开，把装有轴承的轴承座套在轴上，将轴承座固定在机架上（图 8-27），然后用钩形板子把圆螺母拧紧，使锥形紧定套把轴

和轴承内圈连接紧（抱紧），用止退垫圈的锁片把圆螺母锁住，以防止圆螺母松退。最后向轴承加润滑脂，安装轴承盖。

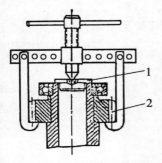

图 8-26 单列向心球轴承的拆卸

1-丝杆顶板 2-辅助零件

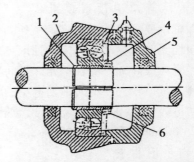

图 8-27 带紧定套的双列向心球面球轴承的安装

1-紧定套 2-轴承座 3-定环
4-止退垫圈 5-轴承盖 6-圆螺母

（九）主离合器的维修

1. 拧松主离合器壳体固定螺栓，将主离合器总成从主机上摘下

（1）用手转动发动机飞轮中心的轴承，看轴承转动是否有卡滞或松散现象，及时更换。必须换质量可靠的双面密封轴承 6205-2RS。轴承内注满锂基润滑脂。否则，此处的轴承极易烧损，引起主离合器更大的故障。

（2）拆卸主离合器，观察主离合器销轴与销孔的配合情况，销孔或销轴磨损严重（有明显磨损情况）时，要及时成组更换，否则会降低结合力，引起离合器打滑。

（3）检查摩擦片磨损状态，摩擦片铆钉沉下尺寸低于 0.5mm 时，摩擦片严重烧损（表面发黑，发光时）、破裂、摩擦片铆钉松脱，铆钉孔变形时均需更换新片。

（4）检查压紧杠杆工作面的磨损情况，磨损严重、压紧无效或效果不理想时，应成组更换。

（5）检查分离轴承转动情况，转动异常或损坏时需换新，但装配时必须按要求组装，否则润滑失效，引起轴承快速报废，造成主离合器的故障。

（6）检查拨叉固定螺栓的紧固情况，拨叉固定螺栓与拨叉轴凹面的配合情况，固定螺栓应紧固可靠，拨叉轴凹面与螺栓圆柱面应贴紧无间隙，拨叉轴转动应能同时带动拨叉摆动，拨叉轴凹面磨损严重，影响分离结合效果时，要及时更换合格的拨叉轴。

（7）检查皮带轮与离合器轴花键、定压盘与离合器轴花键、动压盘与定压盘花键的配合情况，出现明显磨损时，应更换相应部件。

（8）检查后轴承座处轴承转动情况，发现异常，更换所需的部件。

（9）更换新部件、组装离合器，要严格按技术要求和操作规程，并正确进行保养。严禁使用不合格轴承、配件和润滑脂。

2. 将离合器总成安装到主机上

（十）摘穗齿轮箱的维修

1. 摘穗齿轮箱的拆卸

（1）拧下箱底螺塞，放净齿轮箱内润滑油。

（2）拧下长、短竖轴轴头上的螺栓（M8×20），卸下两轴的链轮及键。

（3）卸下两轴承孔中的孔用挡圈（52）。

（4）将齿轮箱翻转180°，底朝上放平，拧下19个M6的螺栓，卸下箱盖。

（5）拧下主轴（长轴）两端的螺栓（M8×20），卸下拨叉或压紧套，卸下两端油封（FB52×80×8），卸下两端孔用挡圈（80）。

（6）用铜锤和铜棒，轻捶右端（箱体大端）小锥齿轮，将小锥齿轮及轴承（6208）一并打出。

（7）锤击主轴（长轴）右端向左打，使左端的小锥齿轮及轴承（6208）脱出箱体，卸下主轴上的大锥齿轮及键，将主轴抽出，然后再卸下左端的小锥齿轮及轴承。

（8）撬拔大直齿轮，将大直齿轮及锥齿轮联体卸下，然后卸下锥齿轮孔中的孔用挡圈（52），打出两轴承（6205），卸下大直齿轮及键。

（9）将轴用挡圈（20）从芯轴上卸下，卸下直齿轮及轴承联体，然后卸下直齿轮孔中的孔用挡圈（47），卸下轴承（6204）。

（10）拧下背面8个M8螺栓，卸下两芯轴及后盖焊合体（如无损坏，就不必再往下卸了）。

（11）卸下两球头上的套，打下销轴，卸下两球头。

（12）卸下两前端轴承孔中的油封（FR40×62×8），卸下孔用挡圈（62）。

（13）垫套筒击打箱后轴承（6206）外圆，使两纵轴向前窜，待后端轴承窜至箱内，再将轴承打出，卸下两摘穗辊直齿轮，将两纵轴抽出箱外，卸下两前端轴承。

（14）再将齿轮箱翻转180°，箱底朝下，用铜锤击打长、短竖轴轴头，使两孔内的4个轴承（6205-2RC）脱出，然后卸下轴承（长、短竖轴与竖轴锥齿轮端部点焊在一起，不必再拆卸，如果竖轴与锥齿轮任何一件损坏，那就割除焊点，换件）。

2. 摘穗齿轮箱的装配

（1）装配前的注意事项

①装配前用汽油或清洗剂清洗各零部件，尤其箱体内腔，不得存有杂物、污物。

②装配时需要击打零部件时忌用铁锤，一定要使用铜锤、铜棒。

③装配轴承时，一定要用合适的套筒。

④装配轴用或孔用挡圈时，一定要用卡簧钳。

⑤装配时，对非密封轴承一定要涂抹润滑脂，对油封的环槽也要涂抹润滑脂。

（2）短竖轴组装

①在短竖轴上装键（8×16），将竖轴锥齿轮装入短竖轴上。

②在轴端点焊两点，使轴与锥齿轮牢固。

③在短竖轴上装两轴承（6205—2RC）。

（3）长竖轴组装

①在长竖轴上装键（8×16），将竖轴锥齿轮装入长竖轴上。

②在轴端点焊两点，使轴与锥齿轮牢固。

③在长竖轴上装一轴承（6205—2RC）。

（4）小锥齿轮组装

将轴承（6208）装在小锥齿轮上（两套）。

（5）直齿轮组装

①将轴承（6208）装入直齿轮孔内。

②装孔用挡圈（47）。

③将芯轴1装入轴承（6204）孔内。

④装轴用挡圈（20）。

（6）锥齿轮与大直齿轮组装

①在锥齿轮上装键（8×22）。

②将大直齿轮装在锥齿轮上。

③将两轴承（6205）装入锥齿轮孔内。

④装孔用挡圈（52）。

⑤将芯轴2装入轴承（6205）孔内。

（7）长、短竖轴组装件装配

①将短竖轴组装件装入箱体小端立孔内，装孔用挡圈（52）。

②将长竖轴组装件装入箱体大端立孔内。

③装间隔套、装轴承（6205—2RC），装孔用挡圈（52）。

（8）两纵轴（装摘穗辊的轴）装配

①将一轴承（6206）装入轴前端。

②将纵轴从箱体前孔穿入，装键（8×25），装摘穗辊直齿轮，再装另一端轴承（6206）。

③将纵轴及轴承打入箱体轴承孔内就位。

④前端孔装孔用挡圈（62）。

⑤装油封（FB40×62×8）。

⑥将O型密封圈（35×3.1）装入球头内，将球头装在纵轴上。

⑦装销轴、轴套。

（9）将直齿轮组装件装入箱体左Φ30孔内

（10）将锥齿轮与大直齿轮组装件装入箱体右Φ30孔内

（11）立轴装配

①主轴左端装键（C8×70）。

②将一小锥齿轮组装件装入左端立轴上。

③立轴从箱体左端（小端）轴承孔穿入，立轴中部装键（10×40），装主轴大锥齿轮。

④主轴继续向右搭，直至主轴大锥齿轮与后壁锥齿轮啮合，并且左端轴承（6208）就位，装孔用挡圈（80）。

⑤主轴右端装键（C8×70），将另一小锥齿轮组装件装入主轴右端，装孔用挡圈（80）。

⑥两端装油封（FB52×80×8）。

⑦两端装结合叉或压紧套，装压盖，弹簧垫圈，用 M8×20 的螺栓紧固。

（12）后盖装配

①调整各锥齿轮副啮合间隙，转动灵活，不得有卡滞现象。

②放纸垫。

③装后盖，用 8 个 M8×20 的螺栓紧固。

④焊接两芯轴后端。

（13）底盖（箱盖）装配

①放纸垫。

②装箱盖，用 19 个 M6×16 的螺栓及弹簧垫圈紧固。

③装皮圈螺塞（M20×1.5）（放油塞）。

（14）装链轮

①箱体水平放置，长、短竖轴轴头装键（C8×35）。

②长竖轴装链轮 1，短竖轴装链轮 2。

③两轴端装压盖，用 M8×20 的螺栓及弹簧垫圈紧固。

（15）装注油塞

①注润滑油（40 号机油）。

②装皮圈螺塞（M20×1.5）。

（16）检查

①装配完毕不得漏油。

②转动时不得有异响。

③持续转动温升不得高于 25℃。

第六节　玉米收获机入库保管

玉米收获机是季节性很强的大型农业机械。在一年之中，有相当长时间不能工作。若保管不善，会使玉米收获机技术状态恶化。为了使玉米收获机安全度过长时间的保管期，减少不必要的损失，保证来年的正常使用，每个季节作业完毕，必须对玉米收获机进行科学的管理和认真的维护。收获机的正确存放保管是延长机器使用寿命、确保机器保持稳定的工作效率和作业质量的重要环节。对此必须做完以下几项准备工作，然后将玉米机存放在干燥的库房内。

一、保管期间损坏的主要原因

1. 锈蚀

在停歇期间，空气中的灰尘和水汽容易从一些缝隙、开口、孔洞等处侵入机器内部，使一些零部件受到污染和锈蚀；相对运动的零件表面、各种流通管道和控制阀门，由于长期在某一位置静止不动，在长时间闲置期间失去了流动的且具有一定压力的油膜的保护，也会产生蚀损、锈斑、胶结阻塞或卡滞，以致报废。

2. 老化

橡胶、塑料、织物等在阳光照射下，由于紫外线等的作用，会老化变质、变脆，失去弹性或腐烂。

3. 变形

杆类零件、细长零件、薄壁零件、传动胶带等由于长时间受力，易使零件产生塑性变形。

4. 其他

拆下的零件保管不善、乱拆乱卸、拆下的零件移作他用等，导致零件丢失；电气设备受潮；蓄电池自行放电等。

二、入库保管的原则

1. 清洁原则

清洁机具表面的灰尘、草屑、泥土等黏附杂物、油污等沉积物、茎秆等缠绕物和锈蚀。

2. 松弛原则

机器传动带、链条、轮胎、液压油缸等受力部件要全部放松。轮胎气压放至大气压下，然后用坚固的木块支离地面，呈放松状态。所有液压缸均收缩至最短行程，保证缸内不受液压力。放下割台安全卡，将割台支撑牢固，并保持左右高低一致。

3. 润滑原则

按照收获机的润滑要求将各转动、运动、移动的部位都应加足润滑油或润滑脂。

检查离合器、粉碎机、无级变速轮、驱动轮毂、导向轮毂、割台挂接轴、行走中间轴等润滑点油杯的完好情况，清洁或更换缺损的油杯，保证润滑系统完整可靠。

4. 安全原则

做好防冻、防火、防水、防盗、防丢失、防锈蚀、防风吹雨打日晒等措施。

三、入库保管的技术措施

（一）入库保管前应做的工作

1. 对整机进行一次全面的维护保养

根据检查情况，排除所存在的故障和隐患。更换坏损部件、紧固松动螺栓、补齐缺失部件并全面进行保养。对个别重要部位应该拆卸后详细检查维修，将收获机调整成基本工作状态，以利于明年快速投入使用。

2. 进行空车运转检查

检查发动机、主离合器、分动箱、粉碎机、摘穗部件、风机、升运器、搅龙等运转部件有无异常响动；链条、皮带、升运器刮板、风机叶片、搅龙叶片等相关件有无刮擦现象；检查换挡、刹车、离合、液压升降有无阻滞现象或反常现象；检查仪表反映是否灵敏，电器线路是否有破裂、断路、短路；检查液压管路、阀件是否有渗漏；检查发动机底座、主离合器壳体、大小轮胎、二次切碎定刀片、水箱上下水胶管、水箱、转向油缸等部件是否牢固可靠；各部位润滑状态是否良好、温升情况如何；检查粉碎机刀片磨损、丢失、损坏情况等。根据检查情况，按安全规范及技术要求认真将机具调整成最佳工作状态。

3. 彻底清洁机器的内部和外部

（1）打开机器上的全部窗口、盖子、护罩。仔细清除玉米机内外的尘土、草屑、作物残余和污物，特别是割台搅龙、升运器、剥皮机、脱粒机等内部。必要时可作部分拆卸，将里外杂质清除干净，做到车身里外干净无积存谷粒及杂物。必要时用压力水清洗机器外部，但不要将水沾到机体内部、轴承和电器件上，否则将会造成短路故障；最后再开机 3~5min 将残存水吹干。对外露的金属表面和工作中受摩擦的地方要刷防锈油、漆。

（2）清理液压油路、燃油路、润滑油路、发动机表面等的油污，并检查排除滴漏现象。

（3）清理粉碎机壳内部、地辊表面和轮胎等的沾泥，保证干净、转动灵活、防锈蚀。

4. 加油润滑

（1）按照使用说明书上的润滑图表，对机器各运动、转动、移动的部位的润滑点进行定时、定量加油润滑。

（2）定期更换轴承内、油箱（油底壳）等的润滑脂或油。然后将收割机用中油门无负荷旋转一下。对各调节螺纹、安全离合器、螺杆、传动链轮、升降钢丝绳等表面涂抹润滑脂或齿轮油。对无油嘴的滑动或转动表面涂油。

（3）经常检查离合器、粉碎机、无级变速轮、驱动轮毂、导向轮毂、割台挂接轴、行走中间轴等润滑点油杯的完好情况，清洁或更换缺损的油杯，保证润滑系统完整可靠。

（4）维修中，为了今后拆装方便，即是装配后两件不转动的配合表面也需在装配前涂匀润滑脂。如与轴承配合的表面、轴孔的轴表面、花键副内外表面等。

5. 选择存放场所

存放场所应干燥、没有灰尘、地面平坦、有水泥或铺砖地面的房间内，室内应配备必要的消防器材，库房内严禁放硫酸、碱、盐、化学药品和蓄电池等物品。室内的昼夜温差尽可能的小，不要露天存放，严防风吹、日晒、雨淋。

临时露天存放时，则应选干燥、通风良好处，地面应铺砖。应用帆布、塑料布将发动机、仪表盘遮盖严密，以防风吹雨淋发生锈蚀。要把玉米收获机垫起，卸掉轮胎，并将轮胎存放在干燥、通风的室内保管。

（二）保管方法

（1）存放时，应将玉米收获机的前后桥用千斤顶顶起后，垫实，牢固支撑起来，使轮胎架空，并保持机架水平，使轮胎不受负荷，并把轮胎气压减低至 0.05MPa。否则，要定期检查轮胎气压，并及时补充气保持正常，不然会造成轮胎或其他部件损坏。

（2）将割台降下放在平整垫木上，割台要放平，处于最低位置。

（3）将液压各油缸的柱塞或活塞杆全部缩回油缸内，以防止生锈和尘土污染；将油缸柱塞裸露表面涂油。卸下液压油箱放出剩余液压油，清洗液压油箱和滤芯器等油路后，装回原处，加中液压油，封好备用。

（4）将变速操纵杆或把液压驱动操纵手柄移到空挡处，将主离合器及卸粮操纵杆等置于分离位置。

（5）将驻车制动器手柄处于制动位置。

（6）取下发动机开关钥匙或拉出关闭按钮，断开电源总开关。

（7）拆除或放松全部传动皮带，检查更换因过分打滑和老化造成的烧伤、裂纹、破损等严重的胶带。对于仍能使用的胶带，则应将表面污物清理干净（可用肥皂水或洗衣粉水清洗），然后涂抹滑石粉，成束系上标签，存放在阴凉干燥处或交库妥善保管。放置时胶带不应打卷，上面不应压重物。在风扇皮带与皮带轮之间放上硬纸，以防粘连。

（8）卸下传动链条，检查其磨损情况，如不需要更换时，一是应放在柴油或煤油中清洗，待干后放在无水机油中浸泡 15~20min，然后将链条装回原处，但不得张紧。二是洗净后，放在加热（60℃左右）的机油（机油中可加部分润滑脂）中浸泡 20~30min，冷却后取出用塑料膜包好，做好标记后放在木箱中保存。

（9）清洁木轴承、含油轴承等，在油中浸泡后用塑料膜包好存放。

（10）卸下燃油箱及油管，用柴油清洗后放回原处，并拧紧各处的油口螺塞、盖子和接头。燃油箱加满柴油，否则空油箱会凝结水滴，导致油箱内壁生锈。

（11）冷却水中未加防冻液，应放尽冷却水。

（12）用塑料膜包扎进排气管、加油口、加水口、高压油泵、仪表箱、电器开关、转向盘等，防止灰尘、雨、雪等脏物和水分进入；

（13）关闭总电源开关，拆除并清洁蓄电池，充电后放在干燥和防冻处专门保管，严禁在蓄电池上放置导电物体，铅酸蓄电池应每月充电一次，充电后应擦净电极，涂以凡士林，延长其使用寿命。蓄电池若在收获机上保管，还须将蓄电池的负极拆下。

拆蓄电池时，首先要切断负极线，然后再切断正极线；安装时要先连接正极线，再连接负极线。

（14）检查收获机各部件情况，并记入档案。拆卸和查看机器时，如发现零件或部件需要更换时，应登记其名称、规格，以便购买新品或换上备用零部件。

（15）对未用的零部件和工具进行清点造册登记，提出下个作业期的所需易损零部件的明细。

（16）每个月要转动一次发动机曲轴。

（三）建立入库保管制度

（1）定期检查机库内机器放置的稳定性和完整性，润滑油有无渗漏，轮胎气压等。发现问题，立即排除。

（2）定期检查拆下的总成、部件和零件，其中橡胶件每 2~3 个月拿出室外晾一晾后重新放置，必要时干擦并扑上一些滑石粉。

（3）定期用干布擦拭蓄电池顶面灰尘，定期检查蓄电池电解液的液面和比重，蓄电池即使不用也会自然放电，每月应对蓄电池充电一次。

（4）每月启动发动机或摇转发动机曲轴 1~2 次。

（5）在保管期间，最好每月将电磁阀在每一工作位置动作 15~20 次。为防止油缸柱塞表面锈蚀，应将柱塞推到底部。

（6）注意防火，防化学制剂或其他污染物的侵蚀。

四、存放后重新启动机器前应做的工作

玉米收获机经过长期贮存，使用之前要进行一次系统全面的技术保养，具体内容参见启动前的检查调整，确保机器状态良好。启动发动机前，要通风良好，不要在密闭的室内启动。

小经验

1. 更换高速旋转的零部件必须进行动平衡试验

更换高速旋转的零部件，如：更换主离合器皮带轮、割台输入皮带轮、无级变速皮带轮总成、脱粒滚筒、拆换粉碎机甩刀、重新补焊动刀座及动刀轴总成（装上动刀的甩刀轴）等必须进行动平衡，平衡精度 G6.3 级。

2. 链条活节开口锁片安装时，其开口方向与链条运动方向相反。

3. 同步带轮的装配

（1）主从动同步带轮轴必须互相平行，不许有歪斜和摆动，倾斜度误差不应超过 2‰。

（2）当两带轮宽度相同时，它们的端面应该位于同一平面上，两带轮轴向错位不得超过轮缘宽度的 5%。

（3）同步带装配时不得强行撬入带轮，应通过缩短两带轮中心距的方法装配，否则可能损伤同步带的抗拉层。

（4）同步带张紧轮应安装在松边张紧，而且应固定两个紧固螺栓。

4. 滚动轴承的装配

（1）轴承装配时应在配合件表面涂一层润滑油，轴承无型号的一端应朝里（即靠轴肩方向）。

（2）轴承装配时应使用专用压具，严禁采用直接击打的方法装配，套装轴承时加力的大小、方向、位置应适当，不应使保护架或滚动体受力，应均匀对称受力，保证端面与轴垂直。轴承压入支承座时，应采用专用安装工具压靠外圈端面；轴承压入轴时，应加力于轴承内圈，不允许直接敲打轴承，以免变形。

（3）对采用润滑脂的轴承及与之相配合的表面，装配后应注入适量的润滑脂。对于工作温度不超过 65℃ 的轴承，可按 GB 491—65《钙基润滑脂》采用 ZG-5 润滑脂；对于工作温度高于 65℃ 的轴承，可按 GB 492—77《钙基润滑脂》采用 ZN-2、ZN-3 润滑脂。

5. 球面轴承的装配

（1）球面轴承偏心套的旋紧方向应与轴的旋转方向相一致，锁紧后紧固偏心套固定螺钉。

（2）轴承定位问题

有些轴承因轴承内圈与外圈厚度不对称，装配时必须注意拆下时的方向，以保证装配后轴承定位正确。

一般情况下，带顶丝、带偏心套的球面轴承，其顶丝、偏心套均装在外侧以方便锁紧。冲压轴承座一般也装在固定板外侧。